时装界职业指南

——一本时装界的就业与入门指南

（英）朱莉娅·耶茨 著
刘静译

東華大學出版社
·上海·

The Fashion Careers Guidebook

A guide to every career in the fashion industry.And how to get in.

时装界职业指南

——一本时装界的就业与入门指南

图书在版编目（C I P）数据

时装界职业指南：一本时装界的就业与入门指南 /（英）耶茨著；刘静译 .—上海：东华大学出版社，2016.3

ISBN 978-7-5669-0938-1

I. ①时…II. ①耶… ②刘… III. ①服装设计 – 指南 IV. ① TS941.2-62

中国版本图书馆 CIP 数据核字（2015）第 256237 号

First edition for North America published in 2011 by Barron's Educational Series, Inc.,

合同登记号：09-2014-982

责任编辑 谢 未

装帧设计 王 丽 鲁晓贝

时装界职业指南

——一本时装界的就业与入门指南

Shizhuangjie Zhiye Zhinan

著　者：（英）朱莉娅・耶茨

译　者：刘 静

出　版：东华大学出版社

（上海市延安西路 1882 号　邮政编码：200051）

出版社网址：http://www.dhupress.net

天猫旗舰店：http://dhdx.tmall.com

营销中心：021-62193056　62373056　62379558

印　刷：上海利丰雅高印刷有限公司

开　本：889 mm × 1194 mm　1/16

印　张：11.75

字　数：414 千字

版　次：2016 年 3 月第 1 版

印　次：2016 年 3 月第 1 次印刷

书　号：ISBN 978-7-5669-0938-1/TS・659

定　价：58.00 元

目录

DIANA
2
3
CECILIA
4
ANNA MARIYA
5
EDITA
9
6
KARMEN P.
EGLE
12
EVA
GIEDRE
16
CECILIA
17
KASIA
18
ANGELIKA
19
20
23
KARMEN P.
24
JOHANNA
25
EDITA
26
ANNA MARIYA
GIEDRE
31
32
CECILIA
DIANA

序言

时装是人们生活中的一个重要组成部分，我们都与它有着极为密切的联系，它为我们提供遮蔽、保护和装饰的实用功能。不论是古董店里的复古个性的混搭服装，还是高级女装或者个性张扬的牛仔服，我们所穿着的服装都是个性表现的一种形式。因此也无怪乎有关时装的职业对年轻人拥有如此之大的魅力。

数百万计的人们为了赋予时装以生命活力而扮演着五花八门的角色（因此时装业蕴藏着巨大商机）。它需要许许多多的专业人士从事纷繁复杂的工作，将最初的设计理念转化为“身上的衣衫”。在这个复杂的过程中找寻自己的角色是朝个人最终职业目标进发的一场神圣之旅，这个旅程既令人困惑又激动人心。

本书是时装界人士的职业指南，提供了大量的职位目标和路线图，为渴望实现目标的你描述了可预期的状况，同时也提供了大量有用的信息帮助你规划自己的职业生涯。本书介绍了时装界里纷繁多样的职业选择、各种职业的真实情况、所需的技能和才干以及入职渠道。你将会认识一些职业人士，得悉他们的职业经历并了解他们职场一日的工作内容。

《时装界职业指南》一书将为你打开一扇窗户，让你了解五花八门的职业选

择，有设计、造型、时尚媒体工作和商品推广、生产和销售方面的职位以及各个领域内处于不同层级和担负不同责任的所有职位。本书也将介绍一些尚感陌生的职业，如时尚公关、时装秀策划或者视觉陈列设计师。对简历和作品集的制作以及实习、求职和面试技巧方面的建议将让你获得竞争优势。

不论你想在时装业追寻怎样的方向，你都将踏上一条曲折的道路，一路上将面临种种困难和挑战。你务必拥有踏实努力的工作态度、学习和成长的意愿以及不断克服困难继续努力的韧性。也许，最重要的是拥有不遗余力的、积极的态度，这本书将为你指点迷津，帮助你找到自己的职业方向。

不论你的才华和个性将你引向时尚传播、设计、技术制板、商业，或者其他任何职业选择，时装界是一个机遇不断又丰富美妙的大千世界。只要拥有热情、雄心和积极的态度，你将在时装行业中找到适合自己的位置。本书即为良好的开端！

唐娜·古斯塔夫森（Donna Gustavsen）

副教授

罗德岛设计学院服装设计系

关于本书

时装和纺织业是你所能想象的最激动人心、最富有创意和活力的产业之一。它蕴含着巨大的财富和瞬息万变的信息。

第一部分

本书的第一部分旨在帮助你了解获得实用的求职信息，解释获得时尚工作职位的各种不同方法。本书开篇介绍了一些学校的课程内容、如何选择课程和在何处学习以及如何最大化地利用时间。接下来，将考验实习工作的成果。这部分解释了工作经验的一些益处并提出建议，帮助你了解如何将两周的实习时间转变为带薪的长期职位。

接下来的几个篇章讲到求职的运作技巧，包括如何撰写出色的简历、如何制作精彩的作品集以及如何确定在面试中展现自己最佳的一面。也提供了关于如何觅得从未广而告之的职业岗位和如何建立人脉关系方面的建议。

从事自由职业多多少少也需要一些专业指导。关于自由职业的章节让你更深入地了解从事自由职业的具体工作并让你切实了解自己是否拥有从事此类工作所需的各种不同技巧和知识。

第二部分

第二部分是业内一些最为常见、最受欢迎的有趣的职位。首先你所面对的第一个挑战就是在这个浩瀚多样、纷繁复杂的行业内找到最适合自己的特定领域和具体角色。不同层级的多种不同职位意味着如果你希望在业内就职，你终会找到适合自己发展的一席之地。当然一份最合适的工作并不是那么轻易获取的。此部分内容旨在更快捷地为你提供信息和灵感。

在了解这些内容之后，如果你依然难于做出选择，请参考本书第12页的流程表，它有助于向你阐明一些具体事项。

简单介绍这个章节中所讨论工作职位的特点。

86 时装界职业指南 —— 一本时装界的就业与入门指南

时装零售商、面料生产商和印制公司或者室内设计和生产商会聘用印花设计师。时装业越来越承认图案的重要性，关系着服装的成败。

印花图案设计师

通常买手会为印花设计师提供设计概要，但设计师会以自己的方式和风格对其进行诠释。买手所提供的概要可能比较宽泛。例如，买手可能要求与20世纪50年代怀旧的风格相符的东西，也有可能同时向设计师提供一个色调和一些面料小样。然后印花设计师会对市场或者去海外进行调研。随后，印花设计师勾画出一些设计草图，交给买手，双方达成一致意见之后，设计师会使用Illustrator或者Photoshop更为细致地绘制设计图。设计作品签字验收后，需准备生产备用的工艺图。这是一个复杂棘手的过程，设计师必须同时具备技术和艺术能力。根据设计图案的类型，如循环图案、半格图案、定位图案或者花边图案，工艺图的表现形式各不相同。

如今，面料的生产通常在海外进行，如中国和孟加拉国，因而印花设计师常常需前往海外工厂或者通过电子邮件完成全部工作。

并非每个设计公司、生产商或者零售商都拥有内部的艺术设计人员。从事自由职业的艺术家和印花设计师们常常将自己的设计作品出售给
Inc. 或者Tom Cody Desi
了大量的艺术家，将他们的
商和零售商，因为他们认为
风格。图案设计售出后，艺
艺术工作室会委托艺术家进
室全职工作。大多数准备工
进行，这样对作品的修改和

在大型印花展上，数量
的作品系列，如“印花源展
举办三次，为设计师、零售

入职渠道

印花图案设计师的背景
图形设计、表面设计、美术
修读学位课程的过程中所获
带薪工作奠定基础。

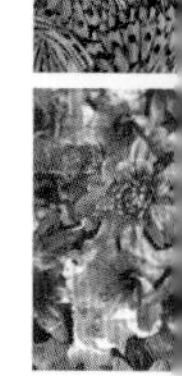

左图：达文
上图：安娜·

招聘广告范例让你了解潜在雇主对求职者的品质和资格方面的要求以及所招聘岗位的任务和职责。

Style Council,
术工作室是代理
合设计师、生产
造出自己独特的
作室收益分成。
戊者干脆为工作
算机辅助设计）
利。
乍室会展示自己
ce）在纽约一年
服务。

妾受的培训可与
装设计相关。在
会常常会为你的

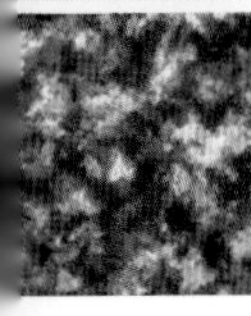

室
作品

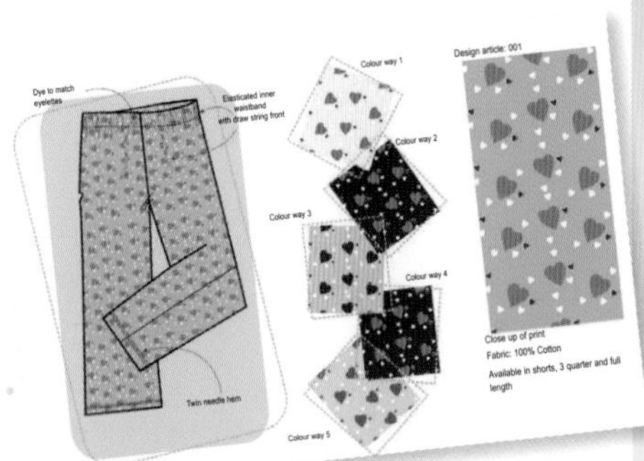

图案设计效果图，展示了多种色彩方案以及可能的最终用途

最大优势

· 富有创意，可以将自己的风格和个性倾注于自己的设计作品；

· 见证自己的设计作品穿在他人身上。

最大劣势

· 作为艺术家，希望自己的设计作品完美无缺，但是作为印花图案设计师，没有足够的时间精益求精，因此常常需要长时间工作。

所需技巧

· 对时尚的热爱；

· 对色彩的出色鉴赏力；

· 对服装及其结构的理解；

· 良好的艺术才能才华。

案例分析

吉妮是英国一家连锁品牌的印花图案设计师。

吉妮本科专业为多媒体纺织品，主要涉及不同材质的表面设计，包括面料、木材和皮革。随后吉妮向一家时装供应商求职，并获得平面设计的职位，为Top Shop和其他大众市场零售商提供平面印花设计。虽然并非十分享受在该公司的工作，但她认为这份工作的确非常有趣。

工作几年后，吉妮决定去伦敦攻读未来纺织品的学位课程。这个课程非常难，但很有趣，对纺织品有了一种不同的认识；而且伦敦也是时装业重镇。在学习过程中，吉妮获得了与许多不同设计师共事的工作经验。在此期间，她努力建立人脉关系并积累了丰富的经验。

最后她获得了尼桑公司的工作职位，为车辆进行内部设计。这份工作的节奏慢得多，让她很快认识到自己想念时装业的生活。因此，在申请、再申请之后，她获得了亚历山大·麦昆品牌设计团队的职位。这个职位的工作环境相当艰难，但是她觉得工作很有启发性并在此完成了自己的一些最为出色的作品，最大的亮点就是她的一些设计作品在米兰时装周的T台上得到展示。

后来，她成为“新风貌”（一家英国大众市场连锁店）的印花图案设计师，并工作两年多了。她给希冀在时装业崭露头角的人士的建议是：“建立人脉关系，建立人脉关系，还是建立人脉关系！”

案例分析和一日工作内容让读者了解某个特定工作的大致内容，该工作适合何种人士以及该职业的入职渠道。

需学习的内容

· 印花图案设计

· CAD、Photoshop、Illustrator、U4ia

· 色彩、不同的工具

· 艺术史

· 绘图、绘画和效果图技巧

链接

美国纺织品染化师协会(AATCC)：世界上主要关于纺织品设计、材料加工和检测的非盈利性专业机构。www.aatcc.org

印花源展（Printsource）：纺织品表面设计的商业展览会，每年在纽约举办三次。www.printsourcenewyork.com

专业图形联想协会（The Spectarty Graphic Imagine Association）：为数码印花和丝网印花业提供支持。www.sgia.org

评分等级

平均薪资：●●●

入职难度：●●●

这部分内容根据从低到高以数字1到3表示三个档次，总结该职位的薪资水平和入职难度。

如何脱颖而出

画图，画图，画图！一些生产和设计工作并不重视画图，但在这个领域，通过大量的艺术图案绘制才能令你脱颖而出。

这部分内容提供一些建议，让你在求职者中脱颖而出，在面试中获得优势。

这部分内容提供一些有用的特定职业的网站并附有简单介绍。

这部分内容提供从事这个职业所需学习的一些关键课程的名称。

开始之前

你是真心想投入时装业工作吗？你为艰苦工作做好准备了吗？

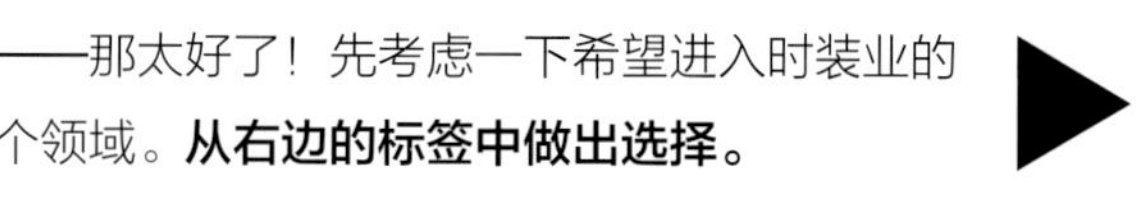

是——那太好了！先考虑一下希望进入时装业的哪个领域。**从右边的标签中做出选择。**

否——也许你并不具备在时装业取得成功的充足条件。

1. 创造产品

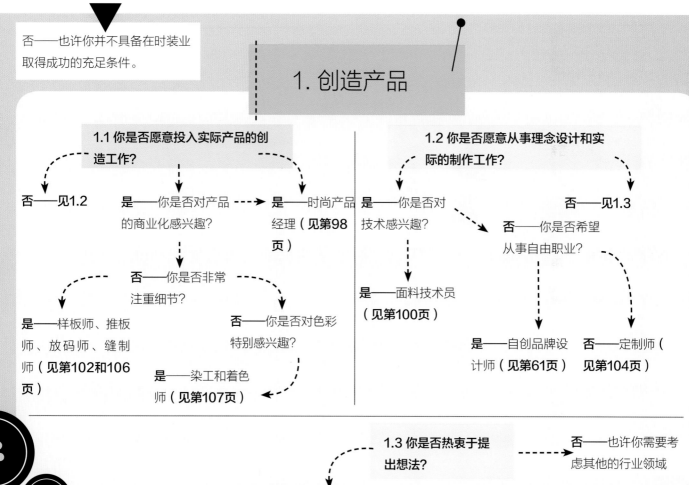

1.1 你是否愿意投入实际产品的创造工作？

否——见1.2

是——你是否对产品的商业化感兴趣？

是——时尚产品经理（**见第98页**）

否——你是否非常注重细节？

是——样板师、推板师、放码师、缝制师（**见第102和106页**）

否——你是否对色彩特别感兴趣？

是——染工和着色师（**见第107页**）

1.2 你是否愿意从事理念设计和实际的制作工作？

是——你是否对技术感兴趣？

是——面料技术员（**见第100页**）

否——你是否希望从事自由职业？

是——自创品牌设计师（**见第61页**）

否——定制师（**见第104页**）

否——见1.3

1.3 你是否热衷于提出想法？

否——也许你需要考虑其他的行业领域

是——你也许对设计感兴趣，但是对哪个具体设计领域感兴趣呢？

你是否愿意设计服装？ → 否 → **你是否愿意设计配饰？** → 否 → **你是否愿意设计纺织品？** → **否**——也许你需要考虑其他的行业领域

是——你是否愿意设计大众实用的服装？大众市场设计师（**见本书60页**）

是——你是否愿意设计大多数人仅仅向往却不敢轻易尝试穿着的服装？高级女装设计师/成衣设计师（**见第58和59页**）

是——你是否希望设计自己的产品？自创品牌设计师（**见第61页**）

是——你是否愿意对软性材料进行设计？软配饰设计师、帽饰设计师/女帽设计师，包袋设计师（**见第76、80和82页**）

是——你是否愿意对硬性材料进行设计？珠宝首饰设计师和鞋靴设计师（**见第74和78页**）

是——你是否希望从事直接运用面料的设计工作？织造师（或者针织造师）（**见第90页**）

是——你是否希望从事运用面料再设计的创造性工作？印花设计师或者刺绣设计师（**见第86和88页**）

你是否愿意从事产品创造工作？
见第1部分内容

你是否愿意从事产品销售工作？
见第2部分内容

你是否愿意成为时装业与公众之间的桥梁？**见第3部分内容**

2. 销售

你是否希望与客户直接共事？

是——销售助理、店铺经理和私人导购（**见第122、124和138页**）

否——你是否擅长数字？

是——商品企划师（**见第130页**）

否——你是否具有视觉方面的才能？

否——零售设计师和视觉陈列设计师（**见第134和136页**）

是——你是否对业务有浓厚兴趣？

是——买手（**见第126页**）

3. 与外界的桥梁

3.1 你是否愿意为人们提供知识和信息？

是——通过语言文字。时尚记者（**见第160页**）

是——通过图像。摄影师、插画师（**见第148和152页**）

是——通过活动。时装秀监制（**见第162页**）

否——见3.2

3.2 你是否愿意影响改变别人？

否——见3.3

是——通过展示服装影响人们的购买行为。摄影师和时尚拍摄监制（**见第148和158页**）

是——通过开展各种活动。市场营销人员（**见第146页**）

是——通过影响人们的思想。时尚公关（**见第146页**）

是——通过时尚产生影响力或者创造特定的风貌。化妆和发型师、造型师（**见第164和170页**）

增强表演艺术的效果？戏服设计师（**见第110页**）

3.3 你是否愿意从事教育？

是——你是否愿意教育年轻人？

是——教师或者大学助教（**见第178页**）

否——大学讲师或者成人教育工作者（**见第178页**）

否——你是否愿意在教育环境中工作？

是——技术员（**见第185页**）

否——你是否愿意主要与公众打交道？

否——以时装展示工作为主——时尚策展人/档案员（**见第178和182页**）

是——博物馆教育专员（**见第180页**）

第一部分 从事时装业工作

时装业是与众不同且魅力四射的产业。但是，因为很多人都这样认为，因此这个行业的竞争异常激烈，为了在激烈的竞争中谋得一席职位，付出辛勤劳动显得必不可少。但也有一些例外情况。阅读本书时候，你会从评级部分了解有哪些业内竞争相对较小的领域。但是对业内的大多数领域而言，获得一个职位而且薪酬丰厚可谓难上加难。实习经历对较有竞争性的职位来说显得非常有效。书中提供了很多意见和建议，均来自业内进行招聘工作的雇主和成功的专业人士，因此具有相当强的专业性和可信度。看起来，迈出成功的第一步似乎在很大程度上都依赖于运气，但是你完全可以做好准备工作，让自己处于有利位置，从而最大化地利用自己不期而遇的大好机会。

>>

要在时装业取得成功，需要哪些技能呢？

当然，业内不同的专业领域要求不同的技巧和品质。例如，公关应擅长语言文字，裁缝手上功夫了得，绣工应极具耐心。几乎所有的业内职位都需要一些通用的能力，例如，创造性、团队合作能力和良好的人际交往能力。还需要极佳的适应能力、遇到挫折和遭受摒弃时的处理应对能力，不能让挫折和障碍影响自己的信心或者在业内工作的动力。时装业内的大多数求职者在获得聘用之前都会有多次落选的经历。重要的是要从落选经历中吸取经验教训，切不可因此丧失信心。若要从事业内工作，你还需要有韧性，不能持有“让它去吧”的态度。对你而言，“不”并非意味着“不行或者不能”，仅仅意味着“此刻不行”或者“不是完全按照这种方式”。如果得到的回复是“我们此刻没有招聘新员工的打算”，你想的就应该是“好的，那么我下周再试”或者“好的，那么我换个部门试试看。”然后你应该多一点创意，不仅仅指在技巧上，也指在心理上。你应该考虑尚未探索的新途径，感觉新鲜的方法或者他们尚未见识的新技术。当然，最后你还需要一点点运气。你必须在恰当的时间出现在恰当的地点，或者在喝咖啡时与恰当的人开始了一场谈话，又或者碰巧有个朋友出去度假的时候出现了一个好机会。

你不能失去热情，但也必须对面临的挑战有现实的认识。不能认为遭到几次拒绝就意味着自己并非是从事此行业的材料。这仅仅意味着你需要更加努力工作或者坚持更久一点儿。

如何知晓应何时放弃？

这是一个难于回答的问题，因为你是唯一可以作出判断的人。每年都会有很多人得出结论，认为自己尚未准备就绪，不能继续盲目等待时来运转。也有很多人不愿意或者根本无法经历必要的步骤来实现自己的目标。人人都有自己的忍耐极限。有些人的极限是大学毕业后的几个月，而对另一些人而言，他们的极限是以后的数年。唯有自己才能决定那个时刻是否已经到来或者何时即将到来。要确定自己尽力获取并采纳可以接受的忠告与建议。花费数月的时间向成百上千的雇主寄送粗制滥造的简历，或者因为缺乏对雇主期望值的理解而未能在工作期间留下良好印象，这样做都纯属浪费时间。为自己设置时间表可能很有帮助。例如，你可能会认为自己能够三个月从事无报酬的工作，然后在三个月之后再进行评估做出决定。也许那时你尚未做出放弃的准备，但是心中拥有明确的时间点很有好处，在那之后你可以评估自己的进步，了解自己是否已经取得了什么进展，并考虑是否有新的策略或者能为自己提供建议和帮助其他人。

你还能有何作为？

作为服装专业的学生，你还能开发在很多其他领域中的各种有用技巧。在做出决定之前，为自己列出一份清单会非常有用，清单上应罗列自己擅长的东西以及自己希望从某个职位或者某项事业中获得的东西。例如，大多数有志于时装业的人都极富创造性。但是创造性体现在很多方面。对你来说，你的创造性可能体现在绘画、出色的审美、对色彩敏感或者良好的解决问题能力。也许你善于与人打交道。那么仔细考虑一下自己善于与人打交道的确切含义：你是出色的聆听者呢？还是你擅长说服别人呢？还是你擅长抓住他人心中所想？务必花一定的时间考虑自己到底希望在工作中使用何种技巧，然后要努力了解自己可能喜欢的其他种类的工作。你也许需要咨询自己的导师或者就业指导员来获得帮助。

教育

这是所有一切的开始。选择合适的学校进行学习能让你具备各方面的专业素质，提高对行业的整体认知以及广泛的校友人脉，在整个职业生涯中你可以与他们保持联系、互相帮助。

确切了解从何开始工作感觉有点儿让人望而却步，但不要因此而止步不前。确定进行适当的研究相当重要，但是这个行业具有多变性你不可能一直原地不动。毕业后，改变职业方向是司空见惯的事情，与其说成功取决于所学专业以及毕业学校，不如说成功往往取决于热情、创造性、辛勤的工作以及良好的人际交往能力。首先要尽力做出正确的选择，不要担心一想到要终生致力于某个特定职业就感到不安。

对所有拥有大好前途的学生的最好建议就是做自己喜欢做的事情。通常，如果你喜欢做某件事，你就能够把它做好。而且，如果你从事对自己没有意义的工作，那么你就不可能在这个具有高度竞争性的行业内获得成功。

为何学习？

传统上，时装业的大多数人都是通过从最底层学徒开始学习手艺。没有知识和技能，单凭热情也能找到很多初级职位。但出于多种原因，如今的形势稍有不同。

首先，在过去的几十年间，时装业对专业人士的技术知识的要求日渐增长。不论最终是在设计、生产、零售或者时尚传播的任何一个领域内工作，时装业在技术上和学术上都比上一代要复杂得多。营销经理需要了解消费心理学，设计师应具有美学知识，而纺织品设计师必须拥有熟练的软件操作能力。

第二个区别在于学科范围的广度。在上一代，学生仅限于学习继续教育或者高等教育中向他们开放的课程，而“主流”课程如心理学和计算机的学习被认为有点儿过于超前！如今，学生或多或少可以选择自己希望学习的内容，而在时装领域，有成百上千种课程可供选择，它们能让毕业生具备时装业方方面面工作所需的技术和知识。在过去的50年间，第三个变化体现在如今业内求职的异常激烈竞争。求职者的供应远远大于需求，雇主经过细心挑选总能筛选出最佳的求职者。

对时装专业人士的技术知识的要求日渐增长，而且这个趋势必然会持续下去。如今，在这个行业获得工作职位，某种形式的学习必不可少。

所以，他们有什么理由愿意选择高中毕业而非拥有大学学位的应聘者呢?

当然，学位本身也还不够。最好是把学位看做一个跳板。在学习的过程中，学习者会机遇不断，有机会学习技术、建立人脉关系并了解业内工作。但是，寻觅这些机会并最大限度地利用这些机会完全取决于学习者本人。获得文学学士或者美术学士学位的过程应该比这些学位名称要重要得多。

学习的途径

学习的途径相当多。时装设计师的典型之路可能是在高中时选修一些创意艺术课程，然后在大学学习艺术设计专业。高中生若经常性地学习美术或者设计的额外课程，会有助于他们开发自己的创造性技巧并制作有利的作品集来申请进入一流大学学习。用不同的媒介以平面或者立体的艺术形式进行工作对开发良好的鉴赏力和有利的艺术技巧非常重要。大学在评估选择学生的时候除了看重分数，也很看重最能表现学生综合素质的作品集。也可以在大学或者高等专科学校更偏向文科或者一般学科的学习，然后再转入艺术和设计专业学校学习。

案例分析

雅各布一直以来都十分了解自己想做的事情。在学校读书时，他主攻商务和艺术设计，这让他得以加入一个时装营销和推广的项目计划，包括在一家大型大众市场零售店公关部门的工作经验。虽然这份实习工作并未让他在毕业后获得工作职位，他却有机会再次进入该零售店并获得更多的工作经验。数月后，那里的导师与他取得联系，告诉他现在有了一个值得他去努力争取的好机会。

有很多学院和大学因特色学科而享有盛名。当你决定进入这所大学学习时，务必前往该学校参观、考察一番。你将有机会见识一下教学设施，而更重要的是，你将见到老师和一些正在学习的学生，这能让你切实感受在那里学习的境况。

学习过程中的侧重点将决定学习的方向和内容。毕竟不同的大学拥有不同的专业特色。

很多艺术和设计院校要求一年级的基础课程重点放在大范围美术技能的学习上，因此常常鼓励并提供跨学科课程（如服装设计专业的学生学习纺织品或者平面设计课程）。很多大学都开设时装设计学科以及很多其他课程，提供了广泛的教育内容。而且，除此之外，还有继续教育课程以及夜大课程，这让学习者得以学有所专，能够获得专业提升或者实践经验，最终将设计作为职业选择。

何处学习?

有很多学院和大学因特定的学科负有盛名，但是一所学校的时装专业学科并非一定要全部位居一流。诸多原因让享有盛誉的单个学科成为巨大优势。也许，学校的盛名确实实至名归，你也在那里获得了良好的教育。而且，好名声会吸引富有创意的教师和出色的学生，当然，这也能让你的简历与众不同。此外，一些非常出名的课程因久负盛名而吸引了许多出色的学生，使得他们在原有的基础上取得更大的成就，从而学校也因此得以保持盛誉。但不要仅仅考虑学校的名声。有的学校可能拥有优良的教学设施，有的学校拥有良好广泛的社会资源，而有的学校能给予你获取工作经验的实践机会。

大多数教师都是所教授课程的科班出身。一流的学校拥有一流的师资队伍，因此会拥有一流的设计人才以及业内一流的资源。师资队伍的质量常常决定你未来工作的方向。

学习背景：范例

杰西卡现为一家大众市场零售店的初级设计师

· 高中修读艺术课程
· 时装画周末课程
· 进入艺术设计学院学习
· 主攻时装设计专业
· 选修文科课程和绘画课程
· 在运动服装公司实习
毕业时获得时装设计艺术学学位，专业为女装设计

杰森现供职于一个小型的独立男装品牌设计公司

· 高中修读优等生课程，包括艺术专业、创意写作、西班牙语和科学学科
· 进入综合性大学学习
· 建筑学专业
· 选修时装设计
· 做缝纫学徒并热爱
· 转专业为时装设计
· 毕业时获得时装设计艺术学学士学位，主攻男装设计

安柏供职于一家大型大众市场零售店，担任楼层主管

· 高中和大学预科修读商务课程
· 两年制专科攻读商务和心理学，周六在高档商场兼职
· 在商场晋升至主管职位
· 毕业时获得企业管理学位
· 获得大众市场零售店的全职聘用，晋升至楼层主管

案例分析

雷切尔在高中时的创意课程学习中十分出色，不过，虽然艺术课程学得很好，但她明白自己并不打算将艺术家作为自己未来的职业。因此，大学时，她选修了心理学。而这门课程与她的个人预期完全不一致，心理学是一门严谨的学科，所以，一个学期之后，她认为这个选择不太合适。于是，她放弃了心理学这门课的学习，回家与父母同住并在当地一家独立服装店找到了一个职位，赚点小钱养活自己并同时考虑自己将来的打算。这家服装店的店主设计了一系列服装作为商品销售，逐渐地，雷切尔开始了解到时装设计的具体过程。她的学习能力很强，很快发现自己在此方面卓有天赋。在这家店担任设计师和销售助理一年半之后，她决定重回大学。在学习大学时装专业课程之前，她必须选修一些基础课程。但在开始学习之后，她完全坚定了自己的选择。

如果所学课程不对路，怎么办？

不要慌张，但是必须采取行动。越早开始，通常越容易纠正错误。找出为何出错，是所学习的课程设置问题还是特定学院或者大学本身的问题？是因为自己意识到不想从事该领域的职业还是因为工作负担过于繁重？当你弄清诸如此类问题的答案后，去见见自己的导师。也许导师或者就业指导员能帮助你找出明确的解决方案（例如更换课程、获得额外支持、学期末转专业）。要记住，对时装业内的大多数工作而言，雇主们可以不要求学位必须与工作职位直接相关，但他们都乐于聘用拥有时装相关专业学习的人士。

检查清单

1.对大学的相关课程了解的程度？
2.课程设置如何？开设的课程有哪些？
3.往届毕业生的去向如何？
4.班级的容量如何？
5.能使用哪些教学设备？
6.师资队伍如何？他们是否拥有出色的业内经历？
7.学校的声誉如何？
8.学校的生源如何？
9.选修课和必修课的设置如何？
10.学术咨询的支持力度如何？
11.与导师会面时间的长短？
12.在获取工作经验方面的支持力度如何？

如何最大限度地利用大学时光？

努力学习！要善于接受老师们的意见和建议，并积极学习。即便获得了一个好学位，单凭学位本身并不够，但毫无疑问，一个好学位一定比一个蹩脚的学位有用得多。好学生通常都跟导师们建立了良好的关系，而导师就是出色的中介人。建立良好的人脉关系，你的同学会成为自己的最佳和最久的人脉，以后还将成为你职业上的人脉。与大学同学的友谊能为你提供重要的支持性社交网络，将帮助你度过从业早年的艰难时光，而且随着事业的进步，他们也将成为行业信息和机遇的源泉。适当地犯一些错误。大学时光是可以允许你进行多种尝试的时期，而且这常常也是开发个人风格的最佳方式。获取尽可能多的工作经验。时装业内的大多数职业会涉及一段无薪工作的经历。学生时代所获经验越丰富，毕业时就能越快地做好从事带薪工作的准备。

工作经验/实习经历

工作经验意味着两大主要挑战，即如何获得工作经验以及如何正确处理工作经验并对其进行最有效的利用。

为何需要工作经验?

考虑获得一些工作经验，对此有四个主要原因：

工作经验有助于决定自己的职业路径

可能你会非常肯定地认为自己所希望的职业生涯会朝向某个具体方向发展，但是确定了解自己将在哪个具体部门取得成功的唯一途径是进行实践尝试。

工作经历是一大良机

你可以尝试与多位不同风格的雇主共事，或者尝试时装业不同方面的工作，然后再做出最终决定。

你将学习更多技能

从课程学习中你可能已经学习了大量的相关技术，但有时候，将在大学学习的相关技能直接应用于职场时需要对其进行调整。例如，业内使用的软件或者设备常常领先于学校学习中所用的最新版本。雇主们也常常如此评论，大学毕业生在时装业内的工作效率方面需要跟上节奏。

· 你将开始建立自己的人际网络

在你的职业生涯中，人际关系十分重要。不论是你认识的人聘用你、举荐你、给予你尚在酝酿之中的工作机会还是为你提供了一些意见和建议，可以说，你得到的几乎所有工作机遇至少都应部分归功于人脉网络。你的人际关系是自己的职业生命线，而工作经验就是开始建立人际关系网的良好开端。

获取工作经验是唯一路径

相对于以上所列的原因，这个原因更加重要。虽然每年都有一些人从一开始就毫不费力地获得了带薪职位，但是对大多数人来说，通常不支付薪酬的实习职位是入职的渠道。在时装业内，利润幅度不大，商业规模通常较小，专业人士十分努力地工作。在此背景之下，每个星期都有热情洋溢、技术熟练并且有志成功的人士递交很多简历，主动要求免费工作。那么，你该怎么办呢?

在校大学生实习

很多大学在大三和大四为学生提供实习机会。它们与用人公司保持联系，这些公司一方面利用学生资源获得免费的工作人员，另一方面也在实习生中物色未来的雇员。这些实习职位是时尚职业宝贵的入门途径，也给予学生实践经验，有助于他们充实简历并夯实技术。关于实习职位的问题，可以向就业指导员或者辅导员咨询。

招聘专员

来自大中型公司的招聘专员常常造访大学招聘大四即将毕业的学生，会面试学生选

“我们有一大堆照片和读者的名字，但是两部分分开摆放，不知道谁是谁。有一个有工作经验的女实习生非常灵活机智，她把照片跟人名成功地进了了匹配。” 时尚记者

作为实习生，你将从与你一起工作的优秀的专业人士身上学到很多东西。

择实习人员、招聘正式员工或者储备人才。

这也给他们一个平台，向学生介绍自己的公司并进行推广，公司能为学生们提供不错的职业机遇。即使某公司并非你首个职位之选，也值得参加那些宣讲会，倾听并了解公司，向人事团队进行自我介绍，与他们就作品和简历进行讨论能让你获得良好的反馈，可能有助于你觅得自己理想中的工作职位。

培训计划

很多较大型的公司（如A&F、彭尼零售公司、“城市旅行者”直营店和零售商塔吉特）都积极地从出色的学校招募即将毕业的学生参加它们的实习/培训计划。这些实习职位有时候是没有补贴，但通常会向实习生支付少量薪资。在培训期间，实习生会在不同部门轮岗，将面临具体的挑战，获得非常实用的学习经历。这些计划通常持续三到六个月，让公司有机会对实习生的技术、积极性和适应性进行评估。实习期结束后，最优秀的实习生常常会获得全职岗位。这些实习计划的竞争性相当激烈，务必让自己的简历和作品针对特定公司。通常，这些公司会让实习生完成某个项目，该项目让他们得以了解学生的天资才能、展示技巧，将自己的知识与品牌紧密联系的能力以及其方案的贯彻实施能力。对公司美学和目标客户的研究以及将项目带向更高水平的能力是成功的关键。

是否应该接受无薪酬工作?

大学毕业后无薪酬的实习工作常常是获得带薪职位的第一步。这些实习工作让你有机会证明自己能够为团队的成功出一份力。能否最大限度地利用此经历完全取决于你个人。你有三种选择:

· 拒绝从事无薪酬的工作。

· 允许自己被无偿利用。

· 可以从事无薪酬的工作，尽力学习，并尽一切努力向公司证明自己对公司的价值。

第三种为最佳选择。一般来说，你从某次经验中的收获与你的投入成正比。要明确自己从实习经历中希望学到的东西，并为自己设立一个时间期限来转向进一步的工作。与雇主讨论自己的目标以及如果有职位空缺的话获得带薪岗位的实际可能性。

在实习期间，与你的负责人保持联系，有关带薪岗位的其他机会也许会不期而至。

欲获得令人满意且有益的工作经验，最佳途径为接受这样一种想法，即某个职位可能是你进入业内的第一步，而能否对其进行最佳利用完全取决于你个人。

实习和观摩的区别何在?

观摩意味着观察别人工作而非进行实际的工作。观摩通常持续时间较短，最多一到两天，可能会安排你观察相对而言某些职位较高的职员。观摩是对行业进行更多了解的出色方法，也可能会让你获得较长时期的工作。

获得实习机会的方法

有时候实习职位会广而告之，但很少有雇主花钱登广告招募实习生，因此空缺职位的资源通常不会提供很多关于空缺职位的信息。服装学院官方网站常常是寻找在校生和毕业生的好地方（如帕森斯设计学院的新学院能提供很多良好的工作机会。网址为www.thenewschool.edu/parsons/internship-guide-for-students或者www.creativejobscentral.com）。不过最佳的寻觅之所还是公司的网站。

获得工作经验/实习经历的其他方法

很多人都是用非正式的方法获得了工作或者实习机会。看看“简历”（见第26页）和“创意求职”（见第40页）部分所提供的建议，它们既适合于寻找实习机会又适合于长期职位（薪资待遇较好的）。通常来说，有三种典型途径：

· 运用个人人际关系网络：问问你的导师、朋友和家人是否认识自己所针对领域的业内人士并与之进行会谈。以期获得一些意见和建议(如果可行的话，面谈要比电话交谈效果更佳)。可以看看这些谈话能否让你获得工作机会或者结识其他人。

· 与你感兴趣的机构取得联系，问询是否可以申请实习岗位。预先打电话查询到联系人的正确称谓总是个好方法。在你的申请中应明确（但不可过于明确）自己的目标：“我对安排展览的过程特别感兴趣但也十分乐意完成能减轻办公室工作压力的任何分派任务。”很多公司会要求你通过他们的网站申请，因此准备一份针对该公司的简历和求职信并随申请送出。

· 弄清业内即将开始的一些项目并看看自己能否提供帮助。在时装周期间，很多设计师和公关机构的工作应接不暇，可能会需要额外人手的帮助；圣诞节前期是零售商忙碌的时期；而博物馆在开办新展览之前的数月常常需要人手。这时可以坦诚说明自己的特定技能，为成功祈祷吧。

如何处理工作经验

雇主们对实习生工作的态度大不相同。雇主可能会大为欣赏地称赞“谢天谢地，有人能免费为我帮忙”，也可能会表示支持地称“我愿意帮助这个人迈出第一步，”也有雇主会令人反感地说“应该感谢我为他们提供机会，在夜里9点钟为我复印材料”。

而实习生本人对实习工作的态度也大相径庭。有的会愤愤不平地表示“我有学位！干嘛让我跑腿？”，有的则无比感激地称“感谢你给我扫地的机会”。

所有这些观点都有其合理性。期待免

“我不是十分确定大学毕业后的工作去向，所以就利用假期时间获得尽可能多样的工作经验。我为高端设计师品牌、大众市场商店和几个毕业生开办的小型合营公司工作过。这些工作经历实际上帮助我决定了自己的职业路线。” 初级设计师

费工作，看上去显得有失公平。但他的确是这个行业运作的方式，而且现实中在简历上若出现某个公司的大名真的能提高你获得工作的机会。接受这样的观点是非常有价值的。

议定合约

一旦从事实习工作（在实习工作尚未开始之前就这么做也是完全可取的），你的首要任务之一就是安排一次会面去商定某种形式的“合约”。不一定是非常正式的或者书面的合约，但是必须要有这个机会来了解自己的雇主希望你做点什么以及明确自己希望能从中有何收获。首先询问他们是否希望你完成何种特定任务或者从事何种项目，看看自己是否能够了解他们期待你表现何种工作态度。雇主有可能会对你的专业态度和适应他们需要的意愿留下深刻印象，而这对你很有好处，因为你将确切了解他们对你工作方式的期待。然后你可以利用这个机会明确说明自己希望从实习经历中有何收获，是否有希望试用的某种特定技能，是否希望有机会跟某位人士谈话，或者是否希望能够参加某个特别的活动。比起单纯的等待和希望，向他们说明自己的想法促成其实现的较佳方式。而且即便他们声称自己无法为你提供什么，但是很有可能他们对你的积极态度和清晰的思维印象深刻。

如何最大限度地利用时间

务必做到的事情

· 了解大家对咖啡的偏好并做好记录。

· 先完成让你做的工作而非自己想做的工作。但一定要设法找到足够时间完成对自己而言十分重要的工作。

· 务必花一些时间观察自己的新同事并尝试借鉴他们的行为举止：如果他们忙得不可开交，那么自己要快速完成工作并看看还能帮上什么忙；如果他们都穿牛仔裤，那么就不要穿西服套装来上班；如果他们都工作到晚上8点钟，要确定自己愿意呆到那么晚。

· 友善对待所有人——如果你不受大家喜欢，不论你多么有才华，他们也不会让你留下或者向朋友推荐你。

· 一定要积极主动并真正思考自己提供帮助的方式方法。如果有人提到要复印什么，主动提出为他们帮忙。如果大家看上去非常忙碌，主动提出为大家弄个三明治当午餐。

务必避免的事情

· 举止行为不可想当然。如果需要清扫地板和清洗咖啡杯，不要给人感觉自己不屑于做这样的事情。

· 不可抱怨——如果你确实不喜欢他们分配给你的工作，只需咬紧牙关，尽力做好，并提醒自己你只需在此忍耐一小段时间而已。

· 不可拒绝。即使是看上去毫无意义的任务也会产生积极的结果，因为它可能会对你有所教益，引向别的什么事情，或者至少给你一个机会来表现自己对这份工作的心甘情愿的态度。

· 不可问太多问题。有好奇心和兴趣当然是好事情，但不可忘记他们是工作繁忙之人。仅询问与交付于你任务相关的问题，并记录所获得的答案，这样就不需一问再问。

· 不可让他们贬低自己。如果你觉得他们欺骗你（只有你自己能够判断对你所提的要求是否合情合理），然后就可以停下来讨论这件事。

· 不可散布流言蜚语。

简历

标题必须使用同样的字体大小和风格来表现一致性。

可以将简历视为个人最为重要的营销工具。简历本身不能为你获取工作职位，但是你有可能因为简历而遭到拒绝。

在大多数情况下，雇主看到你的简历时，简历（和你的求职信）将是他们进一步考虑的依据，因此值得花时间让自己的简历真实地表现自己。

开始

在动笔之前你能做的最有用的事情就是设身处地地为雇主想上几分钟。他们希望读到什么内容呢？什么样的技术和经历能给他们留下深刻印象呢？什么会让他们失去兴趣呢？仔细检查工作职责（或者，如果你尚未准备申请某个特定的空缺职位，花点时间在网上进行研究）来弄明白某个特定职位需要具备何种技术、经验和个人品质的人，然后考虑一下你的个人经历，看看自己是否能够提供材料来证明自己是合适人选。

简历的结构

简历的结构安排并没有一成不变的规则。简历撰写的确有传统惯例，但如果你有良好的根据，那么突破传统格式也是十分有效的做法。传统的简历以个人联系方式开始，然后是教育背景或者工作经历部分（不论先后）。接着各个部分按照时间先后倒序排列（即最近的经历放在最前面）。传统上还有一个部分是关于兴趣爱好，最后是两个证明人的姓名和联系地址。

因此，结构可以是你的起点，但是对你最有利的结构取决于两件事情：你自己的经历如何以及雇主最为印象深刻的内容。大体而言，应该把最重要的内容放在第一页的上部。如果你觉得自己的个人故事可以用其他方式更好地进行讲述，就不要让自己受到上文所提及内容的束缚。

所以，举例来说，如果你拥有大量真正相关的工作经验但是最近所做工作十分不同，那么你可以将“工作经历”部分的内容分成“相关工作经历”和“其他工作经历”两个部分，然后再把“相关工作经历”部分放在第一页，而把“其他工作经历”放到第二页。或者你可以设计一个名为“时装设计经验”（或者随便什么合适的名称）的栏目，在这个栏目中包括你的学位课程、相关带薪的工作经历或者任何看上去直接相关的内容。之后你可以设立“其他教育经历和“其他工作经验”栏目来表现其他内容。通常在简历的开始部分都有一个名为“关键技能”或者“所获奖项”的部分，这能让你从所做工作中选出最佳的表现并展示其与所申请职位的相关性。选择那些你能够满怀热情地谈论以及你的雇主可能感兴趣的成绩和技能。简历上关于个人兴趣和证明人的部分可有可无。如果有足够空间并认为这些内容具有相关性，就把它们保留下来。

简·丹尼尔斯

普罗维登斯学院街10号3A室，RI 02903
电话：213.099.0999 邮箱：jane@mac.com

确保联系信息清楚明白，并放在显眼位置。

求职目标

寻求创意设计工作的暑期实习职位，目的是了解业内设计和营销过程，并运用个人的创新技术获得机会。

教育

罗德岛设计学院，普罗维登斯，RI，艺术学学士学位，服装专业毕业 2012

普拉特学院，纽约布鲁克林，大学预科辅修课程，服装专业 2007

获得奖项

成就奖章，服装设计系 2010

棉花公司竞赛决赛选手 2009

技能

设计能力:打板、立体剪裁和缝纫。善于用针织面料、梭织面料和创意面料进行服装设计和制作。擅长机器和手工缝纫、机器编织、面料染色和丝网印花。以多种工具绘制时装画和写生。一丝不苟的平面图绘制能力。出色的排版技巧、概念化和细节表达技能。平面设计、生产与营销/品牌推广等执行能力。

无需使用完整句。清单和项目符号能更高效地表现要点。

计算机水平： Macintosh + PC。Photoshop、Illustrator、U4ia和动画设计。迅速学习软件的能力，并能利用这些软件服务于工作室的要求。

组织能力： 详尽的调研、组织能力，并能负责项目从理念到生产的管理能力。出色的沟通技巧。能对任务进行正确预估，确定方向并顺利执行。

个人能力： 足智多谋、乐观向上、积极主动、适应力强、具有团队协作精神、拥有强烈的职业道德。

工作经历

纽约利奥·纳尔杜奇设计公司 **2010年6月-8月，暑期实习**

协助设计团队制作工艺包，CAD绘制平面款式图，为设计表达绘制效果图，组织整理样品和面料、刺绣以及辅料的研究。参与从概念到最终设计的会议和试装活动，配合样品制作商、布料商和样板师。亲身经历了该设计公司设计过程的所有阶段。

以时间顺序（倒序）列举工作经验或者教育背景，将最近的工作经历放在最前面。

普罗维登斯，RI，东街学校 **2009年9月-2010年6月**

在“通过艺术进行创意表达活动”中为身体和智力有缺陷的学生们服务。因所有学生在通过艺术进行自我表达的活动中表现的潜力和感受的喜悦而受到肯定。

普罗维登斯，RI，罗德岛设计学院博物馆 **2008年6月-8月**

辅助时尚和纺织品策展人为大型时尚和纺织品展览编目录。

纽约布鲁克林内德面料商店 **2007年6月-8月**

担任助理经理，制定一套完整的体系来整理和记录库存，以及面辅料的销售。为刚起步的零售商业设计标识、商务名片和平面图。担任销售助理，获得与面料和客户相关的大量知识。设计并制作展示面料效果的样衣。

证明人

简历的长度应为多少?

标准简历只占一到两页。最好考虑制作单张页面的简历。雇主们是工作繁忙人士，单张页面的简历意味着：首先，他们很有可能确实阅读简历中的所有内容；其次，你将所有内容压缩到一张页面上的能力会让雇主认为你办事有条有理，并有能力划分优先顺序。再者，将所有内容压缩到单张页面上要求你真正思考应包括何种经历以及应省略何种经历，最后的简历会更有针对性，更加言简意赅。

如果要把所有内容压缩到一张页面上非常有难度，但只要确定自己最具有相关性、最引人注目的经历放在简历的第一张页面上即可。需要注意的是，不要让简历的长度超过两个页面，也不要让简历只有一张半纸的长度，因为这样给人的印象是你的经历不够填满两张纸，而且你也缺乏条理性无法将其放在一张纸上。

什么样的简历会被雇主直接扔掉？

- “糟糕的文笔”
- “对细节的关注不够”
- “有人把公司的名字写错了，或者把名字完全弄错了”
- “申请信明显属于通用型的，未能针对某个特定职位或者特定公司”
- “简历的设计痕迹过于明显，雇主通常仅对简历的内容本身感兴趣”
- “新罗马字体”
- “简历与职位本身毫无相关性”
- “应聘者花太多笔墨讲述潜水资质或者环游印度等生活经历”

应包括的内容

此处的经验法则为：包括具有相关性并且对你来说重要的信息，或者有助于讲述你个人故事的内容。就每一件事情问问自己“那又如何？”如果无法对之进行合理解释，那么就不要放进简历中。以下的建议是宽泛的指导原则，务必判断它们是否适用于你的特别场合。

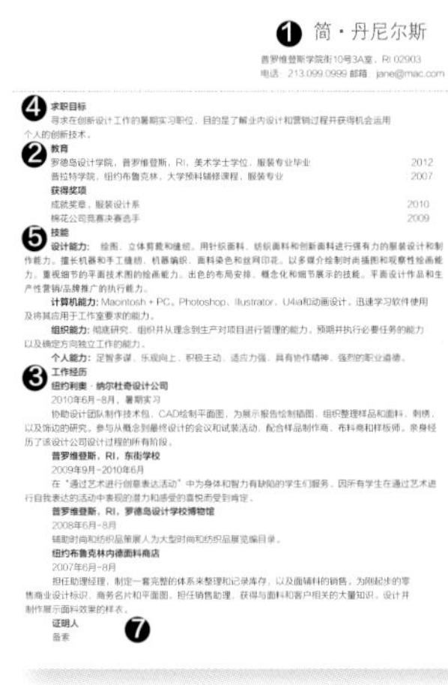

1 简·丹尼尔斯
普罗维登斯学院街10号3A室，RI 02903
电话：213.099.0999 邮箱：jane@mac.com

4 **求职目标**
寻求在创新设计工作的暑期实习职位，目的是了解业内设计和营销过程并获得机会运用个人的创新技术。

2 **教育**
罗德岛设计学院，普罗维登斯，RI，美术学士学位，服装专业毕业 2012
普拉特学院，纽约布鲁克林，大学预科辅修课程，服装专业 2007
获得奖项
成就奖章，服装设计系 2010
棉花公司竞赛决赛选手 2009

5 **技能**
设计能力： 绘图、立体剪裁和缝纫。用针织面料、纺织面料和创新面料进行强有力的服装设计和制作能力。擅长机器和手工缝纫、机器编织、面料染色和丝网印花。以多媒介绘制时尚插图和观察性绘画能力。重视细节的平面技术图的绘画能力。出色的布局安排、概念化和细节展示的技能。平面设计作品和生产性营销/品牌推广的执行能力。
计算机能力： Macintosh + PC、Photoshop、Illustrator、U4ia和动画设计。迅速学习软件使用及将其应用于工作室要求的能力。
组织能力： 彻底研究、组织并从理念到生产对项目进行管理的能力。预期并执行必要任务的能力以及确定方向独立工作的能力。
个人能力： 足智多谋、乐观向上、积极主动、适应力强、具有协作精神、强烈的职业道德。

3 **工作经历**
纽约利奥·纳尔杜奇设计公司
2010年6月–8月，暑期实习
协助设计团队制作技术包，CAD绘制平面图，为展示报告绘制插图，组织整理样品和面料、刺绣，以及饰边的研究。参与从概念到最终设计的会议和试装活动，配合样品制作商、布料商和样板师。亲身经历了该设计公司设计过程的所有阶段。
普罗维登斯，RI，东街学校
2009年9月–2010年6月
在“通过艺术进行创意表达活动”中为身体和智力有缺陷的学生们服务。因所有学生在通过艺术进行自我表达的活动中表现的潜力和感受的喜悦而受到肯定。
普罗维登斯，RI，罗德岛设计学校博物馆
2008年6月–8月
辅助时尚和纺织品策展人为大型时尚和纺织品展览编目录。
纽约布鲁克林内德面料商店
2007年6月–8月
担任助理经理，制定一套完整的体系来整理和记录库存，以及面辅料的销售。为刚起步的零售商业设计标识、商务名片和平面图。担任销售助理，获得与面料和客户相关的大量知识。设计并制作展示面料效果的样衣。
证明人 7
备索

1

个人信息

你的姓名和联系方式，如邮箱、手机号码、座机号码和家庭住址为常见内容。无须包括婚姻状况、出生日期或者国籍，除非你希望以此达到特别目的，如你来自中国，你申请职位的公司与中国有联系，此时提及你的国籍于你有利。

2

教育背景

你通常只需包括最近的两个教育阶段。例如，如果你目前仍在大学求学阶段或者是刚毕业的大学生，那么应该包括大学的名称、所学专业和毕业年份。你也可以列举高中和高中所在的城镇。如果成绩名列前茅的话，你也可以列出自己在大学和高中的平均成绩以及所获得的各种奖项。需要列出教学机构的名称（无需地址，不过所在国家和地区应列出）。接着列举所学课程。可以选出特别具有相关性的一个或者两个教学模块，或者说说自己喜欢的某个特定项目，特别是与当前申请岗位相关的项目，又或者谈谈你在学习过程中所学习的相关技能。

3

工作经历

要确定自己没有遗漏工作经历中的重要内容，但也需确保所列清单不会过于冗长。如果你曾拥有大量相似的工作经历，可以将它们合并在一起，描述成“2008—2010年，在餐馆和酒吧从事各种兼职工作和临时工作，用以支付大学学费。”对于工作，描述其职责非常有用，但是依次列举所完成的不同任务。这样做不但缺乏趣味性也可能会欠缺相关性。相反，可以先用一句话来解释自己的工作，然后用几句话谈谈收获的成果，或者谈谈学到或者运用过的一些技能。总是要用一些证据来说明自己的技能。例如，“我表现出了良好的协商谈判能力”的说服力肯定比不上“经过协商谈判完成了大量交易，包括在一次采购中获得5%的价格优惠，为公司节省了500美金”。

尝试各种不同的字体，并了解哪些字体合适，哪些不合适。例如，Times New Roman字体是微软文字处理器的默认字体，使用这种字体会让你看上去未曾下功夫，Comic Sans字体似手写字体，看上去不够严肃认真。Zapfino字体之类的醒目大号铅字适合于简历的封面。务必确定不论使用何种字体，简历应简单易读并易于修改。

4

个人陈述

个人陈述通常紧跟着个人信息出现在简历的开始部分，常为总结个人现状的一个简短段落。此处常见错误是写得沉闷乏味，显得随意粗糙，常用一些文字如“（本人为）效率极高具有主动精神的人，拥有出色的沟通技巧，现期望在一家享有盛誉的公司，觅得具有挑战性的职位”。如此表达的问题在于个人陈述显得泛泛而谈，几乎适用于任何公司寻觅任何职位的任何人。

而把个人陈述部分写成“时装设计专业毕业，热爱针织品设计，色彩感敏锐，如今期望在设计公司（明确写出设计公司的名称）寻觅工作职位。在校期间，贵公司的针织产品设计给了我极大的灵感”。这样显得更加独特，让雇主能真实感受你的个性，也让你显得真心期望得到该公司的工作职位。

5

关键技能

这是简历中非常重要的部分，通常放在简历靠前的位置，但也可以放在自己认为合适的位置。突出表现一些你不希望雇主错过的信息，这样做也能让你集中表现自己所从事的最引人关注的、最有相关性的工作。此外，要尝试证明自己的陈述并尽可能地精确表达。“出色的沟通技巧”本身可能是个人所真正具有的品质，但这种表述过于宽泛和普通，以至于显得毫无意义。如果写成“我能与各种各样的人进行高效交流，并能诚实待人，对他人的工作表现出诚挚的兴趣，因而能与客户、经理和同事们建立良好的关系”，这样显得更加真实可信。

6

兴趣爱好

雇主们对此部分的观点不一。有些雇主认为此部分毫无必要，因为他们要招聘一起工作的职员而不是共度周末的伙伴，所以并不关注求职者如何打发自己的时间。也有些雇主认为个人兴趣爱好能够揭示很多内容，并指出同事们是完完全全的人而非工作机器，因此与他们和睦共处相当重要。最终如何处理完全由你决定。如果自己有令人感兴趣且有相关性的东西可写，就将这一部分包含进去。必须考虑你的兴趣爱好会给别人留下何种印象。“长跑、阅读和钓鱼”并不能说明你擅长团队合作，而“阅读、社交和看电影”也无法表现你的与众不同。你可以换种方法来表达，比如，“我喜欢与一大群人一起长跑”，或者“阅读——我特别喜欢维多利亚时期的文学作品，阅读小组的活动开阔了我的眼界，同时也阅读了很多当代的书籍”。

7

证明人

证明人的姓名和联系方法可能会占据简历的宝贵空间。在决定聘用你之前，雇主通常不会联系证明人，而且在获得你的认可之前也不会与证明人联系。所以，证明人的信息无需在简历中呈现，等到以后你会有时间向他们提供有关证明人的细节内容。

求职者有时候写“证明人：备索”来节省空间并同时解决证明人的问题。这样做也可以，能巧妙地结束简历。但并非必要。不过，如果你没有足够内容填满两张页面，这个部分是良好的补白。又或者如果重要人士（如某家公司的高级经理或者雇主的私人朋友）为你提供证明的话，此时，在简历中包括证明人一栏就是个好主意。

如何处理简历上可能会显得不好看的内容?

我们大多数人在职业生涯中或多或少都会有一些不太能正面反映自己的事情。不论是一段失业期、一个失败的开端，还是害怕透露的某种无能，都难于在简历上处理这样的内容。虽然不应误导潜在的雇主，但等到与他们会面之后再坦白自己最难以启齿的尴尬也不算迟。

有三种方法可以减小信息的影响:

· 闭口不提。如果你的顾虑是有关工作许可或者心理健康问题，在简历上完全可以对此保持缄默，也不会有人在意。这样的有意遗漏也不会十分明显。在此阶段可以刻意对此闭口不谈，但在获得工作机会或者接受面试之后应提起此事。此时，他们并非仅凭区区一张纸对你进行评判，反而更有可能会不存先入之见。

· 深埋一隅。忙碌的雇主常常会略读第二张纸，而你可以对此加以利用。如果你将不利信息放到第二张纸上，那么很有可能雇主不会那么注意这方面的内容，又或者他们注意到这方面内容的时候，你在第一张纸上所展示的出色技巧和经历可能已经给他们留下了深刻印象，他们已经决定给你一次机会。

· 解释清楚。鉴于大多数人在职业生涯中都犯过错误，雇主们也常常乐意原谅这些过错，特别是当你清楚说明自己理解了事情发生的原委并从中吸取了教训的时候。一句简单的解释性话语就能解决问题。

简历的样式

关于简历的样式很难提出什么明确的规定。它必须清晰明了、前后一致，但除此之外，完全由你个人决定其排版和设计的样式。与简历中的其他内容一样，简历的样式和风格必须反映你本人以及所申请的公司。

简历应整洁有条理。这意味着所提供的信息让读者一目了然，并能表现你个人的良好组织能力、对细节的注意力以及对工作职位的关注度。整洁有条理意味着必须确保边线对齐，所有的标题使用相同样式（即字体大小、粗体、下划线等），而且通篇简历的字体应保持一致。对简历进行“一臂之距”的测试，即双手拿着简历双臂伸直，看看对简历的印象如何。所有部分是否区分明确？是否有足够的留白？

高品质的纸张总能给人留下良好的印象，但是避免使用鲜艳的色彩，即使读者会注意并欣赏你的创意，但他们可能需要复印简历交给同事，亮色的复印效果可不怎么样。

务必考虑所使用的字体。Times New Roman字体是许多电脑的默认字体，但对简历而言这种字体的效果不太出色，因为看上去显得陈旧过时。拿其他字体尝试一番，看看哪种字体能够表达恰当效果。

字体大小也很重要。用11号字体为基础大小，文字的效果可随字体的样式而变化。

简历如何表现创意性?

如果你很有创意，也打算向潜在雇主表现你的创造力，那么在简历上不尝试表现创意看起来像是浪费了一次好机会。而在简历上表现创意效果的程度应依据自己所申请的公司和职位角色而定。你撰写的简历务必反映公司和职位的特点。不论雇主多么前卫时尚，如果设计掩藏、淡化了你所要传达的信息，将无法给雇主留下深刻印象，反而他们可能会错过你要传达的关键信息。也必须把发送简历的工作考虑进去。如果你打算向大量的雇主发送资料（在业内递送一百多份简历之后才获得积极回应是平常之事），那么避免使用制作费用昂贵的简历或者在递送过程中易于损坏的简历。

也许你打算用巧妙的方法展现自己的创意，如一道缤纷的色彩、一些设计作品的缩略图、一个个人标识或者非同寻常的布局安排。雇主们对创意简历的观点两极分化，所以创意简历常常意味着冒险。独特设计的好处在于能够引人注目，有些雇

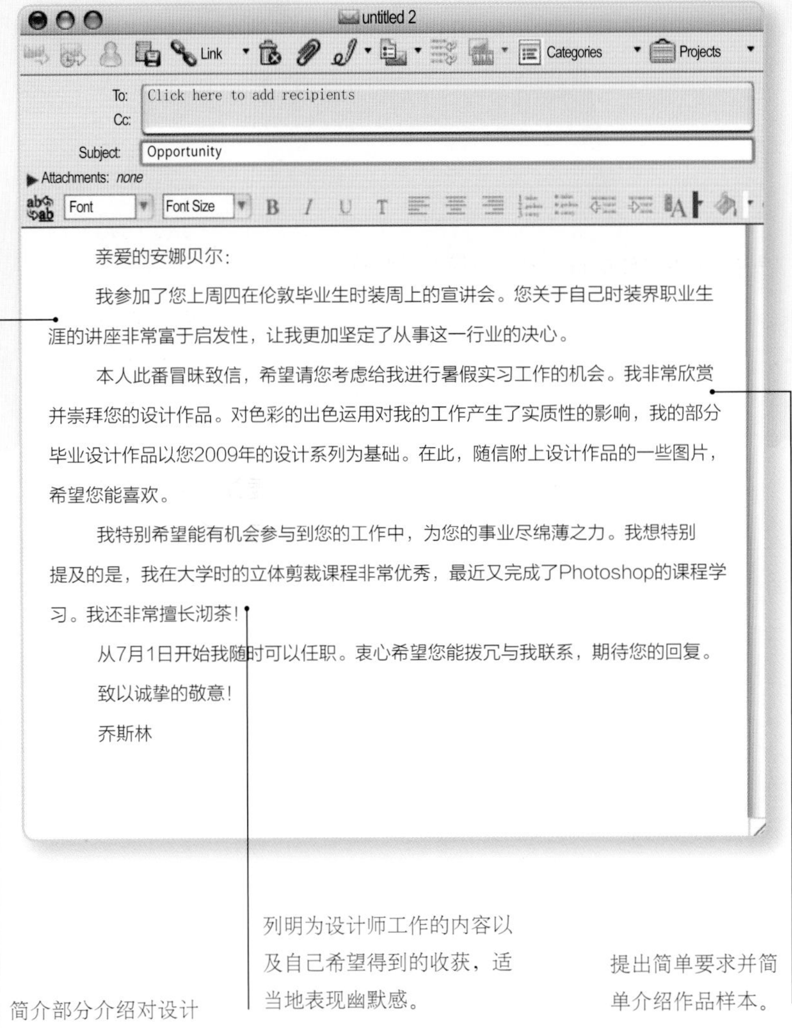

亲爱的安娜贝尔：

我参加了您上周四在伦敦毕业生时装周上的宣讲会。您关于自己时装界职业生涯的讲座非常富于启发性，让我更加坚定了从事这一行业的决心。

本人此番冒昧致信，希望请您考虑给我进行暑假实习工作的机会。我非常欣赏并崇拜您的设计作品。对色彩的出色运用对我的工作产生了实质性的影响，我的部分毕业设计作品以您2009年的设计系列为基础。在此，随信附上设计作品的一些图片，希望您能喜欢。

我特别希望能有机会参与到您的工作中，为您的事业尽绵薄之力。我想特别提及的是，我在大学时的立体剪裁课程非常优秀，最近又完成了Photoshop的课程学习。我还非常擅长沏茶！

从7月1日开始我随时可以任职。衷心希望您能拨冗与我联系，期待您的回复。

致以诚挚的敬意！

乔斯林

简历的申请信附信，旨在寻觅实习职位。

简介部分介绍对设计师之工作的兴趣。

列明为设计师工作的内容以及自己希望得到的收获，适当地表现幽默感。

提出简单要求并简单介绍作品样本。

主会比较喜欢。而坏处在于它会让一些人失去兴趣。如果你确定简历的设计能反映你个人水平，那么很有可能你希望为之工作的雇主也会受到吸引，而那些本来就不适合于你的雇主更有可能对你不感兴趣。

申请信附信

一般来说，你都要随简历递交一份申请信附信或者电子邮件。附信务必为某个具体职位量身打造。一眼就能识别的毫无特色的通用申请信，它们也不可能起到什么作用。

申请信应言简意赅，长度不要超过信纸的一面。在信中应进行自我介绍，并突出简历中的一两点来吸引读者的注意。也需要解释为何希望得到该公司的特定职位。如果能对此部分进行深入思考，你的申请信一定可以引入注目。

使用项目编号还是段落？

随便哪一种都可以。如果使用段落，务必令其简短明快，但展示个人写作能力是一个好方法。项目编号看上去非常整洁有力，更适合于用于简历表现积极高效的语言。

是否需要定制简历？

在时装业内，求职者常常要同时申请截然不同的职位。例如，你可能在申请杂志社工作的同时寻找零售业的工作来挣钱谋生。此时，最好制作两份截然不同的简历，因为你必须在简历中突出个人经历中的不同亮点。就算你同时申请两份类似的工作职位，还是要审视自己的简历，确定是否恰当地突出亮点。

是否必须随简历递交一些作品样本？

这是必然的。如果你申请设计师、摄影师或者作家的职位，要是错过向雇主展示自创作品的机会，那是不可取的。毕竟，雇主的决定实际上是依据你的作品。要是用邮件发送简历，可以方便地附上个人网站的链接。也许这样做是最佳方式，不过你也可以印制一些作品图片附在简历中并递交一张CD。打印稿看上去比较传统保守，但更为直接，也更能吸引潜在雇主的注意力。要让所递交样本与雇主具有相关性，而且不可附加过多样本，两个或者三个足矣。应吊吊雇主的胃口，让他们希望看到更多的作品。

一份出色简历的制作相当耗费时日，而为每个职位量身定制每一份申请信和简历是项繁重的工作。不过这些努力都是值得的。一份结构清晰、精心设计、高度相关的定制简历能让你的求职工作拥有一个良好开端。

作品集

作品集，顾名思义，是你个人作品或者作品图片的一个便携式集合，易于携带展示。在所有视觉创意领域，作品集显得平常又重要。因此，要是对时装设计、时尚插画绘制或者时装摄影工作感兴趣的话，你必须花时间制作一份作品集。

可以在美术用品供应商店购买收纳作品集的的文件夹。文件夹的大小多种多样，为面试准备的作品集选择尺寸为28mmx35mm或者35mmx43mm英寸的即可。作品集有两个关键点：其一，要考虑如何制作你的作品集，诸如该选择哪些图片以及按何顺序摆放这些图片。其二，还需要练习谈论自己的作品。这些图片本身并不能说明所有问题，因为雇主会希望了解过程以及你制作设计作品的方法。

实际的考虑因素

要是计划从事时装业的设计和插画绘制方面的工作，必须具有良好的手绘能力以及较强的沟通交流能力。服装人体形象必须与所设计的服装组合协调一致（例如，晚装系列使用优雅的形象，俱乐部服装系列前卫大胆）。在设计展示中，清楚展示设计理念乃重中之重，因此使用速写图或者“平面款式图”（一种不使用人体展示服装设计本身的稍带动感的形式）来展示所有精确细节。用带有理念图像和面料小样的情绪板辅助展现创作过程。展示须有艺术性并经过深思熟虑，这样雇主既能看到你的设计才华也能看到你的组织能力。

也许你希望用服装成品或者服装系列的一些图片来展示平面理念到最终可穿戴设计作品的转化。如果你的设计过程更倾向于立体化，或者你的结构技巧强于绘画能力，这样做特别有用。也非常重要，如果条件允许，请专业摄像师为你拍摄照片。也许你正巧有个朋友是出色的摄影

务必做到的事情

· 确定所有图片方向一致。

· 确定作品集没有折痕或者刮痕。

· 让作品集保持最新状态。如果有的作品已经有一年没有更新了，务必确保其相关性。

· 为特定职位定制作品集。

· 作品集须表现多样性。这让你有机会更好地展示自己的技术能力，也更有可能让雇主保持兴趣。

务必避免的事情

· 尺寸大小不可超35mmx43mm，应易于操作和携带。

· 不可将唯一版本的作品放进作品集。如遇遗失或者毁损，应能方便重新制作。

· 不可把最佳作品放在最后。雇主可能根本没有时间看那么多内容！

师，而且懂得如何摆拍来让你的作品表现最佳状态。要是你亲自拍摄照片，须考虑背景效果（通常白色背景效果最佳，能够最清晰地展示大多数物件）和灯光效果，要确保能够美化拍摄内容。在不同环境下拍摄大量图像，冲印出来之后再行选择。

应将照片裱放在卡片上，照片的定位应一致，要么全是人像要么全是风景。雇主并不希望不停地转换作品集的方向或者伸长脖子才能看清你的作品。

在一开始设置目录是个好办法，能让所有内容更加清晰。在所有页面上注明自己的姓名、联系电话或者邮箱地址。要确保作品集整齐干净、前后一致，而且作品集不可过长，12幅左右精心选择的图像就已足够。

如何选择作品集的内容

与准备简历时一样，首先也为雇主设身处地地想上一分钟。用符合面试公司的审美观和公司客户群的几个服装系列作品作为作品集的开始是非常不错的想法。雇主们希望了解你是否能够融入他们的团队，这能向他们展示你进行了研究并对他们设计的产品充满热情。考虑一下雇主希望雇员具备的品质，看看自己能做点什么来满足他们的要求。如果他们希望聘用一位十分多才多艺的设计师，那么要确保作品集中的作品表现多样性。如果他们的设计作品以大胆的色彩运用著称，那么你所选择的图片应能突出表现你对色彩选择的理解力。

要把自己引以为豪的图片放进作品集，部分原因是因为它们很有可能给雇主留下深刻印象，也因为它们极有可能是你能够激情洋溢、大谈特谈的一些项目。

与最终的成品图像一样，把一些表现思想过程的内容放进作品集也很不错。很多面试官都希望看看你的速写本，它能够揭示很多关于设计过程的东西。这个速写本应展示作为设计师的你，也包括处于发展阶段的草图、布料样片、剪报和手写笔记，即所有用来开发自己设计理念的东西。将速写本放在作品集的夹页中，随时准备按要求拿出来展示。招募初级设计师或者实习生的时候，雇主常常寻觅可挖掘的潜力“股”，因此理解你的创意想法的开发过程能揭示很多内容。也可以放入一些初始草图或者情绪板。

在作品集内表现一定的多样性能让雇主浏览作品集本身的过程更有趣味性，也让你有机会展示自己的多种技巧。

与简历一样，作品集必须为所申请的特定工作和公司量身定制。

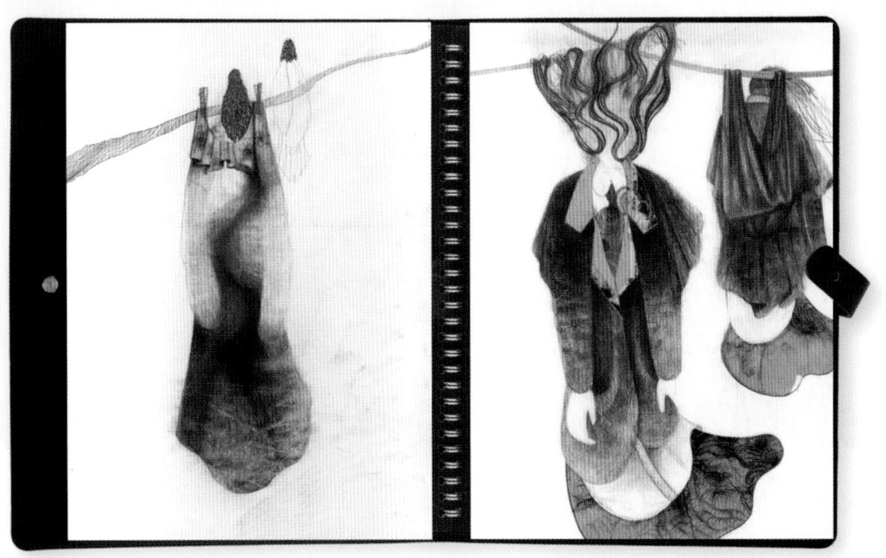

作品集应条理分明，细心考量各种内容的先后顺序，让它们共同讲述一个故事，而且要确保匆匆翻页查看的时候也能流畅地谈论这些内容。

表现多种不同技巧以及某种想法的形成。例如，下图中的工艺款式图补充说明了成品裙装。对页上，所选择的效果图展示了一个服装系列。

拥有较多数量的作品非常有用。当你需要参加某场面试的时候只需选择与那个面试相关的特定作品即可。

是否需要电子作品集?

如今，电子版作品集的重要性日渐突出。但电子作品集无法取代实物作品集，务必拥有实物版本的作品集。

是否带上手提电脑?

大多数雇主似乎喜欢可以有形感受的物体，能够前后翻阅。如果要让你和雇主能够同时观看图像，手提电脑的放置位置也是个难题。而实物版本的作品集易于操控，也能留下更佳印象。

是否可以放入图片以外的内容?

当然可以，多样性越丰富越好。放入情绪板、面料小样、CAD款式图纸以及设计草图，亦可包括文字内容。所有这些都有助于展示自己的工作，也能让雇主翻阅作品集的时候更有趣味性。

作品集中的作品是否必须出自课程学习的内容?

否。作品集可以包括你认为能对本人及工作方法进行说明的任何内容。要是你特别希望为某个特定公司效力，可以根据该公司或者其客户制定一份简要说明，然后提供一些设计作品以及与这些作品相关的图片。这是展示你对工作职位热心程度的出色表现方式，也能表现你对其品牌的理解程度。

如果他们提出要保留我的作品集怎么办?

这种事情不常发生，不过可能有些雇主希望在做出最后决定之前让其他同事看看你的作品集。通常，这是个好迹象，所以不要大惊小怪，不要因此而毁掉自己的好机会。然而，你也可以说明不留下作品集，但是很乐意换个时间，等那位同事有空的时候再专程过来一次向其展示作品集。这样说完全合乎情理。

作品集应包括你自认为最精彩的作品，保持新颖，并且与面试直接相关。

谈论自己的作品

作品集是与简历大不相同的营销工具。雇主看简历的时候，简历上的内容即他们此刻所能看到的全部信息，简历必须自成一体。作品集的作用有所不同，通常你会携带作品集参加与雇主的会议或者面试，而且需要对作品集进行介绍。这意味着你要习惯于谈论自己的作品。记住，作品集让你有机会谈论自己能做的工作。例如，对晚装系列的介绍让你有机会向他们讲述自己用斜纹雪纺布进行立体剪裁的经验，或者创作珠饰设计的经验。那些完美的平面图让你得以谈论自己对Photoshop和Illustrator的熟练程度。

出于多种原因，雇主乐意听你讲述自己的作品。首先，这让他们更好地了解你的设计作品的相关设计过程。其次，他们能够对你个人有更多了解。运气好的话，你会感觉非常放松，能够十分自然地谈论对于自己意义重大的事情，因此这是一个能够揭示很多内容的过程。再者，雇主聆听你谈论自己的创造过程也非常有用。在未来的工作中，不论你的同事是否属于创意型的人，你都需要向他们陈述自己的想法，因此，聆听你对自己作品的讲述让雇主能够了解你是否可以高效地进行语言沟通。

有些雇主希望以自己的速度浏览你的作品，并在浏览的过程中进行提问。所以，你取出作品集之际，首先要做的事情就是询问雇主是否需要对作品进行介绍，还是他们更愿意自己翻阅作品集。

对自己的作品进行介绍是你需要练习的工作，因此务必仔细考量作品集中的每一张图片以及你打算讲述的内容。以下建议供你思考：

1.谈论第一幅作品前，你也许以概述开始。往往这部分很难用寥寥数语描述你的作品，因此这是应该练习完善的真正有用的技巧。

2.作品概述完毕后，可以进入细节部分。良好的起点为设计概念的描述和作品的批判性分析。

3.讲述某个设计时，让雇主了解你最初想法的形成过程。讲讲概要、灵感以及理念想法的开发过程。如果你有情绪板或者一些初始草图，可以用这些来解释自己的设计过程并说明从概要到成品的发展过程。雇主很有可能对你的设计过程感兴趣，因此多谈论你在此过程中的收获。

作品集的展示时间多长?

你可以预先询问面试官允许的展示时间长度，或者自己斟酌一下时间，觉得有必要的时候自行加快速度。建议十分钟以内。

他们窃取我的理念怎么办?

的确，这是你要冒风险的事情。大多数情况下，如果雇主非常喜欢你的作品并打算窃取你的理念，为了让你能够为他们提出更多出色的创意，他们很有可能会邀你加入。

是否需要谈论所有作品?

完全可以快速地谈论一两幅作品，让自己有更多时间谈论自己钟爱的作品。但不论如何，还是应该思索如何谈论各幅作品。如果雇主似乎对其感到好奇，你就得说上点什么。如果你不愿意谈论某个作品，那么就考虑一下是否有必要将其放入作品集。

面试技巧

一般而言，只有通过面试才能得到一份工作职位。所有的雇主期望寻觅具有不同特质的人才，因此，在面试过程中其方式具有多样性。对此有一些基本原则适用于所有面试情况。

面试多种多样，有非常正式的面试（在评估中心耗时两天的面试，需进行结构化的练习，有很多人对你进行观察和分析），也有奇特的非正式面试（一边喝着咖啡，一边进行简单交谈，谈话内容似乎跟所申请的职位并无相关性）。但多数面试是跟团队的一两个成员进行谈话，谈话内容涉及你的技巧和经验、所申请的职位、求职原因等。如果合适的话，可能会要求你展示并谈论自己的作品，你也会有机会就与工作职位和公司相关的问题进行提问，甚至有机会见见团队的一些成员。在大多数情况下，首先与你会面的是人力资源部门的员工，他们会“筛选剔除”不适合招聘职位的申请人。

第一印象相当重要

70%的第一印象取决于身体语言，23%取决于谈话方式，只有7%取决于谈话内容。这并不意味着你无须担心面试中的谈话内容，依然值得花时间考虑如何给人留下良好印象。参加面试时的衣着打扮也要深思熟虑。通常的原则是你的穿着与员工的穿着大体一致，但是要显得更加整齐漂亮。因此，如果员工的着装非常随意，你就应该身着休闲装并以此类推。要用公司的理想客户/灵感缪斯的装束打扮自己。这给人留下的印象是你理解品牌并能顺利地适应公司。

要考虑自己的姿态。姿态很大程度上反映了你本人。对着镜子看看自己的坐姿和走进房间的样子。应该表现轻松自在、充满自信的样子。

如果自己可以承受，录下自己对一个典型面试问题的回答，然后听听录音内容，考虑一下自己的声音和语言会对人产生何种印象。如果感觉紧张不安，你的语速会加快，声音会变尖，所以在面试的时候要刻意努力放慢语速并降低声调。

研究

尽量给人留下最佳印象。在面试之前花时间进行思考和研究是个好主意。研究工作本身并不能保证你能够完美地回答所有问题，但足以提高对问题答案进行少些预先考虑的几率，而且意味着你的经历和成绩是自己思想关注的重点。

以下为在面试之前可以进行研究的一些内容。

· **行业：** 阅读行业刊物，了解行业领域的动态。了解发展趋势、领军人物和企业最新发展、获奖人士，等等。也要了解行业竞争，如类似的公司有哪些？它们各自有何特色？

· **机构：** 登录公司网站，对其进行全面了解。网站如何评述公司本身——它们因何感觉骄傲自豪，又是如何评述自己的重要性？你喜欢公司的什么方面——为何愿意为此公司工作而非为其竞争对手效力？你如何看待它们的作品——它们的哪些产品给你留下特别深刻的印象？是何原因呢？用谷歌搜索引擎搜索一番，看看别人对其评价如何。

· **工作职位本身：** 认真阅读岗位职责并在脑中形成有关工作实际涵盖内容的清晰想法。它们需要何种技术？什么样的人能做好这份工作？

· **个人动力：** 为何希望得到这份工作？为何选择这个行业以及这个特定职业角色？如果能够信心满满、热情洋溢地谈论自己在某心仪公司从事特定工作的缘由，你就有了优于其他申请者的优势。

研究工作本身并不能保证你能够完美地回答所有问题，但足以提高对问题的答案进行事先考虑的几率。

· **个人技术：** 你的技术和经验是雇主做出最终决定的依据所在，所以值得花时间仔细考虑并弄明白这些技术和经验能够如何在申请岗位上得到利用。可以先开始谈论自己以及自己真正擅长的东西，如果乏善可陈，那么仔细想想你的老师或者导师之前对你的评论，或者问问朋友和家人，看看他们能说点什么。列出清单后，务必用证据对其进行佐证。对在面试中声称拥有的所有技术都需要用一个故事进行支持，如何使用过该技能以及为何你认为自己在此方面比较擅长。除了真正认为是自己强项的技能，还须考虑需要哪些技能完成工作任务。如果运气好的话，两个关于技能的清单至少会有部分相同的内容。就算你觉得自己并非十分擅长该工作所需的一些技能，仍须对此为面试做好一言半语的准备。要是你并非特别擅长某个技术，那么可以提供该技术组成要素的证据。例如，要是从未进行过大量项目管理工作，那么你可以说自己做事非常有条理，或者说总是成功地在截止日期之前完成任务。换言之，如果自己缺乏什么，你可以考虑开始获取一些相关经验，或者至少能够充满热情地表示投入学习的意愿。比起简单的“我从未使用过Photoshop”的说辞，“我到目前为止还没有什么机会真正学习Photoshop，不过我已经参加夜校课程学习其基本原理，能够拓展自己的技能我感到十分兴奋”。这样的说法能让你听起来既上进又能干。

常见的面试问题：

· 为何应聘该职位?
· 你认为自己具备做好该工作的何种技能和经验?
· 为何对本公司感兴趣?
· 讲讲大学期间进行的某个项目。
· 从实习项目中学到了什么?
· 对课程学习的印象如何?
· 举例说说自己必须进行团队合作的经历。
· 你觉得这个职责蕴含何种工作?
· 觉得自己今后五年的前景如何?
· 你最仰慕哪些设计师（或者申请了哪些职位）?
· 你觉得此职位的工作难度何在?

非常见的（但可能仍被问及的）面试问题：

· 这间办公室的大门是什么颜色?
· 什么让你开心大笑?
· 你会邀请谁参加你举办的聚餐?为何?
· 你还申请了什么职位?
· 最后一次生气/哭泣是什么时候?
· 讲个笑话。

· **个人经验：**仔细看看你的简历并考虑一下雇主可能询问的问题以及你希望向他们讲述的内容。如果你曾经进行相关工作或项目，可以考虑一下如何谈论这些经验。不是单纯列举工作职责或者所学内容，而应该谈论自己学习上的收获、所热爱的东西。对特定项目的讲述能让面试官了解你的工作方式。

· **社交媒介：**求职过程中一个额外的好处是对自己在网上表现的认识。优秀求职者获得职位的机会可能会因为在社交网站不负责任的发帖而遭到破坏。春假时狂饮滥喝的事情跟朋友分享会很有意思，但对潜在雇主来说却是个危险信号。而且，雇主们的确会查看Facebook、优酷和聚众网这样的社交网站来查看你的贴子中是否有不负责任的行为。同样，也要确定自己的语音邮箱欢迎语符合职业人士的风格，而非奇奇怪怪的或者幼稚不成熟。

简历中可能含有会引起讨论的负面内容，如果你的个人经历中有断层空白，面试官会问你在那段时期在做什么，如果未完成学科课程就辍学了或者长期处于失业状态，你必须对此进行合理可信的解释。雇主也是人，通常都很通情达理，都能原谅别人所犯的错误，但对于所发生的事情你必须持有坦率真诚的态度，并说明自己已经从此经历中吸取了教训。在这些情况下，一次失败的经历或者一个方向的转变甚至有可能对你转而有利，因为这能说明你是在可信的、人性化的情况下做出了自己的职业决策。不可责怪别人——有研究表明这并不会给面试官留下好印象。相反，对自己的错误要坦诚相待，但必须清楚说明自己不可能重蹈覆辙。如果你的回答是：“学校为我提供的建议很糟糕，商务课程的老师糟透了，所以我辍学了。”那么下面这个回答的效果显然要好得多：“我一开始学的是商务专业，但很快发现自己做了一个错误的选择，因为我是非常有创意性的人。虽然这个专业的有些科目也很有意思，但总体我感觉非常压抑而且缺乏动力。所以，我决定放弃学习，把那个学年里剩下的时间用于获取不同的实习工作经验并开始真正思考自己的打算，我并不后悔自己的选择。现在，我非常热爱时装设计的课程，获得了老师们的良好评价和出色的考试成绩。”

“有想问的问题吗？”

面试结束之际，雇主通常会问你是否有想问的问题。至少准备两个问题（人人都有一个问题要问，两个问题能让你显得与众不同，对公司真正关注和感兴趣，当然前提条件是好问题）。如果没有问题好问，你给人的印象是对公司或者工作职位并非真正感兴趣。虽然这是征询高级业内人士意见的良机，务必考虑所问问题给人留下的印象。对面试官提问的这个部分在面试中意义十分重大。

不要询问诸如工资、工作条件和工作时间之类的问题。这会给人感觉只要工作的各种福利条件合适的话你才会对工作感兴趣。在开始之前，甚至在同意接受工作之前弄清楚实际问题的答案非常重要，不过必须确信自己是他们的正确人选之前再问询此类实际问题。利用提问的这个机会表明自己已经做过研究或者自己对较大问题已有一定的了解。如果你对他们的网站或者行业刊物中关于他们公司的报道感兴趣的话，这就是进行深入了解的好时机。

面试中能说谎吗？

出于多种原因，这样做是不可取的。首先，大多数人都不善于说谎，而且就算雇主并不确定你说了谎，他们也会隐约之中产生怀疑的感觉。其次，如果雇主识破了你的谎言（时装界很小），那么你的名声将极大受损。最后，如果你所收到的工作邀约基于谎言，一旦在此职位工作，你对自己的能力就会缺乏信心。在面试中可以最大限度地利用自己过往的工作经历，但不可说谎。

要是大脑一片空白该怎么办？

这种情况很常见，其本身也不是什么大问题。关键是要确定这种时刻不会影响面试的其他部分。以下一些建议助你在保持风度的同时解决大脑空白的问题。你可以请面试官重复或者解释所提的问题，也可以自己重复问题看看理解是否正确（为自己争取一点思考的时间）。你也可以老老实实地告诉他们自己此时大脑一片空白，请他们给自己一点点时间理清思绪。或者，在面试快接近尾声的时候请他们允许自己在此回顾之前未能好好作答的问题。

要握手吗？

握手是友好、热情、专业的表现。可以事先与好朋友练习一下握手。面试官从你的握手方式中能领会很多东西，所以应确保握手力度不至于过大或者过小！要面对面试官并保持目光接触。

可以带作品集或者推荐信参加面试吗？

如果申请的是创意类工作，当然一定要带一些作品集参加面试。只须携带与申请职位有直接关系的即可。除非推荐信与面试特别有关联，否则无须带推荐信参加面试。

面试后应做些什么？

面试结束之后，礼貌的做法是向面试官表示感谢，也可以弄清楚他们将在何时以何种方式向你通知面试结果。如果他们说会与你联系却没有联系，此时你完全可以去电询问。就算不能获得职位，问询一些反馈意见也很不错。大多数雇主并不打算提供这样的服务，但至少这种做法能表明你乐于进行自我提高，而且如果他们乐于与你交谈的话，你将获得一些宝贵的建议。最后，面试后给他们致信（不要发邮件，写个便条并提及面试谈话中的具体内容），表示感谢，说明自己对他们的兴趣，并询问他们是否可以把自己的简历归档，如果有别的工作机会的话，能否请他们通知你。

创意求职

一些幸运儿完成学业后，偶然看到一份广告，递交一份简历，然后就得到了一份工作。但是对于大多数试图进入时装业这个充满竞争的工作领域的人士而言，求职这件事要复杂得多。

为何要有创意?

大多数工作岗位并未登载广告，而你听人谈起的职位空缺通常非常火爆，应聘者已经挤破了头，而且最后也常常是与公司有关系的人得到这样的职位。这感觉有点像攀登高山一样艰苦，不过，如果你了解业内招聘工作的运作方式，就能让自己处于优势并领先于竞争对手。本章节介绍一些创意方法，让你获得更多机会提升竞争力，在竞争者中脱颖而出。

两个关键原则能让你的求职工作更加有效：

1.用多种不同方式寻找职位空缺。

2.每次申请都投入相当多的时间。

坚持这两大指导原则，那么你所花费的时间一定会有所回报。

何处寻找

大多数毕业生只在一两个地方寻找工作机会。例如，他们可能会查看《女性时装日报》（*WWD*）和大学生就业服务网站。这是不错的选择，但是每天有20万年轻人在阅读*WWD*，在此处的任何工作职位应该已经被成百上千的、热情洋溢的、具备良好资质的求职者瞄上了。不论你如何进行申请，也不论你对这个职位而言是多么完美的人选，你能受到面试邀请的可能性还是相当渺茫，因为阅读申请信的雇主在做出决定之前只会花数秒时间查看你的简历。那么大学生就业服务网站怎么样？这里的竞争远远没有那么激烈（尽管可以肯定，你本专业的同学都会查看相同网站），但是每周你看到的具有相关性的职位数量能有多少呢？很可能不会太多。

人际网的重要性

借助你尝试进入的领域内从业的往届校友的人际网络，这是在时尚界获得工作职位的最有效方法。大学通常都有校友会组织为你提供联系信息。以准毕业学生的身份向那些校友进行介绍并请求帮助，问他们是否能够简单浏览一下你的简历/作品集/网站，并提供反馈意见。与这些校友结下友好关系后，每隔几月就联系一下，以保持这种关系。

应该给阅读求职简历的人这样的印象，即你仅仅向他们这家公司致信求职，因此，务必为这个特定公司量身定制你的求职简历。

找到工作后，就轮到你向往届校友提供帮助了。当然，一定要记得向帮助过你的人们写感谢信，不论是否是他们提供的机会，获得首份工作后就立即告诉他们。

人际网的另一个渠道来自你在实习期间结识的人。因为与那些公司建立联系后，向他们征询反馈意见或者问询意见和建议就要方便有效得多。在实习期间，要尝试结识能向你提供意见的人，与他们的关系将有助于毕业之后的求职工作。很多公司支付从事实习工作的毕业生薪酬。对实习生和公司来说，这种实习工作既是培训项目也是试用期。如果新的实习生与公司非常适合的话，实习工作常常会成为全职工作。

未经广告宣传的职位空缺

也许你打算向并未广告宣传空缺职位的公司递送简历，在极为少见的情况下，他们对你的简历很感兴趣并希望与你会面。很多人都会这么做，尽管这并不是糟糕的方法，但实际操作的时候务必采取战略性手段才能让自己有所收获。大多数人所犯的错误是设计精致的简历和求职附信，然后向所能想到的公司都投送简历。大多数雇主都非常清楚哪些简历和求职附信属于通用“海投”型（向很多不同公司递送同一份简历和求职附信——其开头一般都是“亲爱的女士或者先生”，而且包含的内容会有“希望能为拥有贵公司这样知名品牌的活力无限的成功企业效力”）。显而易见，海投型简历很少会获得回音。

应该给阅读你的求职简历的人以这样的印象，即你仅仅向他们这家公司致信求职，因此，务必为这个特定公司量身定制求职简历（第26页）。你应当向公司致电，弄清自己的简历和附信收信人的称谓，需要对公司进行一定的调研来弄清楚自己是否真正适合该公司。

代理机构和网络

有些公司会在网上公布大多数空缺职位，因此网络求职是有效方法。也许，你不得不浏览很多个体网站，但这不会让你白费力气。你也应关注其他大学的网站以及时装业的常见网站。用谷歌搜索引擎，看看其他的网址能提供什么信息。也要搜索专业的求职网站如Craigslist和Monster等专门登载广告的网站。在人力资源机构、自由职业中心、就业资料库和服装就业网站上办理登记。以下为一些求职工作的好地方：

· www.stylecareers.com：可以根据雇主类型、工作类型、国家和地区寻找职位。

· www.fashioncareers.com：最大的时尚专用数据站点，包括服装、配饰、包袋、鞋类、美容、家居时尚、零售和纺织，专为服装业服务，提供大量工作机会。

· www.genart.com：这个机构致力于展示新锐服装设计师、电影制作人和视觉艺术家。

· www.projectsolvers.com。

· www.24seveninc.com。

· www.clothingindustryjobs.com。

弄清公司的核心产品和服务理念。需认真考虑自己的技能、经验和风格是否适合并有助于该公司。

欲获得真正的竞争优势，致电有兴趣为之效力的公司并查询相关职位空缺广告，然后一周查看数次。

开始一场对话

如果的确希望增加自己求职成功的机率，务必通过电话与公司雇员建立联系。这对小型公司来说特别有效，电话联系很有可能联络到对公司事务全面掌管的关键人物，包括聘佣用新进员工的工作。

递送简历的主要问题在于雇主是否打算立即招募新人。即便你量身定制的简历也有可能被归档放在一边被忘得一干二净。

因此，考虑一下以下方案：打电话，找出你感兴趣的特定部门的主管人物；电话接通后，简单地解释一下对公司的热情以及此刻正在求职的打算。问问是否可以向他们直接投送简历，对此他们可能会因为所受打扰而感觉有点不快，但也很有可能会对你所做的努力印象深刻。更为重要的是，你以此开始了一场对话。

如果他们的回复是“恐怕我们此时没有招聘新职员的打算”或者“这些工作由人力资源部门处理”，那么你就可以更进一步，尝试弄清楚他们何时会招聘新员工，会在何处登载招聘广告，或者问问他们是否愿意看看你的简历并给你一点反馈意见。

另一方面还取决于事情的发展状况，你可以暂时把一切搁置在一边或者做点别的什么尝试。如果你觉得跟你对话的人不是很热心帮助你，或者感觉你们根本合不来，那你就敏锐地感受到这一点并到此为止。不过还是应该保持联系，按他们的建议进行修改后将最新简历投送过去，随信附上一张表示感谢的卡片，而且一定要把自己年终展览的邀请函发给他们。请他们提供公司负责招聘的人也是个好主意。如果他们说此时没有招聘的打算，就问问他们是否知道正在招聘新人的公司（和联系方式）。接通电话后，一定要充分利用这个机会！

坚持不懈

你选择进入了一个艰难的工作领域。如果并非真正有动力，你身后有长长的一队人急着取而代之。迈出成功的第一步实属不易，务必要对自己和自己的能力充满自信，而且一定要坚持下去，全力以赴。用自己的创造性寻找新颖有趣的方式与公司取得联系，加油！

即使是自由职业者，也须应要求去完成客户苛刻严格的要求。

即便你是自由职业者，为自己打工，通常情况下，你也必须严格遵循客户提供的方案概要。

自由职业

时装业聘用不同水平和不同专业领域的自由职业者，部分原因是这样的做法让时尚业更具有灵活性。

时装公司依据不同的项目聘用拥有不同技术的专业人士而且无须经历复杂费劲的筛选和培训过程。局势艰难之际，他们会削减薪资酬劳支出，而有大项目的时候，他们会在工程期内聘用一定数量的员工完成项目。

这意味着什么？

从事自由职业或者个体经营仅仅意味着你是自己的老板。收入来自商品的出售，要么是直接面向公众出售（如在某个集市摊位或者网络上出售自己制作的首饰、配饰或者服装），要么是向公司提供货物（如向某家商场出售商品）。另一种以自由职业为生的典型方式是出售自己的服务或者专业技能，为不同雇主从事不同的短期合同承包工作。例如，可能会委托你撰写专栏文章、拍摄照片或者为某个服装系列进行面料图案设计。也许因为拥有所需特殊技能会要求你从事某个项目的工作，或者因为有人度假或者休产假请你暂时接替工作。自由职业的短期合同工作短则一天半日，长则达一年之久。

一些自由职业工作会在你自己的工作室或者办公室进行，而有些可能会要求你进行现场工作，这样你能跟团队里的其他成员更好地交流合作。例如技术员在将修改方案送到香港的工厂之前需在模特身上进行样品试穿，与设计和营销团队共同作出决定。或者插画师在新产品推广活动中会与美术指导直接进行合作。

为何要从事自由职业？

作为自由职业者，最有趣的地方莫过于不同的工作任务和面对各种各样的客户。因为一直在接受新挑战，你不太会感觉枯燥无聊。对希望成为自由职业者的人来说最常见的理由就是能够自主地做决定。而对有些人来说，从事自由职业不过是个人的职业选择，或者是自己职业生涯中特定时刻必须经历的体验。为自己工作意味着可以用自己的方式进行工作。如果推销自己的设计作品，可以用自己喜欢的方式进行设计，而无需对任何人负责。自由职业的报酬比起正式员工的工资要丰厚得多，而且对所从事的工作以及共事的人可以自由选择。至少，在业内的某些领域，自由职业更为常见。零售领域不太钟情于从事自由职业的销售助理和经理人，而如果你打算从事摄影师职业，那么从事自由职业几乎非常必要。

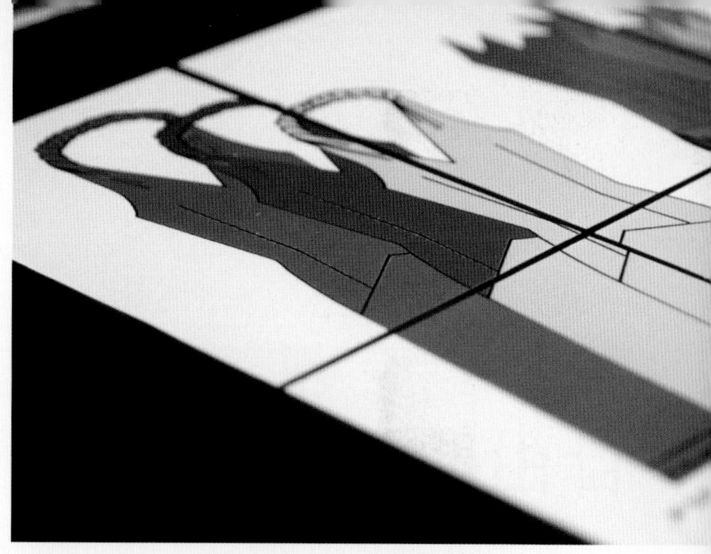

你是否具备从事自由职业的资质?

- 独立
- 自信
- 对自己和自己产品有信心
- 良好的产品
- 出色的组织技巧
- 韧性
- 耐力
- 好学
- 良好的人际交往和社交能力
- 自我推销
- 专业能力
- 动力

这是一切进展顺利时的情况。实际上，在从事个体经营事业之初，自由职业者会处于见活就接的处境，或者不得不制作人们喜欢购买的产品而非自己喜欢制作的产品。他们会发现尽管自己无须对老板指派的工作俯首听命，但依然不得不完成客户交付的工作。而且客户完完全全跟经理人一样要求严苛。

作为自由职业者，最有趣的地方之一莫过于多样性。因为一直接受新挑战，不会感觉枯燥无聊。

工资和福利

通常自由职业者所获得的工资报酬为正式员工的双倍。尽管这看上去很不错，但实际上这个职业并没有看上去那么丰厚诱人。正式职员比自由职业者享有更多的额外福利。最明显的就是带薪假期和病假补贴。正式职工理所当然地认为，度假一周或者休一天病假工资收入不会有任何损失。然而自由职业者得支付自己的医疗保险，也没有职场工作提供的基本设备，因此新电脑、培训费用或者数不清的纸张的费用都必须出自自由职业所得的工资收入。在踏入职场之初，退休计划并非人们考虑太多的事情，但在当前趋势下，退休时能否领取国家退休金日渐重要。自由职业者交纳社会保险越来越难，代价也越来越高。不过交纳社会保险还是相当重要的，所以不可忽视。

从事自由职业并非简单的选择，但比起担任公司职员，自由职业的确让你拥有一定程度的自由度和灵活性，而最终你会了解是在为自己工作而不是为了经理人和股东的利益而工作。

获得委托佣金

自由职业基于名声和人脉。雇主认识的专业人士或者由雇主信任的同事向其举荐的人会得到工作机会。这让人感觉非常冷酷无情，因为一次不合标准的项目或者跟客户某次不愉快相处的关系都可能意味着难于继续获得工作。虽然一些人以自由职业者身份开始职业生涯，也有一些人认为担任公司职员要简单得多，之后才会转向自己创业。这会让你有机会对行业进行深入了解并开始与客户建立联系，或者至少要了解此方面事务的运作方式，得以开始开发人脉关系并建立声誉。聘用自由职业者的常常是之前与之共事的人，因为雇主们确信自己了解自由职业者的工作，对他们的专业性有信心，所以一旦在此领域小有名声之后，从事自由职业工作通常要简单得多。

有些公司专门为服装行业提供自由职业工作人员，如Project Solvers(www.projectsolvers.com)和24Seven(www.24seveninc.com)。这些

自由职业者必须亲自购买和维修办公设备。

公司负责寻找项目、与客户进行薪酬谈判，他们从中抽取佣金。如果与一家这样的公司登记签约，出色地完成其派发的工作，你就能期待较为正规的工作。很多刚毕业的学生就以这种方式开始职业生涯。

业务技巧

欲成为成功的自由职业者需要的不仅仅是创意技巧。不同的技能需求取决于个人的特定环境，但是你必须有信心至少在自我推销和财政金融方面具有一定程度的专门技能。进行推销的程度各不相同。对有些人来说，这只是确定自己的所有联系人知道自己可以从事自由职业工作并不时地与他们进行联系。对另外一些人来说，特别是那些希望向大众直接兜售商品的人来说，时装业的产品推广、公共关系和营销工作都会成为十分重要的工作。

另一关键领域是财务方面的工作。自由职业者需要做到两件关键的事情才能维持正常的资金运转。首先是要有盈余。须考虑的一个重要因素是决定你如何收费并确保拿到酬劳。要制订合同明确规定所提供服务的种类、收取报酬的额度以及时间。有些报酬是按照项目支付的，有些是按小时数支付的。收取报酬的细节由你制订并要求客户遵守该细节规定。建议你要求支付预付订金，从预付金中进行偿付，然后随着工作的进展要求客户补全。另一种可能性在项目的不同部分完成后要求客户定期支付一部分酬金。这样做的话你就不用为承诺下周付钱但永不兑现的客户投入数月的时间。

其次是确保自己按时上缴税费。虽然商业金融法和税法的复杂程度让人无法想象，但不要被这些吓坏，然后像鸵鸟一样把头埋在沙里来逃避现实并期望一切都会好起来。一切不会好起来，除非你能取得成功，如果你半途而废，你只会给自己积累一堆严重的问题，这些问题会变得越来越糟糕，解决起来也更加耗费时日，代价也更加高昂。除此之外，你可以让自己的财务工作清楚明白。

从事自由职业工作：检查清单

在做出从事自由职业工作的决定之前，检查以下清单来看看自己是否已经做好准备：

1.你的客户是谁?
2.打算如何让客户了解自己的产品和服务?
3.你的竞争对手是谁?
4.你的产品和服务有何特色?
5.你的组织条理性如何?
6.风险何在?
7.资金运作如何进行?
8.如何制订经营计划?
9.谁能为你提供帮助?
10.如何创建客户群?

大体上，有盈余指的是赚的钱比花的多。至于税费，须记住你盈利的很大一部分应上交给政府。如果能够牢记这两个概念并仔细记录自己的花销（保留所有收据）和收入，那么你就会了解自己的处境并作出正确的决定。一定要听取别人的意见和建议。美国国税局一直坚持你的首要任务是支付正确的税额，打个电话，电话那头就有顾问为你提供帮助。

在这两个方面以及你的业务上非创意性方面的工作都有专业人士能为你提供帮助。你可以聘请会计师和营销专家为你提供多种帮助，包括小到一点建议，大到完全为你管理业务方面的工作。大多数自由职业者在年终的时候都选择专业会计师处理自己的税务工作。

自由职业

全职职员和自由职业者之间的另一个区别，在于自由职业者必须事事亲力亲为，无人帮忙。通常情况下工作无法转交他人，也无人伸手收拾残局。如果你不做的话，工作就无法完成。在业务的非创意性工作上所耗费的时间会让你大为吃惊。如果电脑需要修理，也无法拨打技术部的服务电话；如果某个款项的支付出了问题，不会有财务处为你解决；如果钢笔用完了，你就得亲自跑趟市场。所有一切全靠自己。

自由职业者有时候面临的另一个问题是工作的孤立状态。尽管自然而然地会跟客户和供货商打交道，很多自由职业者认为自己非常想念办公室工作的同事友情和玩笑逗乐，更别提与团队成员的合作意味着能够与别人交换意见，有别的能人之士帮助你解决问题或者倾听你对难缠客户的抱怨。

自由职业和个体经营有何区别?

实际上，这两者没有什么区别。它们不过是同一状况的不同名称，即进行特定工作后直接领取报酬，而不是作为雇员进行长期的工作。

是否可以在担任全职工作的同时从事自由职业工作?

当然可以，很多人都在这样做。这会让你年终的纳税申报表稍微复杂一点，但是在时装业从事兼职工作，然后利用剩下的时间进行自由职业工作是很常见的。这是很不错的结合方式，或者至少是稳定收入和创意自由之间的折中方案。然而，跟主要的雇主商量一下，确定你的工作合同中不含有利益冲突或者非竞争条款，这样做非常重要。

一些自由职业工作涉及现场执行，因此自由职业者会跟团队其他成员合作或者使用专业设备。

何为组合式职业?

组合式职业指某人的职业涉及专业角度来说的各式各样的工作。如果你是兼职设计师、每周在夜校教两次课、在空闲时间从事自由职业的委托工作，那么就可以说自己从事组合式职业。

应对税费有何了解?

每个国家都会有自己的税务体系，应对此有所了解。作为全职职员，你的公司每次支付工资时会留取一部分缴付税费、社会保险。而自由职业者必须按季度向政府缴税。必须确定自己对此有预期并从佣金收入中留取适量额度，否则到缴纳年度税收的时候就会弄得措手不及。不过自由职业者可以减去很多支出的费用，包括办公室或者工作室的设备费用、日用品费用、交通费用等。但是，税费依然是必须考虑的一个部分。

是否需要商业计划?

以自由职业者的身份开始职业生涯的时候你并不需要商业计划，但是这对你非常有用，而且如果你希望贷款的时候，商业计划就是必备条件。商业计划不必非常复杂，可以写得非常清楚，清楚到算出每日或者每项工作收取的费用，以及每月需要工作多少天才能支付房租费用。如果需要向银行贷款，银行方面希望了解很多细节才能相信你已经进行了研究工作，也有证据能够证明你的想法能够赚钱。在动手拟订商业计划之前与银行谈谈，来了解他们需要何种细节是很有必要的。

如何获取设计作品的版权?

当前，尽管美国国会颁发了一项法令（“创新设计的保护和预防盗版法令”）来保护设计师的作品不会“被盗版”，但美国并没有对时装设计的版权进行保护。有些支持者，包括很有权威的CDFA(美国时装设计学会)，希望能够为原创的设计作品提供保护，但是相关法案仍未通过。

第二部分

职业目录

无法确切界定时装业的范围。例如政府不会把服装销售或者关于服装的著作归在“时装和纺织品”的范畴，你也可以认为博物馆策展和教育应属于其他行业而非时装业。如果你已经决定阅读本书，那么就说明你对时装或者纺织品感兴趣。本书涵盖了与服装相关的所有你可能会认为很有意思的工作，不管它们属于什么类型。这个章节的内容主要涉及设计、纺织品、生产、戏服、零售、时尚传播和教育。但即便做出了如此分类，各种职业的划分也并非十分清晰。例如，技术员和定制师既属于设计领域也属于生产领域。本章节的各种职业都包含了对自己的未来进行现实选择时所需的信息。此信息由真实资料和个人轶事组成，在传统的职业指导类书籍中很少见，但它描绘了各种职业的生动真实的情况。

>>

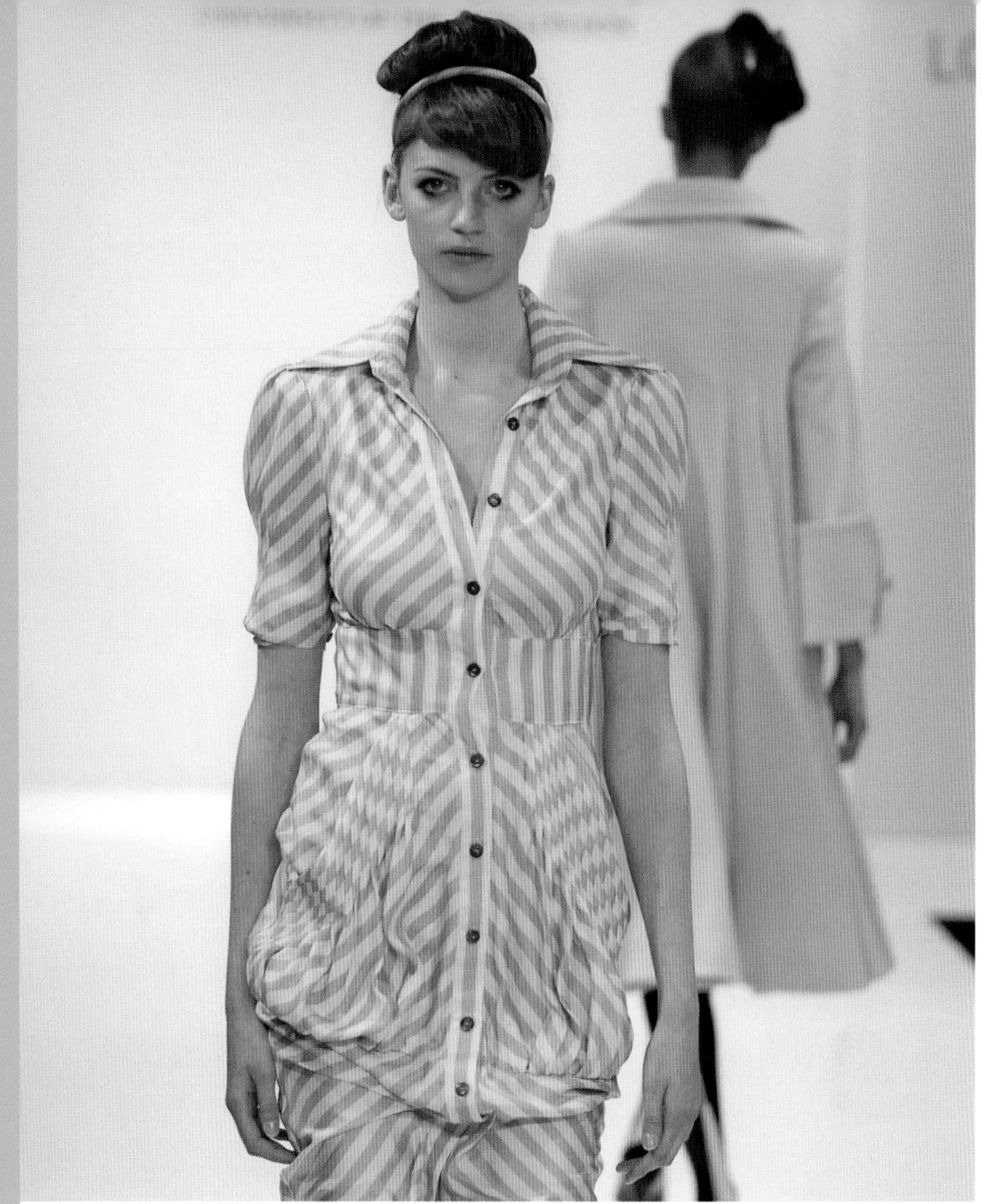

职业目录

该章节对不同职业的介绍用案例和“一日工作”的形式进行分析并提供例证，说明不同公司中的职业区别。本书强调了各职业的最大优势和最大劣势，讨论了获得更大成功所需的技术类型和特质，并提供了多方面的信息，包括学习内容、获取更多信息的途径和场所以及职业的盈利性和竞争性的大致情况。

最后，本章节还包括了如何获取业内第一次工作机会和如何使自己脱颖而出的一些建议。如果此刻尚未下定决心，也无需过于忧虑。通常都需要多年以后才能决定应追求何种专业领域的工作，而且就算自以为此刻目标明确，对业内工作了解得更加透彻的时候再改变主意也十分常见。毕竟，在过去的十多年里，时装业已经发生了翻天覆地的变化，所以谁又能够预期在未来的几年里会发生何种变化又或者在学习完毕后又会有哪些崭新的工作机会呢？时装业不会把人分成泾渭分明的类别。虽然雇主希望你积极地投入某个特定领域，他们也希望自己的员工具有灵活性，兴趣爱好广泛，因此在此阶段保持开放的心态是个好方法。

如果你已经有了非常明确的方向，那是再好不过了。越早开始朝着明晰的职业目标努力工作，就能越早实现自己的目标。

第一章

时装设计

时装设计是业内最负盛名的职业领域。大多数对时尚感兴趣的人可能都自认为了解时装设计师的生活，但事实与他们的想象大相径庭。

“时装设计”一词涵盖不同范围的职业。如果选定了这条职业道路，你就得做出大量决策，确定这个领域的哪个方向最适合你。因为有各种各样的专业方向可供选择，在开始职业生涯以后进行方向性改变也是一种可能。不过，如果你从一开始就明确了解时尚产业的某个具体领域对你具有吸引力的话，你就具备了更佳条件来获取相关工作经验、有针对性、恰当地制作作品集和学生时期的服装系列作品，并在正确的领域内建立极为重要的人际关系。

可以通过不同的形式对时装设计行业进行分类，一些关键的区别在于：

- 企业类型
- 聘用方式
- 服装类型

企业类型主要分成三类——高级女装、成衣和大众市场服装。每一类都有多种不同的聘用方式，可以受雇于人，如个体设计师、供货商或者零售商，也可以从事自由职业，如为各种不同雇主从事大量短期合同工作，或者创建自己的品牌。

第三个区别基于所设计服装的类型。最明显的区别在于男装和女装，但是设计师也可以专攻童装、女式内衣、婚纱、运动装、针织衫和定制服装等领域。

时装周的时装秀后台，为服装进行最后的调整

时装业的不同领域和相关文化也存在区别，本书随后的部分将对此进行分析。时装业的职业是围绕共同主题的变体形式。本质上，设计师受聘的原因就是构想出销路上佳的服装、版型或者服装系列主题。

左图：沙恩为塔卢拉·伦德尔品牌设计的题为“演出服”的草图

下图：朱莉·阿姆斯特朗绘制的夹克衫的“平面款式图”或者设计草图

时装设计过程的时间轴线变化很大，长则18个月，短则只需6周就能到达快时尚连锁店。不同的设计师每年会设计多个季节的服装（通常为四个、三个或者两个）。不同的公司每季的发货时期也各不相同，有时候每月推出新款，或者一个季度推出一个大型新系列。

大公司里初出茅庐的设计师更有可能仅专注于这个过程的一个或者两个部分，他们会在资质划分严格的体系中工作。该体系由专业不同的设计师和同事组成，如专门负责预测或者负责色彩的。而在小型设计团队中工作或者从事自由职业的话，设计师需参与整个过程。

时装业建立在人脉关系之上，只有别人了解你并喜欢与你共事，你才能获得工作机会。

时装设计过程

·对趋势、生活方式、客户和竞争对手进行研究（可联合买手、营销人士和预测员共同进行）。

·构想出系列的概念并绘制情绪板。

·进行服装系列的细节设计工作，绘制廓型和工艺细节（口袋、门襟和款式）并选择面料和辅料。可以参加展销会研究线纱和面料。

·（与服装技术员一起）绘制技术草图和款式说明图，包括尺寸、色彩、制作细节以及制作服装所需的全部信息。

·将规格图递交工厂制作样品。

·检查样品（在此阶段可能需要对合体度或者口袋等细节进行小幅调整更改）。

·与采购员和营销人员商谈，看看他们是否认为服装好卖并作出必要的改动。

·样品完成后开始下订单或者生产服装。

何为优秀时装设计师的品质？

所有时装设计师都必须具备技术知识、商业头脑和人际交往能力。技术知识包括对色彩的了解、选择色调的方法、面料知识以及面料对人体的影响、服装人体工学、绘制草图的能力、对电脑辅助设计软件的熟练程度（Photoshop和Illustrator）。

设计师还必须具有创造性、调研能力和解读时尚潮流的能力。这些能力应全面利用于时装设计，但是其重要性会因设计角色的改变而不同（例如，面料可能会被认为是男装特别关键的元素，女装考虑的是廓型，而文胸和西装考虑的是人体工学）。

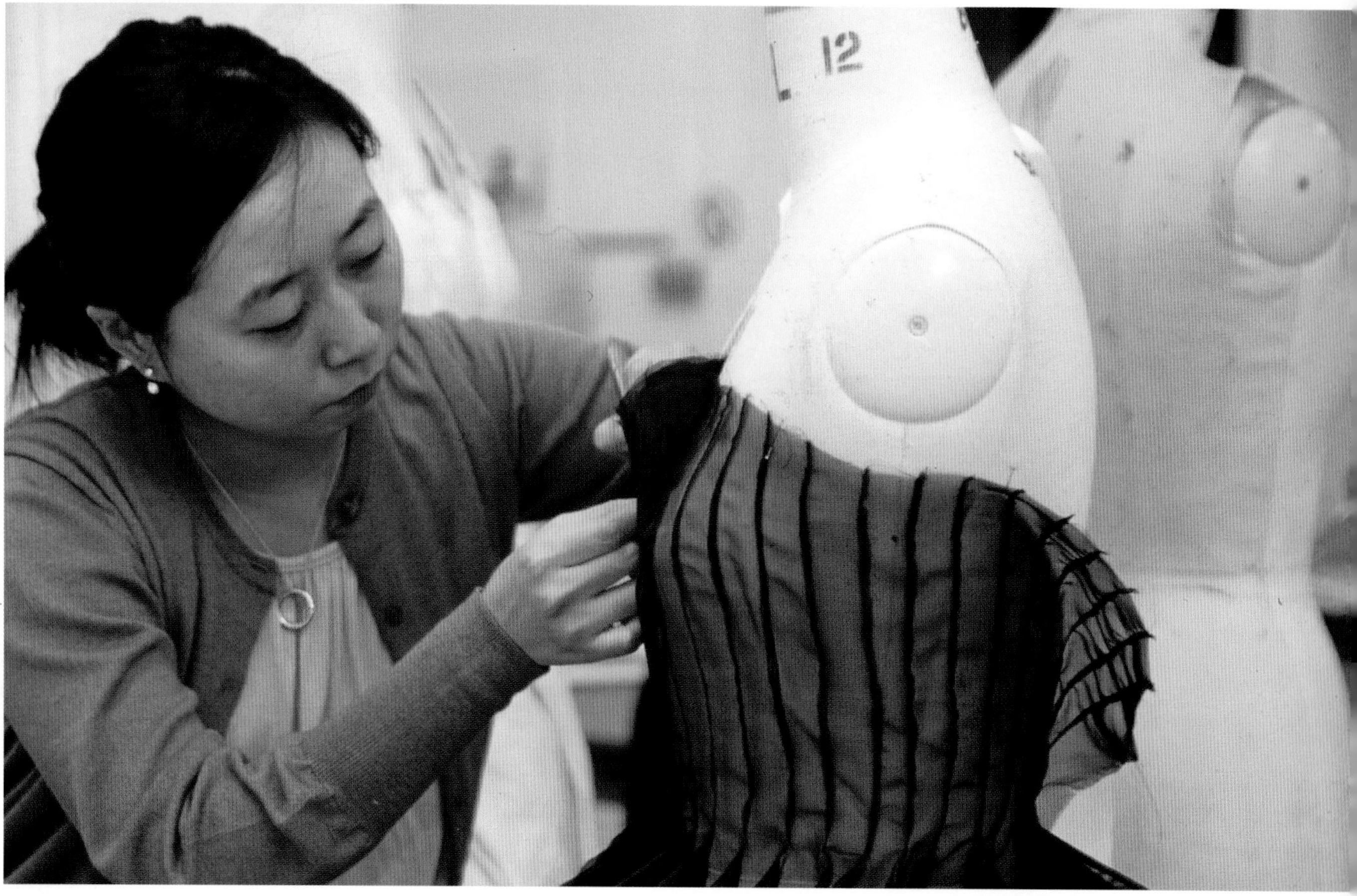

设计师在检查人台上紧身胸衣的合体度。

商业意识指对设计在T台或者市场上是否能够取得成功的一种直觉理解。需要了解客户的情况，他们穿着何种服装、如何着装、为何选择特定服装、愿意为哪种服装买单付款以及还会购买哪些品牌的产品。而且必须将这些分析结果应用于设计中，回答以下类似问题，例如：如何能降低服装的制作成本？如何确保客户喜欢我的设计产品胜过竞争对手的产品？

最后，人际交往能力的重要性远远超出你的想象。你永远不是单兵独将地工作。各种关系会因所扮演角色的不同而发生改变，但是它们一直是成功的关键。设计师从事的是团队工作，要与其他设计师、采购员、供货商、营销人员、版型师、服装技术员还有等等其他人共事，因此必须具备与这些人进行高效工作的能力、认可并响应其专业技能的能力以及把自己的想法充满激情地解释清楚的能力。即便是独自设计和制作服装，与面料供货商和客户的关系也十分关键。如果能与身边的那些人发展良好的关系，不论方式如何，你的工作都会更加出色，也会更加出名。

而且除此之外，时装业也建立在人脉关系之上，只有别人了解你并乐于与你共事，你才能获得工作机会。

设计师尼古拉斯·埃施波恩作品集中的两幅效果图

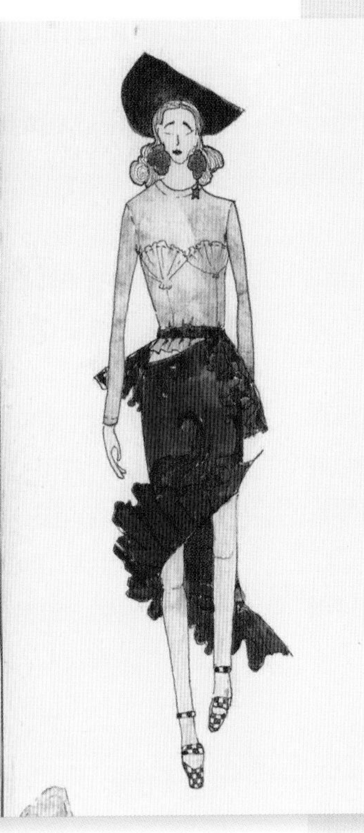

最大优势

· 可以表现创意；

· 见证自己的设计理念成为现实的产品；

· 旅行——供货商、工厂和客户常常遍布全球。

最大劣势

· 工作时间不稳定，会觉得自己的工作占据生活时间

· 无法确定设计作品能否取得成功；经历数月设计出的作品销路不佳时会令人感觉非常失望。

入职渠道

相关学位或多或少是基本要素，全球有很多可以学习时装和纺织品相关课程的学院。通常要从事无报酬的工作，即便如此，获取此类实习经历依然具有极强的竞争性；在行业零售端的某种经验也非常有用。强有力的人际网络是最大的财富，因此务必要与自己学习过程中和实习经历中结识的同事和联系人保持联络，并广泛地结交新朋友，他们在未来也许会为你提供工作机会。申请某个工作职位时，一定要展示符合特定品牌审美感的作品集。如果看到了你的潜力，面试官通常会分派你一个项目任务，来确定你是否适合其公司。

链接

纽约时装周：有两个时装秀展示设计师服装。www.newyorkfashionweek.com

Stylecareers：在纽约和洛杉矶举办时装专业招聘会。www.stylecareers.com

《女性时装日报》：美国时尚杂志（www.wwd.com），该日报在www.eed.com/wwdcareers网站列出与时尚设计相关的职位

We Connect Fashion：这个网站有一家求职中心，可以进行职位搜索，对简历、求职信、申请信等进行个人管理。www.weconnectfashion.com

整体来看，女装是时装设计中最大的领域。设计师最主要的职责为以解读当前时尚流行趋势来吸引客户。

女装设计师

流行趋势是女装设计的关键所在，因此时机的掌握意味着一切。尽管很多大众市场和成衣设计师系列服装可能需要长达18个月时间的准备，而一些处于时尚前沿的零售商在6周之内就将服装引入自己的店铺。这让女装设计工作具有较大压力。消费者的要求日渐严苛，现在他们希望每次进入商场都有新款式推出。

入职渠道

有很多时装设计课程可供学习，大多数时装设计专业的学生专注于成衣和大众市场的女装设计。如果你打算以女装设计作为自己的职业生涯，必须开始思考自己的合适定位。是打算从事设计师成衣系列设计还是更愿意为连锁品牌服务呢？你对处于时尚前沿的快时尚零售商（如Forever 21）感兴趣，还是愿意为步伐没有那么快的传统服装品牌（如知名女装品牌Tablots）工作呢？对自己所钟情的市场了解得越清楚，你就可以将自己大学时的作品集和系列作品有目的性地针对自己的最终目标，而且也可以尝试在自己的理想公司进行实习。这能让你结识很多对你有帮助的人，也能让你的简历更加精彩。

案例分析

玛利亚是阿玛尼的副线品牌A/X（Armani Exchange）的女装副总。

玛利亚在世界上最有名的时装学院求学。她认为这个过程中的主要收获是建立了强大的人际关系网，大家志趣相投且处于事业相同的发展阶段。在学习过程中，她兼职做了一点自由职业工作。完成毕业系列后，她邀请这些认识的人参加了自己的时装秀并以寄售的方式出售一些服装系列产品。玛利亚涉猎广泛，并游刃有余，曾供职于Top Shop，All Saints和Gap，并创建了自己的品牌。如今，她供职于A/X。对希望从事女装设计的人士，她的建议是："做真实的自己。开发个人独特的视角，但务必亲身体验各种经历。"

阿玛尼服装系列的摄影图和服装产品

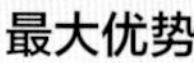

最大优势

· 个人的创造力得以充分发挥：色彩、廓型、面料；

· 如果你喜欢瞬息万变的时尚趋势，在时装业核心领域的工作极为美妙。

最大劣势

· 这是需要承受高压的工作，而与同样处于压力下工作的同事们共事也有其不足之处。

所需技巧

· 应对压力和处理大量工作的能力；

· 对潮流趋势的兴趣和悟性；

· 优秀的设计技巧；

· 坚韧不拔。

需学习的内容

· 调研方法

· 平面纸样裁剪

· 立体裁剪

· 服装制作

· 缝纫工艺

· 工艺图的绘制

· 效果图的绘制

链接

NYC fanshion info的官方网站：http://nyv-fashioninfo.com

时装业入门职位列表：http://dailyfashion-jobs.com

无报酬实习机会：http://freefashionin-ternships.com

评分等级

平均薪资：●●●

入职难度：●●●

如何脱颖而出

所有一切都关乎时尚，了解流行趋势，思考如何将它们服务于你的客户。

在过去的数年中，男装市场也获得长足发展，时尚杂志和高端时装店致力于宣传更加注意形象的男士风貌。

男装设计师

男装的设计过程与女装的设计过程以及其他领域的设计大体相似，但是有些不同之处值得关注。首先，尽管男装在近年来更为关注时尚，但是远不及女装那么受时尚潮流的引导。这意味着男装的变化周期要比女装长得多，即可能在进驻商场之前数月而非数周之前就已经开始计划男装系列的设计，而且每个季节的交货期较短。各个季节的时装风格不会发生显著的变化，设计师在比例和细节上进行微妙但依然重要的变化。尽管服装品类还是不同的茄克和裤子，但是设计师会在廓型、款式以及面料和质地的结合上表现革新性和创意。对面料和纱线的了解以及缝制的知识都是真正的优势所在。同时，大体而言，因为男装设计的压力和竞争性相对较小，所以男装设计常被认为没有女装设计那么积极有闯劲。

入职渠道

尽早开始专攻男装，并在学习期间尽可能地在不同地方获得尽可能多的男装工作经验。

最大优势

· 虽然加班现象很常见，但男装设计的节奏比女装设计要温和得多；

· 前置时间较长，各个季节的变化不会太大，这使得男装设计的工作环境压力相对较小。

最大劣势

· 最后可能会觉得自己的创造力十分有限；

· 服装通常不像女装一样紧跟时尚，因此，如果对最新时装特别感兴趣，易产生挫败感。

所需技巧

· 总体的时装设计技巧；

· 对面料的熟练掌握；

· 对细节的关注。

案例分析

杰森供职于一家自行车骑行服公司，担任高级男装设计师。

杰森攻读的是男装设计学位，以自创运动男装品牌开始职业生涯。在最初的几年里大获成功，但后来事情没有之前那么顺利，他发觉自己需要寻觅工作机会。于是他在一家小型冲浪服公司担任设计师。工作一段时间后，他觉得自己并非真正喜欢这种工作，很难像设计自创品牌服装一样表现自己的创意性。杰森认为自己更适合设计自行车骑行服，因为这个领域有很多志同道合者，有设计团队的感觉。他的建议是："不要急于创建个人品牌。从自己工作的地方学习。建立人脉关系，他们以后也许会为你的事业投资。"

需学习的内容

· 调研方法

· 平面纸样裁剪

· 人台上立体造型

· 服装制作

· 缝纫技巧

· 工艺图的绘制

· 效果图的绘制

链接

时装业初级职位列表：http://dailyfashionjobs.com

无报酬实习机会：http://freefashioninternships.com

男装信息来源：www.mrketplace.com

YMA奖学金：www.the-yma.com

评分等级

平均薪资：● ● ●

入职难度：● ● ●

如何脱颖而出

面料至关重要，熟练掌握面料知识。

高级女装设计被视为时装设计行业的巅峰。顶级设计师们每年举办时装秀，服装极具影响力，但大多数并非适于穿戴，或者普通消费者无力消费。

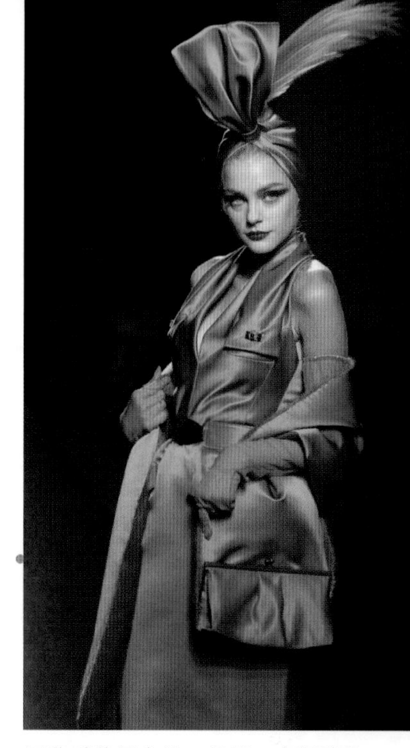

巴黎时装周上让·保罗·高提耶秋冬高级女装系列

高级女装定制设计师

也许，最有效的方法是把高级女装定制设计归为艺术而非时装。时装设计师常利用高级女装设计作为尝试新理念的机会，然后才着手成衣系列的设计。高级女装定制独一无二，仅此一件，专为客户量身定制。高级时装设计师包括让·保罗·高提耶、克里斯蒂安·拉克鲁瓦和华伦天奴。高级时装秀通常在巴黎举行，这进一步夯实了巴黎作为举世闻名的时尚之都的地位。

高级女装设计费时冗长、价格昂贵、并不盈利，因此其必要性一直以来争议重重。设计师将其视为某种“亏本引诱品”，可以巩固其品牌地位，增加媒体曝光度和媒体报道，然后促进成衣系列和香水的销售，以此赢利。

入职渠道

巴黎的高级女装设计师经常会招募毕业生们来他们的工作室工作。常常一次聘用很多实习生，所以如果你有过一些工作经验并且热爱这个行业的话，那么带上你的作品集去巴黎与他们邀约，只要坚持不懈地寻找，最终你会发现自己非常幸运。是否开心享受是另一回事，明智的做法是要明白自己与他们共事能收获什么，并在一开始就与他们就此进行商谈。

像这类职位极少有人能从最底层一步步做到高层。设计师们都热爱新近毕业学生的热情和廉价劳动力，但也有少数人获得了长期聘用。这种经历会让你了解设计过程、供货商和各种技巧，并充实你的简历。

最大优势

· 有机会与时尚界大名鼎鼎的设计师共事，设计最富影响力的服装系列；

· 如果有天赋且有技能，能够在设计上做出贡献。

最大劣势

· 实习职位几乎毫无例外都没有薪金报酬。常常需要极为努力地长时间工作，非常忙碌、艰辛。

所需技巧

· 创造性和努力工作；

· 个人魅力；

· 坚持不懈和一点好运气。

需学习的内容

· 面料类型
· 调研方法
· 平面纸样裁剪
· 人台上立体裁剪
· 服装制作
· 缝纫技巧
· 工艺图的绘制
· 效果图的绘制

链接

巴黎高级女装定制：www.modeaparis.com

Claire Shaeffer：有关服装缝制方面的书籍。http://claireshaeffer.com

大都会艺术博物馆时装馆：位于纽约。www.metmuseum.org/works_of_art_/the _costume_institue

评分等级

平均薪资：●●●

入职难度：●●●

如何脱颖而出

带着作品集和个人简历去巴黎也许是获得关注的最佳方式。将自己的彩色作品样张作为“敲门砖”。

高端设计师和时装品牌公司制作的时装系列在米兰、巴黎、纽约和伦敦的时装周上展出。这些时装系列在设计师专卖店、时装精品店和百货商场出售，为服装业的其他领域提供灵感。

成衣设计师

成衣设计的前置周期通常比较充足，在时装周展出之前会有长达18个月的准备时间，预算通常也比大众市场服装产品宽裕很多。富豪名流常常身着这些服装，普通消费者偶尔在打折或者降价时期购买。成衣的设计过程通常是一个非常有创意兼具概念性的过程。理念和个性引领着服装系列的设计，常常受到设计师随心所欲的灵感启发，如建筑、电影和风景。

制作高级女装系列的设计师通常也会设计成衣系列，但除了他们，还有大量的其他设计师会在时装周展现自己的成衣作品。他们既包括走在时尚最前沿的薇薇恩·韦斯特伍德 和亚历山大·麦昆，也包括体现典型美国风貌的拉夫·劳伦和迈克·柯尔。

入职渠道

成衣设计品牌拥有聘用实习生的传统惯例。实习生有机会与大名鼎鼎的设计师共事，甚至有机会亲眼目睹自己的些许想法在时装周上得以呈现。工作本身非常艰难，工作时间极为漫长，而且实习生常常无报酬工作，还必须心甘情愿地接受这种待遇并心情愉快、满怀感激地工作。他们很少会登广告大肆宣传实习职位，所以必须碰运气直接与其取得联系。务必确保自己的求职信和个人简历是为特定设计师量身定制。而且无一例外地，务必要以致电或亲自拜访的方式跟进自己申请的工作，而且要把握分寸，既引人关注又不会咄咄逼人。

最大优势

· 在创意上鞭策自己；
· 与创意同事们共事；
· 奢华魅力！

最大劣势

· 薪金报酬远非想象的那么好；
· 比时装业的其他领域工作时间更长，工作强度更大，竞争更激烈。

所需技巧

· 大量创意；
· 对高端时装感兴趣；
· 坚韧和坚持；
· 出色的技能。

保罗·史密斯春/夏系列

需学习的内容

· 调研方法
· 平面纸样裁剪
· 人台上立体裁剪
· 服装制作
· 缝纫技巧
· 工艺图的绘制
· 效果图的绘制

链接

Stylecareers：在纽约和洛杉矶举办时装专业招聘会。www.stylecareers.com
《女性时装日报》：美国时尚杂志（www.wwd.com），该日报在www.wwd.com/wwdcareers列出了与时尚相关的职位
We Connect Fashion：www.weconnect-fashion.com

评分等级

平均薪资：●●●
入职难度：●●●

如何脱颖而出

不要放弃。我们经常会听说，很多成功的设计师们向同一家时装公司递交了20多份申请信才获得录用。递交一份申请远远不够。

在过去的数年中，对大众市场连锁店设计师的要求发生了很大的变化。总体而言，时装发展的速度更快，客户期待更丰富的多样性、更多的变化和更快的速度。

大众市场设计师

取决于所供职于的不同连锁商场，职场文化和工作条件大不相同。如Forever 21之类的快时尚连锁店会极为迅速地转变服装风格，服装会在时装周之后的数周内就以各种不同版本的服装系列出现在商场里。其客户通常为年轻时尚不愿等待的人。一些大型连锁商场的客户群较为混杂，他们的服装无需提供及时满足感，因此订货至交货的时间可达数月之久而非数周之短。

不同公司的组织结构各不相同，部分取决于该公司的规模大小。可能会要求设计师负责更为广泛的工作，如正装、休闲装或者更为具体的工作，如毛织运动衫、针织服装或者定制。

设计师的工作团队跨学科，该团队包括采购员、跟单员、技术员和面料供应商。通常的流程是，跟单员给设计师一个基于时尚预测、秀场趋势、销售记录及其对客户的分析所制作的服装设计概要。然后，设计师开始工作，制作价格合理也能吸引客户关注的服装系列。大众市场设计的原则是有利可图，成功的关键在于高成交量，因此设计师需要十分了解自己的客户。利润率很低，时间要求很紧迫，因此工作会令人感觉压力重重，创意让位于销量。

入职渠道

进入时装界的这个领域真的依赖于合适的人脉，方法之一是获得无薪酬的工作经验，然后一旦拥有某个职位后，让自己成为不可或缺的人。从此之后从初级职位逐步晋升。

最大优势

· 自己的设计被制成成千上万件服装；
· 这是时装设计中报酬最高的领域之一。

最大劣势

· 通常认为与T台上的服装设计相比，这个领域创意性更低，因为设计必须遵循既定时尚趋势，并制作符合预算和客户特定需求的设计作品。

所需技巧

· 团队合作、交流和协商谈判能力；
· 对客户的理解；
· 对商务和销售端工作的兴趣；
· 强有力的组织技巧。

需学习的内容

· 调研方法
· 平面纸样裁剪
· 人台上立体裁剪
· 服装制作
· 缝纫技巧
· 工艺图的绘制
· 效果图的绘制

链接

Stylecareers：在纽约和洛杉矶举办时尚专业招聘会。www.stylecareers.com

《女性时装日报》：美国时尚杂志（www.wwd.com），该日报在www.eed.com/wwdcareers列出了与时尚相关的职位

We Connect Fashion：www.weconnect-fashion.com

评分等级

平均薪资：●●●

入职难度：●●●

如何脱颖而出

到市场部门工作，了解消费者。

很多时装设计专业的学生都梦想拥有自创品牌。对于少数幸运儿来说，所获回报甚为丰厚，包括盛名、财富和创意自主性。但是成功取决于卓越的设计、优秀的商务技巧和绝佳的运气。

原创品牌设计师

尝试创立原创品牌的设计师们所面临的最大问题是资金。前期成本常常高得令人不敢问津。要让自己的服装设计获得一定程度的曝光，有效方法是在展销会上进行展示，但仅展览场地和制作样衣的费用就高达15,000美元。除此之外，买手通常不愿承担风险，会在你展出后数年才开始尝试购买你的产品。

作为受聘的设计师，你是组织机构的一部分。即使是在最小型的公司里，总是有别人为你购买办公桌、建立网站并安排你的工资发放。如若自创品牌，所有工作将由你全权包揽，要么事事亲力亲为，要么就得安排别人来做。

入职渠道

开创个人品牌的方法多种多样。一些极为成功的设计师在职业生涯之初担任公司聘用的全职设计师，在开创个人品牌之前在公司学习商务部分的工作。有些设计师从风险投资者那里获得资金（考虑Shark Tank）或者赢得大赛奖项。诸如Urban Space Management (www.urbanspace-nyc.com)之类的机构让有你机会定期出售产品，日常管理费非常低。网络对资金紧缺的人士来说也是不错的资源。一定要获取一些商务方面的建议，如果你拥有良好的商务计划、对税收制度的一些了解以及如何自我推销的理念，取得成功的几率会相当高。

最大优势

· 创意自由度；可以随心所欲地进行设计；
· 参与面较广，不仅仅只是设计。

最大劣势

· 努力维持收支平衡；
· 并非事事可控，如材料价格和本国货币价值浮动。

所需技巧

· 各种商务技巧；
· 灵活应变、抓住机遇的能力；
· 自信心；
· 有创意悟性、精湛的设计技巧。

如若自创品牌，所有工作将由你全权包揽，要么事事亲力亲为，要么就得安排别人来做。

艾明·安东尼·菲利普斯春装系列的灰白条纹上装，具有“拿破仑时期”的风格

需学习的内容

· 调研方法
· 平面纸样裁剪
· 人台上立体裁剪
· 服装制作
· 缝纫技巧
· 工艺图的绘制
· 效果图的绘制

链接

美国时装设计师协会：www.cfda.com
“魔力秀”：时尚服装主要的商品展销会，www.magiconline.com
《女性时装日报》：美国时尚杂志，www.wwd.com

评分等级

平均薪资：●●●
入职难度：●●●

如何脱颖而出

开始写博客。这是不花钱来提高个人形象的很好方法

设计师在职业生涯的某个时刻以自由职业者的身份进行工作很常见。很多零售商和供应商聘用自由职业设计师，因为这种人员配备方式更灵活，更划算。

自由职业设计师

从自由职业者的角度来看，这种职业有很大程度的多样性和灵活性。设计师可以有选择性地承担工作任务，不会卷入办公室纠纷，可以根据自己的喜好改变所选方向，而且完成某项任务的收入约为全职设计师的两倍。

不过，实际上，情况并非如此简单。尽管可以认为自己只用选择能赋予自己灵感的工作，但在现实中，你会发现，尤其是在自由职业生涯的早期阶段，有什么工作就接什么工作才是明智的作法。除此之外，自由职业设计师常常会想念全职状态时的安全感和同事友情。所以，务必对这条职业道路所意味的生活方式进行深思熟虑。

自由职业设计师和全职设计师的日常生活的主要区别在于关注重心的广度。例如，自由职业设计师常常受委托仅进行设计方面的工作。有人给设计师一个设计概要，要求他们据此提出一些理念想法并绘制一些草图，但是当采购员接受设计作品后，设计师的任务就完成了。或者，有可能设计师会整天用电脑绘制平面图。而全职设计师很有可能会参与设计的整个过程。

成功的自由职业者不仅要成为出色的设计师，更对自己进行自我推销。

入职渠道

从事自由职业的最简单方式是以全职工作开始职业生涯。先找份工作，熟悉行业特性，了解雇主希望自由职业者从事的工作以及进行自我推销的最佳方法，然后建立一些可靠的人脉关系。也可以跟一些如“Project Solvers”或者“24/7”的代理机构签约。

最大优势

· 自由、自主和自立；
· 设计项目的多样性。

最大劣势

· 专业和经济上的不确定性；
· 高税收和缺乏健康医疗保险及其他福利。

所需技巧

· 自我推销和人脉网络；
· 自强不息；
· 懂得会计学（或者请一个好会计）；
· 精湛的设计和工艺技巧；
· 快速适应新环境的能力。

需学习的内容

· 调研方法
· 平面纸样裁剪
· 人台上立体裁剪
· 服装制作
· 缝纫技巧
· 工艺图的绘制
· 效果图的绘制、CAD

链接

Behance Network：向全世界展示自己作品集的地方。www.behance.net

Linkedin：“领英”人脉拓展网站。www.linkedin.com

Style Portfolios：为你提供向广大时尚人士展示自己作品的机会。www.styleportfolios.com

We Connect Fashion：www.weconnect-fashion.com

评分等级

平均薪资： ● ● ●

入职难度： ● ● ●

如何脱颖而出

必须向潜在雇主对自己和自己的作品进行推销。夯实自己的人际交往能力——这个工作完全取决于你认识的人和认识你的人。

与自由职业设计师不同，全职设计师通常要么为某个品牌（以个人品牌出售）工作，或者为供应商进行特许授权的工作。

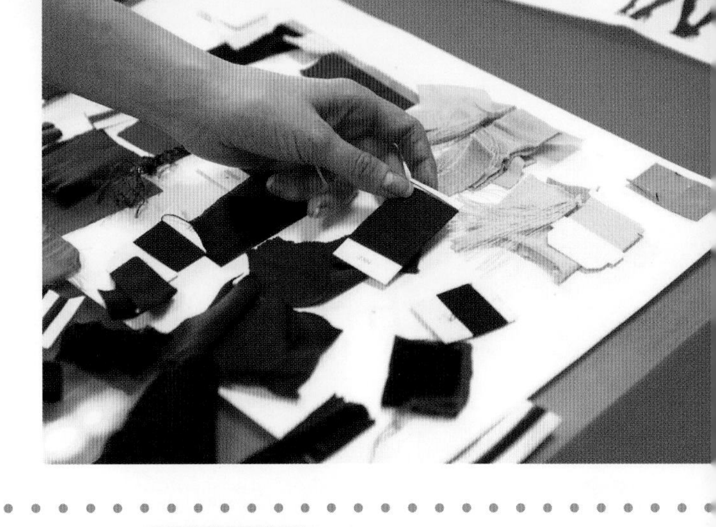

供应商设计师

“利丰”品牌就是供应商的一个例子，该公司为最近收购的“牛津服”品牌、大量大众批发商和百货商场以及与詹妮弗·洛佩兹和马克·安东尼合作的美国科尔百货公司的新时尚品牌设计和制作所有产品。供应商通常并非时尚界享有盛誉的品牌，可能同时为不同品牌和零售商制作服装。例如，“利丰”不仅制作Talbots的私有品牌和李维斯“小红布”系列的大部分产品，也为沃尔玛和塔吉特制作很多产品。

不论是公司内部设计师还是供应商设计师，设计过程大体相同，但每日工作的性质、文化和所需技能区别很大。公司专职设计师为公司工作时会更为深入地参与设计的所有过程，而公司专职设计团队会与采购员、跟单员和总监们共同工作，就新季节的理念和潮流做出决定。而跟单只需向供应商设计师提供一个概要说明就可以了。有些时候，供应商设计师需要抢生意。他们必须为客户精心提出一些方案并绘制一些草图，而在此阶段，他们可能与其他应邀提供方案和草图的供应商竞争。成功为供应商工作的设计师通常都很有商业头脑、善于协商谈判，而且拥有出色的客户服务技巧。在此领域，单纯倚赖设计技巧是远远不够的。

入职渠道

零售业内部设计师能够获得得一些工作经验是不错的选择，这样你能加深对客户的理解，而且接触行业内的不同领域的工作对你更为有利。除此之外，就是建立人脉关系，给人留下好印象而且永不放弃。

最大优势

· 可以相对较快地获得职位提升；
· 将商务技巧和创意技巧结合起来。

最大劣势

· 竞争和压力都非常大。

所需技巧

· 出色的协商谈判技巧；
· 处理客户关系的技能；
· 销售技巧；
· 精湛的设计技巧。

需学习的内容

· 调研方法
· 平面纸样裁剪
· 人台上立体裁剪
· 服装制作
· 缝纫技巧
· 工艺图的绘制
· 效果图的绘制、CAD

链接

美国时装设计师协会：www.cfda.com
时装业初级职位列表：http://dailyfashionjobs.com
无报酬实习机会：http://freefashioninternships.com
《女性时装日报》：www.wwd.com

评分等级

平均薪资：●●●
入职难度：●●●

如何脱颖而出

好好思考自己的客户和消费者，并了解他们需求的不同之处。

“内衣外穿”的理念和休闲家居装的发展将女式内衣和睡衣带入了全新的发展方向。如今，内衣设计发展迅速，而在过去只是归属于女装设计的范畴。

女式内衣设计师

内衣设计的过程与其他设计类型大体相同，但是在文化和技术方面存在一些重要的差别，内衣业比女装业的规模小得多，因此设计师可能比较容易与供应商和其他业内的人员发展并保持联系。设计过程，特别是文胸的设计过程具有高度技术性，可能比女装设计的其他领域要复杂，因为其关注的重点必须结合生活方式、合体度、功能性和时尚感。

入职渠道

· 学位并非不可或缺，但是考虑到这个领域的竞争性，如果没有学位，可能发展会受限。文胸是内衣设计中最具技术性的工作，但是对内衣设计的其他领域，有时装设计的学位即可。

最大优势

· 得以接受时装设计中如此复杂领域的挑战，并享受其多样性；
· 设计对于女性来说非常重要的服装。

最大劣势

· 努力让高级经理人相信内衣与女装其他领域相比的重要性。

所需技巧

· 对产品的激情；
· 谙熟特定生产技术方面的知识；
· 极其重视细节。

一日工作：女式内衣设计师

维多利亚为Victoria’s Secret和Kiki De Montaparnasse内衣品牌工作，其专长为内衣设计。

上午9:00——概念开发

维多利亚选择面料、色彩、图案和辅料，然后用照片和面料小样制作概念板。

上午10:30——绘制草图阶段

绘制丝质塑型文胸设计图。维多利亚的最终效果图极为细致精确。

中午12:00——技术人员会议

设计工作室自己拥有成型设备和文胸制作机器，因此首个样品当天下午即可完成。

下午1:00——与图案艺术家开会

购买三个图案后，维多利亚要求对其进行重新着色，提供色卡，与其设计的色调协调。

下午2:30——致电模特

维多利亚选择三个模特试穿，测量尺寸和检验合体度。

下午3:30——合体度会议

新文胸的首个样品已经完成。要求制作另一个样品并修订尺寸。

下午3:30——工艺单

维多利亚给中国工厂准备完整的工艺单。

需学习的内容

· 初步研究、画草图和设计开发
· 平面剪裁
· 设计
· 生产
· 文胸制作
· 廓型设计和效果图绘制
· 内衣设计的计算机辅助设计（CAD）
· 风格和色彩预测

链接

内衣服装协会（IAC）：www.intimate-apparelcouncil.org
内衣泳装秀（Curve Expo）：www.curve-expo.com
Stylecareers：在纽约和洛杉矶举办时尚专业招聘会，www.stylecareers.com
Style Portfolios：www.styleportfolios.com

评分等级

平均薪资：●●●
入职难度：●●●

如何脱颖而出

内衣设计不同于时装的其他领域，应考虑客户的需求以及他们与内衣的亲密关系

时装设计的成功职业生涯常常需要结合特定的目标，能够抓住机遇并充分利用。即便这些机会并非与自己最初所想的一致。

其他设计师

服装行业中的很多技能是相通的：专注女装，具有时装设计的学位，让你了解面料、廓型、技巧、潮流和客户，而这些知识同样适用于男士西服套装、儿童睡衣裤、运动袜或者新娘内衣的设计。人们的确认可这些技能的相通性，而且在这个行业，各种职位的转换是非常普遍的。话虽如此，这是一个充满竞争性的行业，常围绕个人人脉关系建立而成。如果你精通某个领域，那么你将结识那个领域的许多人，而且你要向潜在雇主证明自己具有所申请职位的同样工作经验。

如果不了解自己最终的奋斗目标也无须感到恐慌，但是如果明白自己的奋斗目标，就要对此进行充分利用并尽力朝这个目标努力。

最终供职的公司规模在一定程度上决定个人角色是否多样化。

你可以专攻很多领域，而最终供职的公司规模在一定程度上决定你个人角色是否多样化。总体而言，公司规模越小，你的个人角色会更多样化。接下来的内容将讲述具体的设计领域。

运动装设计师

运动装包括提高功能性的运动装和日常穿着的普通休闲服。因此，运动装设计师可能会与服装和面料技术员紧密合作，既关注T台潮流，又制作能让身体呈流线形并符合空气动力学的面料，或者快干吸汗的面料。不同的运动领域有其鲜明的特色，冲浪装的风格与骑行服和滑雪装必定截然不同。

朱莉·阿姆斯特朗的情绪板展示运动装的灵感

婚礼服设计师

婚礼服通常是女人一生中拥有的最重要的一件服装。它必须体现童年梦想和对未来的憧憬。婚礼服价格昂贵、奢华美丽，几乎都使用白色或者象牙色（如果你喜欢运用色彩的话可能会比较沮丧），而且通常新娘会全权做主（如“我要多点流苏……”等等此类要求）。婚礼服比较像高级定制女装，经常要求试装。你也可以为时装公司设计大众市场的裙装，或者为个人制作独一无二的裙装。婚礼服消费者受众范围广，从王薇薇（Vera Wang，美国著名婚纱设计师）到平价婚纱品牌David’s Bridal。这两者都很成功，价格却在两个极端。

上图：安尼塔·马沙雷拉婚礼服的设计草图
下图：工作室墙上的灵感图片

牛仔夹克的平面款式草图

牛仔服设计师

牛仔服设计师仅用一种面料进行工作，所以必须对此面料全面彻底地了解。而且因为你仅使用一种面料，所以理念和设计必须非常具有创意性。牛仔服设计师也需要对水洗效果、后整理、印花图案和装饰进行实验，而且必须将当季潮流时尚应用于适合牛仔服的裁剪方法和廓型中。

牛仔服在近年来发展变化迅速，已经成为主要的时装品类。轻型牛仔是近几年发展势头最好的，而几年前上市的“牛仔样式打底紧身裤”如今依然畅销。进行创意的关键方法就是通过新型牛仔混纺，再结合后整理工艺。

制服设计师

制服通常不被视为时装设计中魅力四射服装品类，但是作为设计挑战非常有意思。不论是快餐连锁店、建筑工地还是军队的制服，所有制服都必须具有极强的功能性，需要完全适合其目的。虽然追逐时尚并非第一要务，相对而言，制服仍须跟上时尚潮流。

童装设计师

如今童装与成人服装的相似度越来越大。小姑娘希望跟妈妈一样穿着打扮，小男孩希望像爸爸一样着装，因此对潮流和生产周期缩短的专注是问题所在。但真正挑战在于确保了解童装制作和生产方面的相关立法，同时还要设计出对妈妈和孩子们有吸引力的服装，并在服装设计中融入孩童的其他需求，如可调整的腰身、不易弄脏的面料、带夜光和卡通人物图案。安全性也一直是重要的考虑因素。

朱莉·阿姆斯特朗绘制的童装外套的工艺图

晚装设计师

晚装设计具有较高的专业性。首先，晚装所使用的面料不同于其他女装中常用的面料，因此设计师必须熟悉丝绸和欧根纱之类面料的性能。辅料常常是晚装设计的关键部分，因此设计师必须了解串珠装饰、蕾丝制作和胸前花饰等技巧。即使无须亲手制作这些元素，设计师也需要对其充分了解并能够向别人进行指导，使其按照自己的要求完成任务。最终，服装的结构是成功晚装的制胜法宝，因此设计师需要了解“撑鱼骨”之类的技巧。晚装设计对很多设计师具有吸引力的原因在于，奢华材料所带来的享受，以及晚装本身对着装者的重要意义。

设计师安东尼娅·皮尤-托马斯在她的工作室工作

针织服装设计师

针织服装这个设计类别让设计师超越服装设计，进入配饰、软装饰和室内设计领域。除了所有时尚领域都需要的廓型、色彩和时尚趋势方面的知识，针织服装设计师应了解纱线（纱线的种类、克重和所制作面料的耐用性），也需要了解针织品制作、缝纫的专业知识以及针织机器的性能。

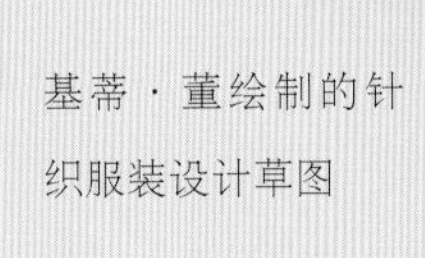

基蒂·董绘制的针织服装设计草图

技术员利用对面料知识的理解来确保服装质量。他们的工作目标是制作新品种面料和服装，并提高服装的外观、手感、合体度和耐用性。

纺织品技术员

取决于工作场所和所制作的产品，技术员的工作类型截然不同。有些人受到缝纫和内衣领域所需技术工作的吸引，有些人喜欢女装领域的多样性和广泛性。一些工作对品质要求很高，而其他一些工作更富于创造性和革新精神。技术员的工作范围涉及面料或者服装领域，可能效力于生产公司、设计师或者零售商。

质量

技术员（或者质检经理）负责确定所有服装是否满足生产要求。客户通常希望每款裙装的尺寸完全一致，所有的长裤长度完全相同；他们会要求所有的服装制作精良，不会在几周内轻易撕扯损坏；他们不希望服装褪色或者掉色。

质检经理参与服装的生产全过程。有人会就特定设计面料的合适性征询技术员的意见。技术员是尺寸测量中不可或缺的一部分，也会参与试装及检查色彩是否合适。所有工作完成之后，就由技术员进行检查服装是否达标。技术员需要洗涤、拉伸服装并找人试穿，还要查看是否有起球、线头、掉色或者脱线，而且在将服装打包运送至商场之前要进行抽样检查。家居装饰或者童装设计领域还要确保遵守相关法律法规。

最后，技术员还要负责处理以上所提问题的相关反馈意见。因此，如果有人投诉或者因技术问题有退货，质检团队的工作就要查出问题，并确保该问题不会再次发生！

改革创新

改革创新在不同领域的体现不同。基本上，技术员的创新是指尝试找出并制作新品种面料或者开发制作服装的新方法，通过让服装更为畅销或者降低成品来提高自己公司的竞争性。

技术员也需要了解自己的客户、竞争现状和新兴技术，并将这三者结合起来创造新理念。例如，日本弹性材料的开发而有了牢固防脱紧身衣的出现；用远东开发的记忆棉制作出与服装内部的体型契合的文胸，确保完全合体

需学习的内容

· 服装质量监控
· 织物科学
· 平面制板和服装结构
· 织物测试

链接

《服装杂志》：为服装公司提供相关信息。http://www.apparelmag.com

美国纺织品染化师协会(AATCC)：面料测试的标准公司。www.aatcc.org

ASTM国际：也是一家测试的标准公司。www.astm.com

Cotton，Inc：提供关于棉布面料品质的相关资源。www.cottoninc.com

评分等级

平均薪资：●●●

入职难度：●●●

如何脱颖而出

学一门外语。英语是时装业的通用语言，但是如果你还能说点中文、广东话、西班牙语或者印度语，那么在国外会更受欢迎。

技术员在检查一批外套。必须确保每件服装达到标准。

并提供支撑，同时保证外轮廓的流畅平滑；而耐磨皮革成为制作童鞋的最佳材料。

很多面料技术员与设计团队紧密合作，为服装系列研究寻找新面料。为搜寻最新的纺织品和纱线，面料专家需各地旅行，参加欧洲或者本国的面料展，并坚持寻找本地面料商所提供的最新产品。

对产品开发者的作用产生巨大影响的两大新兴趋势——道德和环境。媒体的报道和舆论对健康和安全日益增长的影响力、海外工厂的工资水平和工作条件都意味着零售商和供应商需要对生产公司进行严密监控。与工厂保持极为紧密的联系，这个任务常常落在技术员身上，他必须进行抽样调查确保工厂安全，工人的年龄是否在16周岁以上，工人是否享有最低生活工资。第二个趋势是环境。这对技术员优先考虑的事项产生了影响，现在制作服装的材料必须来自负责任的供应商，尽可能地减少碳排放量，但同时确保价格竞争力。

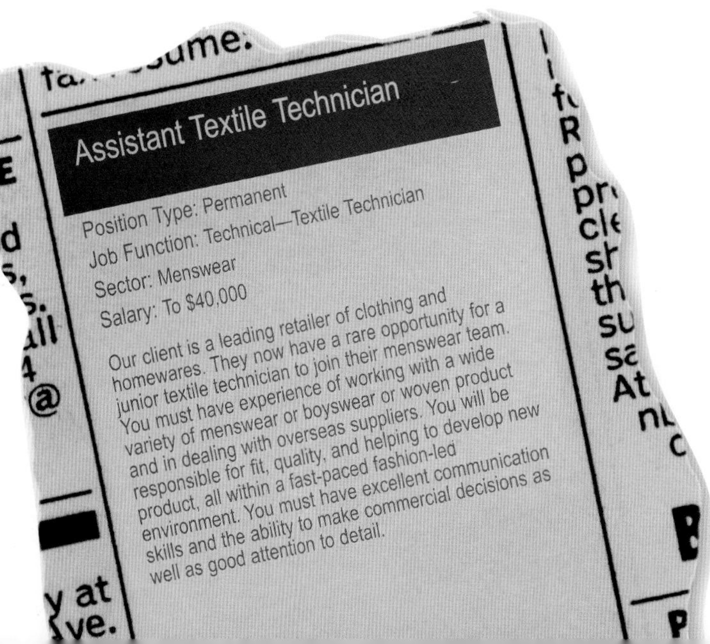

Assistant Textile Technician

Position Type: Permanent
Job Function: Technical—Textile Technician
Sector: Menswear
Salary: To $40,000

Our client is a leading retailer of clothing and homewares. They now have a rare opportunity for a junior textile technician to join their menswear team. You must have experience of working with a wide variety of menswear or boyswear or woven product and in dealing with overseas suppliers. You will be responsible for fit, quality, and helping to develop new product, all within a fast-paced fashion-led environment. You must have excellent communication skills and the ability to make commercial decisions as well as good attention to detail.

入职渠道

传统的学徒关系如今基本已不复存在，现在，技术员需要拥有纺织品科技方面或者类似学科的学位。在海外工厂大规模进行生产加工意味着大多数技术员在职业生涯里至少有一部分时间需要在国外邻近生产公司的地方工作。

最大优势

· 能够见证产品在商场出售，正面的媒体报道；
· 为了获得技术方面的商业优势，必须具有创意；
· 海外旅行；
· 发现创新面料和线纱。

最大劣势

· 进展不顺利时，产品销路不佳或者需要从卖场撤出。

所需技巧

· 技术知识；
· 良好的沟通技巧；
· 创造性。

预测员就下个季节即将流行的时尚趋势做出预测，并就不同客户群体对最新流行趋势服装需求的差异性向设计师提出建议。

时尚预测员

预测可以是短期的也可以是长期的。为发现短期时尚趋势，预测员们会关注重要的名流和艺术家，看看他们最近提出的理念和想法。他们会参观重要的展览、逛最前沿的时尚商场和市场，关注新产品。目前，艺术可能是设计师们最有影响力的灵感源泉，因此预测员会花大量时间参观展览并观看最近崭露头角的艺术家们的作品，也会观察音乐行业、唱片和DVD的封面以及视频和电影。“短期时尚预测”可以指数周时间或者一到两个服装季节的时期。大众市场时尚的周转时间快得令人难以置信，如美国流行歌手嘎嘎小姐（Lady Gaga）的一款PVC斗篷会在一个月之后就能在连锁店里买到。

长期的时尚预测更加受到社会、经济发展变化和社会趋势的影响，因此预测员可能会注意到远程居家上班的普遍趋势，并考虑这个趋势对人们所希望购买服装的影响。

时尚预测员会应要求提供比较宽泛的信息（如下个季节泳衣的潮流）或者为某个特定客户提交一份报告。在这种情况下，他们应对潮流趋势进行解读并考虑下个季节的流行趋势以及特定客户对此趋势的诠释。

时尚预测员认为自己大多是凭直觉工作，总是会谈论时代思潮什么的，但大体上设计师看起来都是对同样的影响力做出回应。预测员通常是那些以时尚为生的人，因此搜寻时尚潮流对他们而言是自然而然的事情。可以学习一些生意诀窍（下个季节的潮流跟本季流行反其道而行之：流行素色就用条纹，流行黑色就用亮色……），但真正重要的是找对正确方向、拥有强烈的视觉意识、拥有信息分析能力。预测员必须对美学持有相当开放的态度，这并非是你个人认为下个季节的潮流应该是什么，也不是你个人喜欢看人们穿什么样的服装，因此如果你过于专注于自己在时尚方面的好恶，这个工作对你而言将会无比艰难。

需学习的内容

- 时尚潮流——从何而来及如何产生影响
- 市场信息——贸易展览会、杂志、潮流趋势机构
- 观察社会和文化影响
- 开发个人时尚悟性和直觉
- 研究方法
- 时装史
- 效果图绘制、CAD

链接

多尼戈尔集团：追踪时尚潮流。www.doneger.com/web

纽约时尚周：展示顶尖设计师作品。www.newyorkfashionweek.com

WSGN：另一时尚趋势预测机构，提供空缺职位列表。www.wgsn.com

《女性时装日报》：美国时尚杂志。www.wwd.com

评分等级

平均薪资：●●●

入职难度：●●●

如何脱颖而出

获取一些设计方面的经验，充分理解时装设计的过程、理解客户。

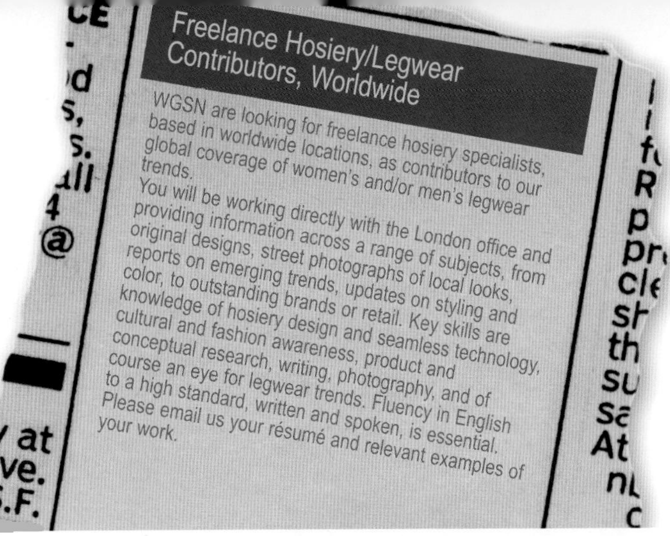

Freelance Hosiery/Legwear Contributors, Worldwide

WGSN are looking for freelance hosiery specialists, based in worldwide locations, as contributors to our global coverage of women's and/or men's legwear trends.

You will be working directly with the London office and providing information across a range of subjects, from original designs, street photographs of local looks, reports on emerging trends, updates on styling and color, to outstanding brands or retail. Key skills are knowledge of hosiery design and seamless technology, cultural and fashion awareness, product and conceptual research, writing, photography, and of course an eye for legwear trends. Fluency in English to a high standard, written and spoken, is essential. Please email us your résumé and relevant examples of your work.

成为时尚预测员之前建议做一段时间的设计师。尽管你之前可能从事的是某一特定的工作（如女装、室内设计或鞋类设计等），但现在的设计总是彼此相通的，如男童装以男装为基础，壁纸会受时装的影响，内衣使用女装的印花图案。观察和分析的技巧也具有可转移性，因此，从一个领域转向另一个领域会非常简单。

有设计专业背景是从事时尚预测的良好途径。若缺乏当前和过去的设计趋势清晰详尽的知识，则很难对潮流趋势进行辨别和预测，所以，预测公司都非常希望有自己内部的全职预测员和兼职型预测员。大型零售商和供应商也拥有各自的预测员团队。

预测员通常是那些以时尚为生的人，因此搜寻时尚潮流对他们而言是自然而然的事情。

如果能熟练运用计算机辅助软件绘制服装插画也非常有用。时尚预测公司会整理出当季的书籍，对潮流趋势、廓型和色彩进行预测。虽然他们也会聘用专业的插画师，但艺术表达能力会成为你的优势。

入职渠道

从事几年设计师工作非常有用，既能学习该领域的专业知识又能建立人脉。人脉关系是获得该领域职位的常见途径。《女性时装日报》（*Womens Wear Daily*）或者公司网站常常登载相关工作的广告。

最大优势

· 时尚预测是时尚业人士都必须做的事情，以时尚预测为职业还能获得报酬，何乐而不为。

最大劣势

· 正因为其优势而有了其劣势——永不停歇地工作。

自我陈述

迪帕是自由职业设计师和顾问。

“我的专业是多媒体设计和纺织品设计，不过我曾从事女装、男装、首饰、鞋类、壁纸和汽车内饰的设计。我擅长了解客户、预测时尚趋势和创造精美的设计作品。这些技巧可以适用于设计的所有方面。”

迪帕曾为许多设计师工作过，包括成衣设计师和大众市场设计师，而她自己也非常享受如此丰富的设计工作：“通过高街品牌的设计获取的报酬让我得以支付各种生活成本，而为高端设计师工作是我个人真正热爱的工作，它让我的创造力得到无拘无束自由发挥，让我得以真正地表达个性。”

最近她开始为沃斯全球时装网（WGSN）工作——时尚预测和潮流趋势分析服务提供商。她的专业领域是图案设计，但她认为自己对时装业和整个设计领域的了解真正有助于自己的工作。迪帕将自己作为时尚预测员的成功归因于激情和出色的鉴赏力。

“我非常热爱设计。无时无刻不在做这个工作，这就是我考虑世界的方式。我必须进行大量调研，所以会花很多时间逛街，出境旅行也非常有收获，然后其他的就靠直觉和敏锐的眼光了。”

她建议考虑在此领域工作的人士先去与一些设计师共事，特别是女装设计师，因为女装设计不仅仅是每个季节需要紧跟的潮流，而且有时候是每个星期都必须追随潮流趋势。“然后，要确保建立人脉关系。人脉，还是人脉。要友好亲切地对待所有人。”

所需技巧

· 审美；
· 开放的心态；
· 分析信息的能力；
· 出色的客户理解力；
· 多才多艺；
· 文化意识；
· 了解事件的相互关联性；
· 调研技能；
· 全球意识和区域意识；
· 良好的交流技巧。

第二章

配饰设计

“配饰”一词涵盖的产品类型非常广泛，最为典型的是鞋类、包袋类、帽子和珠宝首饰，也包括“软性”配饰，如手套和围巾、领带、袜子和手帕。配饰设计师常常还会根据要求设计其他小物品，如新颖钥匙环、发夹或者小礼品。

将配饰从理念变成商品的过程与服装的制作过程几乎完全相似。一些公司，如蔻驰（Coach）、科尔哈恩(Cole Haan)、芙拉（Furla）主要专注于配饰制作。然而，有的公司的配饰需要辅助季节服装系列，而同时因为常常在商场的不同位置进行展示，所以须自成体系。服装与配饰之间的关联可以从以下方面看出：色彩选择、服装与配饰的设计方法符合品牌风格、吸引同样消费者群体。配饰的更新速度比服装要缓慢，从理念到商品的时间较长，每个季节的交货量较少。配饰部门每年工作两个季节，一个季节一个系列，而服装部门每年工作四个季节，每个季节交付两个系列（例如，每六周交付一个系列，比如初夏系列和夏季系列）。在此情况下，配饰的色彩选择必须适合两个服装季。

不同的公司情况各不相同。配饰设计师可能从创意总监或者采购团队处获得任务要求。该任务要点相当概念化，与相应的季节服装主题相关联。例如，可能会要求配饰设计师根据非洲游猎主题或者航海感觉制作配饰。然后，设计师会制作表现配饰系列理念的情绪板。情绪板可以包括色彩、希望用来作为设计基础的一些其他设计师的配饰图片、一些面料样片和其他织物。理念想法获得采购员或者创意总监的认可后，配饰设计师将为每个类型的核心款式绘制设计图，展示系列的细节、每个类型的商品数量、价格点、色彩选择和材料。

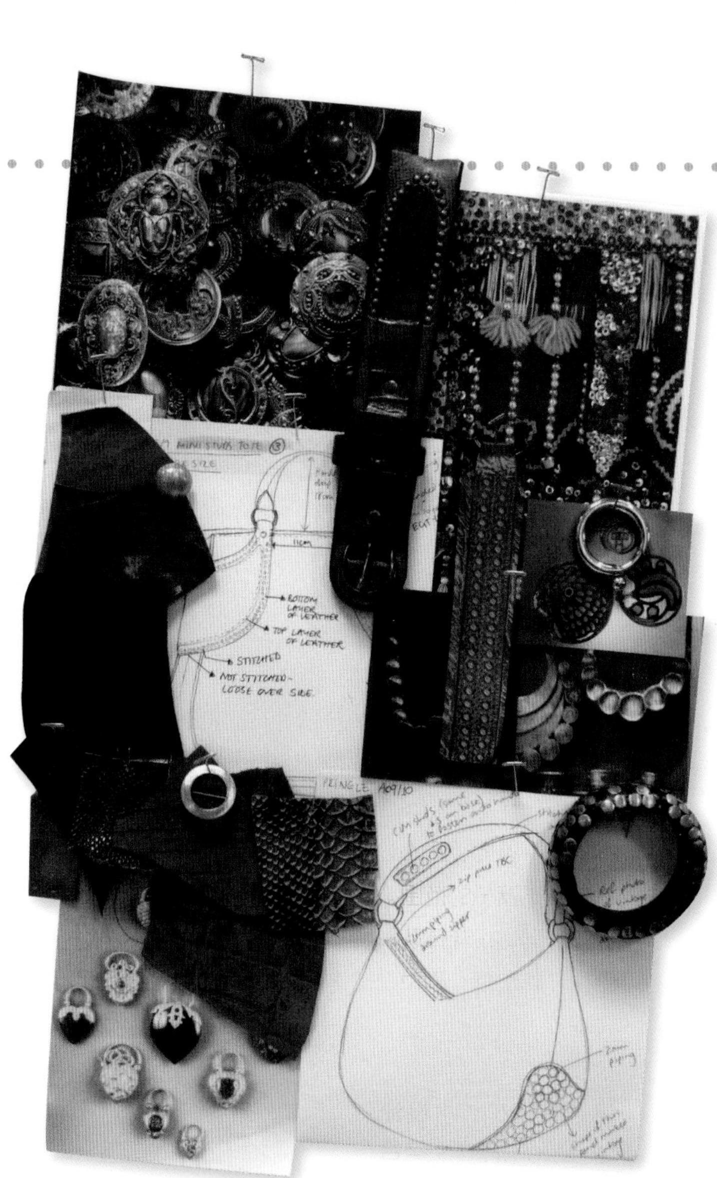

普灵格（Pringle）秋季配饰系列的情绪板

左图： 杰罗姆·卢梭（Jerome Rousseau）的格纹靴设计图

右图： 基蒂·董的手袋设计

女帽制造商菲利普·特莱西（Philip Treacy）为一顶夸张帽子绘制的概念草图

下一个阶段为生产过程。几乎所有配饰都由海外工厂生产。通常，印度或者墨西哥生产珠宝首饰，远东生产围巾，意大利生产优质皮革制品。印度或者墨西哥生产的配饰成本比在美国生产要低得多。

就皮革制品而言，意大利出产原材料，因此在意大利生产的商品一定比将材料运往美国或者其他地方的价格更为便宜。工厂制作配饰的样品，如果通过核准，工厂就开始为商场进行大规模的产品制作。

与时尚设计的其他领域相同，公司配饰部门的结构安排各式各样，因此，配饰设计师可以根据产品类型和生产过程选择自己擅长的范围。高端设计公司如巴宝莉通常会拥有专业的配饰设计团队。它们也拥有专注于不同产品类别的团队，如包袋、围巾、皮带、鞋类等，也拥有专注于生产过程不同阶段的团队，有设计师团队、生产经理团队和管理实际生产的团队。

配饰设计师可以根据产品类型和生产过程选择自己擅长的范围。

设计技能在艺术设计各领域内是相通的，这一点在配饰领域的表现尤其明显。雇主要求员工通晓色彩、纺织品、美学、品牌和客户方面的知识，但也很乐意聘用具有珠宝首饰背景的设计师并让其从事“软性”配饰的设计。所以，如果有人从截然不同的领域如销售或者包装设计转入配饰设计也不足为奇。

首饰包罗万象，珠宝设计师在设计过程中仅仅受到自身想象力的限制！他们可以运用各种材料进行创作：皮革、纸张、塑料、布料、软木、橡皮以及金属和宝石等。

珠宝设计师

首先，珠宝设计师需要学习设计草图和效果图表现技巧。即用绘图的方式精确表现成品细节绘制的过程。有些工作需要手绘，而有些需要计算机辅助设计软件（CAD）的帮助。设计师应了解所使用的不同材料以及这些材料的特性，也需要学习镶嵌宝石的技巧以及如何用锤子将金属捶打成所需形状。最后，设计师应熟练清洗和打磨成品所需的技巧。珠宝首饰设计师并没有非常清晰的职业之路可遵循，这意味着我们不知道要采取什么样的措施，但正因为如此，你可以开辟出自己明确喜欢的领域并决定成为何种珠宝首饰设计师。

珠宝首饰设计师可以选择多种专业方向。最为保险的路径就是在设计公司或者珠宝制造公司谋得一份设计师或者生产经理的工作。这些公司可以是国际大牌公司，如蒂凡尼（Tiffany）或者戴比尔斯（DeBeers），也可以是小型的家族企业。

时装公司可能聘用珠宝首饰设计师从事配饰设计工作，或者处理有宝石装饰的服装，如带串珠装饰的裙装。

大众市场零售商、专业首饰和配饰连锁店如克莱尔饰品专卖店（Claire's）或者出售珠宝首饰的大众时尚店如梅西百货（Macy's）、香蕉共和国（Banana Republic）会聘请珠宝首饰设计师设计和创作系列产品，实际的生产通常在印度等国的海外工厂进行，因为那里可以轻松购买原材料而且人力成本较为低廉。

很多珠宝设计师以设计兼制造者为生。这个领域很适合创造自己的产品，因为机器设备规模相对较小且便宜，将车库或者卧室改装成工作室也行得通。设计制造者可以参加一些协会，如美国手工艺协会（ACC），它能提供业务上的支持、出售作品的机会以及同领域的人脉网络。很多珠宝首饰专营商通过自己的网站出售作品并在手工制品网站Etsy.com上展示自己的作品。有些设计师会将自己的作品归类为艺术品并在展会和画廊展出。

在珠宝首饰行业，人们专注于多种多样的东西。这是一个高度技术化的领域，犯下的错误会产生高昂的代价，所以通常情况是珠宝首饰设计师会特别专攻某一特定领域，如钻石镶嵌、金属制造、抛光和清洗、最后润饰或者镀金。

需学习的内容

- 金属制造/铸造
- 银焊
- 银质材料或者普通金属的切割、穿孔和制造
- 如何利用铁丝
- 在金属薄片上印花
- 通过制模和铸造处理树脂
- 工作室操作安全
- 手工技术的开发：塑型、面料和后处理
- 立体形状的探索
- 表面处理
- 综合材料使用

链接

Adornment Magazine：探讨旧时期的珠宝首饰、舞台首饰和当代工作室制作的首饰。www.jewelryandrelatedarts.com

时尚珠宝首饰和配饰行业协会：www.fiata.org

国际时尚珠宝配饰组织：举办行业内的区域性展会：www.jewelrytradeshows.com

国际珠宝资源：Kilmto.net

评分等级

平均薪资：●●●

入职难度：●●●

如何脱颖而出

珠宝首饰是一种艺术形态，拥有无穷无尽的可能性。真正得以探索造型和材料的创意应用。要努力完善自己的技术并在创意上进行突破。客户乐意为引起自己共鸣的产品投资，但该首饰务必精致、独特。

丹妮拉·得比索瓦（Daniela Dobesova）设计的“螺旋”指环。珠宝首饰设计师的一个关键技巧是熟练运用银质材料

入职渠道

大多数珠宝首饰设计师拥有珠宝或者珠宝银器专业的学位。有几所专门大学，如纽约时装学院（FIT）和罗德岛设计学院（RISD），也有很多专业的短期课程可供选修，培训特定方向的技能。

设计师还要决定希望采取何种入职路径来学习这个行业，如以无报酬工作经验开始职业生涯，或者从事初级职位的工作，如珠宝首饰清洗或者打磨。

最大优势

· 处理很小但真实可触摸的商品；

· 珠宝首饰对很多佩戴者来说具有很特别的功能性，而制作如此意义重大的东西是一桩乐事；

· 可以找到完全适合自己的位置。

珠宝首饰设计师并没有非常清晰的职业道路……这意味着可以自行决定成为何种珠宝首饰设计师。

最大劣势

· 设计兼制造者的生活会比较孤单；

· 在职业生涯中有些工作具有重复性，如清洗铸件是有用的初级工作但并非有趣或者有创意的工作。

所需技巧

· 通过画稿/工艺制作表达思维；

· 对材料的好奇心；

· 对细节的关注；

· 精确性。

案例分析

卡洛琳起初学习的方向和工作都是珠宝首饰，但如今她形容自己从事的工作为“纺织品艺术”。

获得珠宝设计专业的学士学位后，卡洛琳成立了一个珠宝首饰工作室，和许多珠宝首饰艺术家一样尝试运用自己的创造力赚钱养家。在一段时间内，一切进展相对顺利。但是之后，她发觉要满足两种需要颇为不易，因此，她将自己的业务一分为二，用一半时间来制作供销售的商品，而用另一半时间来创造自己的作品，这些作品更倾向于纺织品与纯艺术。这种情况对于珠宝首饰设计师来说很常见，他们更倾向于纯艺术，很多艺术家和设计师为此不得不制作一些商业化的作品，以此来获得经济上的支持。

卡洛琳在画廊和展会上展示自己的系列产品，并引起反响，获得媒体关注。最终，她拥有了足够的曝光率，得以全身心地从事自己钟爱的工作。她还赢得了纺织品竞赛的奖项，并因此获得经济上的支持，作品也获得认可。自此之后，尽管她的作品获得国际上的好评，但她现在仍利用平时的教学来赚取薪酬补贴。

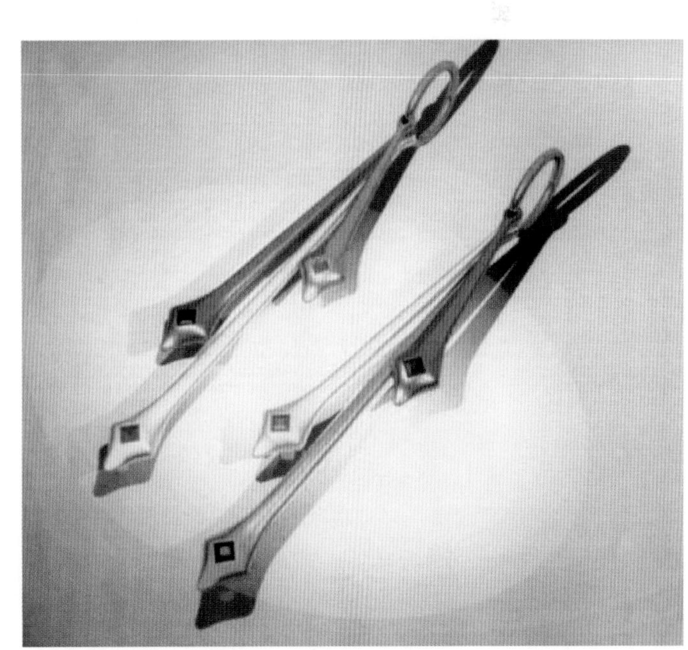

通常与“软”字相关的配饰指围巾和手套，但软配饰设计师最后从事的设计工作包括包袋、软帽、皮带、袜子、针织内衣、发夹和很多其他多种多样的产品。

上图：普灵格（Pringle）秋季系列毛皮围巾

软配饰设计师

成为配饰设计师最为不同寻常之处在于技巧的通用性。设计师工作的专业程度取决于雇主类型以及配饰的多样性和规模。克莱尔饰品专卖店这样的零售商或者巴宝莉这样的关键品牌零售商可能会仅专注于某特定产品的设计师，而香蕉共和国或者J·克鲁（J. Crew）这样的服装零售连锁店的配饰设计师可能需要设计所有配饰品，包括围巾、帽子、手套、包袋、手袋、珠宝首饰，甚至一些鞋类产品。

与时装业内其他设计方向一样，设计师需要在潮流时尚、功能性和客户需求三者之间达到平衡。对配饰来说，这种平衡取决于特定商品。一些配饰既强调功能性，也同样注重时尚。例如，不能固定发型的发夹或者无法好好收纳硬币的小钱夹永远不可能成为热销产品。

客户是用头脑而非冲动来购买这些产品，所以设计师应更多地关注实用性而非心理方面的因素。

配饰系列的其他产品更多属于情感性的购物范围，如围巾和帽子。不论是否穿着，佩戴者都会展示出来，它们永远是某套服装的关键部分，而且它们的实用功能也显而易见，很容易实现。这些产品更多的关注造型、风格、面料和时尚潮流。

比起服装设计师，软配饰设计师的工作季节较少，这使得他们与时尚的关系有点儿复杂。除了运用一些通用的技巧来分析配饰行业的流行趋势（分析T台秀、了解全球正在销售的产品、利用预测网站如WGSN），配饰设计师需要适应时装潮流和配饰潮流，也必须让作品具有跨季节性，这样他们设计的围巾和手套才能在秋季和冬季为服装进行搭配。

需学习的内容

- 产品结构规划
- 设计
- 模型制作
- 图案开发
- 各专业领域的生产和制作技巧
- 纺织品和材料技术
- 效果图表现

链接

- **配饰展**：在拉斯维加斯和纽约的市场周举办。www.accessoriestheshow.com
- **ASD展会**：买手和商家聚在一起，寻找有价值的产品、服装、风格、美容饰品、家居装饰、礼品或者珠宝首饰。www.asdonline.com
- **时尚配饰协会**：追踪配饰业各方面的信息。www.accessoryweb.com

评分等级

平均薪资： ●●●

入职难度： ●●●

如何脱颖而出

这个设计领域极具创意性，要求新想法源源不断。收集所有的东西，如色彩、图案、工艺品、面料样片、明信片、杂志剪报，并把这些东西整理归档，以启发未来的灵感。关注时尚，也要关注大街上的人们，不断地绘制草图。

入职渠道

相关学位很有用，但可以是时装专业、纺织品专业或者配饰专业的学位。然后是无报酬实习经历、人脉关系，并且要善于寻找机遇，即使这些机会看上去与你的最终目标相去甚远。

最大优势

· 不论单个职位还是整个职业生涯都极具多样性；
· 用多种不同的材料进行工作；
· 配饰市场发展迅速，这是一个充满活力的领域。

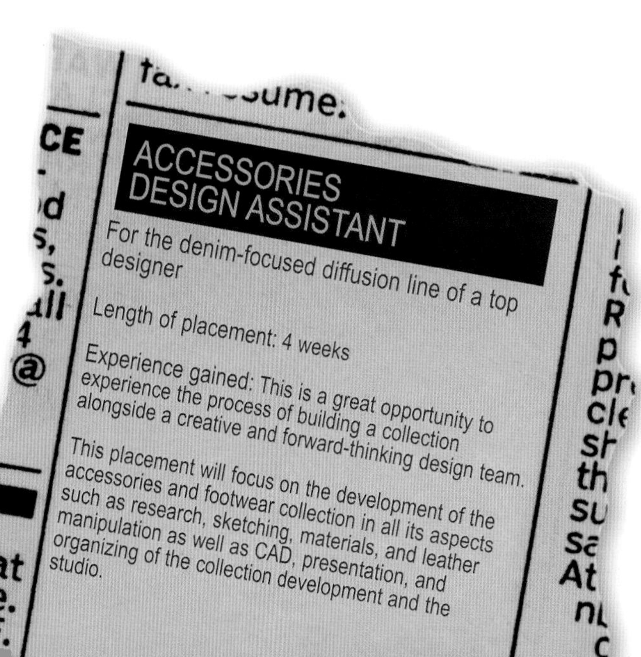

ACCESSORIES DESIGN ASSISTANT

For the denim-focused diffusion line of a top designer

Length of placement: 4 weeks

Experience gained: This is a great opportunity to experience the process of building a collection alongside a creative and forward-thinking design team.

This placement will focus on the development of the accessories and footwear collection in all its aspects such as research, sketching, materials, and leather manipulation as well as CAD, presentation, and organizing of the collection development and the studio.

案例分析

艾玛现为一家高端奢侈品牌的高级男装配饰设计师。

这是艾玛一直以来梦寐以求的工作，因为她喜欢用奢华材料进行工作（“山羊绒比羊毛好用多了”），但是她也是一路艰辛才有了今天的位置。

她先拿到了纺织品艺术设计专业的学位。她喜欢用纺织品进行工作，喜欢面料的感觉，并从表面装饰和产品的处理中获取真正的喜悦感。虽然她毕业于一流院校，但找到第一份工作并不容易。“我申请了所有能发现的工作机会，利用了职业中介、网站和报纸，最终获得了童装设计的一个职位。”

艾玛的第一份带薪职位是一个小型香水和奢侈品零售商集团的设计助理。她没有包装或者香水方面的工作经验，但是设计经理看到了她对细节的关注力和对色彩的鉴赏力。艾玛非常努力地工作，应要求完成初级的和行政性的任务，但是她非常热爱所制作的产品。两年后，一个供应商给她提供了工作机会，开始从事配饰设计。

虽然艾玛必须大量补充产品设计领域的相关知识，她对细节的关注力、色彩感以及审美观为她奠定了基础。拥有一些配饰设计的经验之后，艾玛接替一名休产假的员工担任一家成长中大众市场女装连锁店的配饰部门负责人，设计店内出售的所有配饰，包括鞋类、皮革制品、珠宝首饰、围巾、帽子和手套。

最终，艾玛获得了现在的工作职位，为一家著名的奢侈品牌设计领带、袖扣、围巾和手套，实现了她的职业梦想。

最大劣势

在该领域无所不知，却很难适应其他地方的工作。有的人可能热爱出其不意的挑战，而有的人认为学习制作钥匙圈或者适合搂抱的柔软玩具并非踏足该行业的初衷。

所需技巧

· 出色的建模技巧；
· 对人体工学的理解；
· 良好的人际交往能力；
· 开发人脉关系；
· 适应性；
· 熟练的设计和绘图技巧；
· 敏锐的色彩感。

鞋子从设计理念到实物的过程十分复杂。鞋子的设计涉及鞋底、鞋内底、搭扣、鞋跟、鞋跟接地部位、鞋内衬垫、鞋头衬、加固用衬料、钢钉、弓形垫以及各种大小的鞋楦。

鞋靴设计师

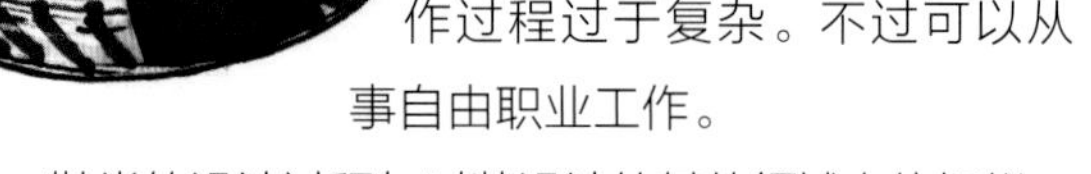

每只鞋子的单个组成部分通常由不同公司或者个人制作，并需要精良的机器设备。制作过程非常复杂、耗时冗长、价格不菲。过去几年中引入的新科技意味着制作过程越来越合理化，原型的制作比以前要快很多，但鞋子的制作依然非常复杂。

鞋类设计师可为时装工作室、零售连锁店或者供应商（按零售买手提供的规格设计鞋子的公司）。美国出售的很多鞋子是在美国本土设计的，但几乎完全移至海外生产。大部分鞋子在中国或者越南制造，因为生产成本低很多，或者在西班牙和意大利制造，因为那里出产皮革。

毕业生可以选择供职于设计、制造或者产品研发方向，专注于运动型、婚礼、户外活动和徒步旅行、男鞋、女鞋或者童鞋。以鞋类设计兼制造者的身份开创自己的事业比较少见，因为设备极为昂贵，制作过程过于复杂。不过可以从事自由职业工作。

鞋类的设计过程与时装设计的其他领域大体相似。设计师从买手或者设计经理那里获得设计概要指示，然后就某个产品的造型、风格和色彩选择的理念绘制一些初稿。草图得到认可后，对鞋子进行细节设计，要么手工进行（和顶级设计师共事时可能使用的方法），要么使用计算机辅助设计软件如Illustrator或者Photoshop(大众市场生产比较常见的方法)。设计师需要考虑材料、辅料、耐用性和合体度。有时候，鞋子的设计需要适合特定服装或者系列，或者鞋类专卖店里的鞋子需要引领时尚并适合当季服装的色彩、造型和风格。

入职渠道

由于鞋类设计的复杂性和技术性，拥有相关学位相当重要。毕业生需要获得一定的相关工作经验，然后以初级设计师开始工作，然后一步步晋升为高级设计师、创意总监和设计经理。

需学习的内容

- 鞋类制作材料和过程
- 鞋类设计和产业经济学
- 鞋类粘合研究
- 鞋类设计开发和长期规划
- 鞋类组合和技巧开发
- 鞋类设计和制作

链接

纽约时尚鞋类协会：www.ffany.org

《女性时装日报》：有专门的鞋类部分内容。www.wwd.com/footwear-news

国家鞋类零售商协会：www.nsra.org

与鞋子相关的网上资源：www.shoe-design.com

鞋类交易：与鞋类相关出版物的在线资源。www.shoetrades.com

评分等级

平均薪资：●●●

入职难度：●●●

如何脱颖而出

进行大量的立体思维训练。绘制三维物体，从各个角度进行思考，上、下、前、后和里、外。

上图：鞋类设计师设计制作鞋楦。除了具有高度创意性，鞋子的设计仍然是一个极为技术化的过程

最大优势

· 周游世界拜访零售商、供应商和制造商；

· 能成功完成复杂工艺过程的喜悦感。

最大劣势

· 与并非完全了解该设计过程的复杂性及所耗费时间的服装设计师共事；

· 依赖于广泛的各种不同供应商和制造商。

所需技巧

· 精确性和对细节的关注——成本巨大，一旦出错将非常明显，而且代价高昂；

· 兼备手工技巧和计算机技巧；

· 3D设计技巧必不可少，鞋子就像是雕刻；

· 激情——如果不热爱这个职业，就不可能取得成功。

案例分析

苏担任一家大型鞋业公司的设计师。

苏从小就清楚自己长大要当裁缝。她大学所学的课程包括了时装和纺织品的内容，毕业设计时选择了鞋子的制作，从此奠定了鞋类设计的职业生涯。获得专业学位后，苏掌握了制鞋的复杂过程以及鞋子的设计美学。大学在读时，她在高端订制鞋靴制造厂有过两次实习经历并非常热爱实习的过程。

苏认为自己真正热衷于为高端市场而非大众市场服务，从而自己的职业选择受到了限制。在她投过许多简历并向很多公司展示自己的作品集之后，获得了一份无报酬实习职位，为一位设计师的T台模特定制鞋子，而这正是她所需要的机会。这份工作让她获得了一些宝贵的经验、为自己的作品集增添了精彩的图片并结识了一些优秀人士。

在最终获得设计职位之前，她还为一些时装设计师进行了短期实习。如今她每年制作两个产品系列，这些产品在国内各大百货商场出售。她十分享受能够专注于设计的工作，但也十分清楚是大学里所学的生产知识和早期实习经历让她能够擅长于自己现在的工作。

Trainee Designer
For ladies' high-fashion footwear importers
Duties: Design, from concept to range-building with an eye for trend and commerciality. Work with factories for sourcing and with sales team for direction.
Requirements: Motivation, creativity, and an eye for spotting trends; good communication dynamic to follow design from concept to sample.
Salary: $25,000 to $32,000 p.a. depending on qualification and experience.
To apply: Please email resumé and cover letter.

右图：设计成品，黄色鸵鸟形鞋子和帆布棕色皮短靴，均由杰罗姆·卢梭（Jerome Rousseau）设计帽饰设计师或称女帽设计师从事帽子的设计或制作。帽子可以是独立的单品，也可以是设计师成衣系列的一部分（限量制作）或者是在连锁品牌店中大规模出售。

帽饰设计师

上图：高级定制女装和成衣女帽制造商菲利普·特莱西（Philip Treacy）帽子设计的草图

下图：菲利普·特莱西在工作室工作

基本上只有四种风格的帽子：有檐的、无檐的、有帽舌的和无帽舌的。女帽设计师以此四种风格作为起点，运用色彩、面料、造型和装饰来创造各式各样的帽子。

帽饰设计师要想事业有成并非易事。大部分帽饰设计师从事自由职业或者个体经营。一些主要的零售商会全年聘用一到两名设计师进行帽子系列的设计工作，但是大多数零售商不会囤积大量帽子的设计工作再去雇用全职人士，所以他们更有可能和一位自由职业设计师签订合同，让其每个季节从事一些设计工作。有些帽饰设计师会以零售为主，为帽子商店工作（或者自己开店），从设计制作帽子以及出售他人设计作品中赚取收入。还有一些帽饰设计师担任设计兼制作者专营商，创造和生产自己独一无二的设计作品并通过网络、市场摊位、贸易展会等多种不同方式进行销售。他们如果能拓展技术并开发出系列配饰搭配帽子的话，前景会更好。

帽饰设计师的设计过程与其他时装设计师别无二致。他们参与帽子、面料和色彩的预测和潮流分析，与买手、供应商、雇主和客户紧密合作；用手工或者CAD进行设计；就面料和辅料做出决定并制作样品。然而，他们所使用的技巧非常不同，帽饰设计师参与利用模具为帽子塑型的工作（真的是从木头或者金属块创造出帽子形状），使用液压机械通过特殊化学物质使大规模生产的帽子成型。

Intern wanted

We are a small company who create both bespoke headwear and ready-to-wear collections. This is a rare opportunity for a talented and enthusiastic individual to become immersed in a budding fashion company as it prepares for its Fall collection launch.

Experience gained: The student could gain experience of an independent fashion designer and retailer and of working as part of a small team. Initiative and a desire to learn are essential. You will have the opportunity to use your Photoshop skills and build mood boards and put your fashion pr/marketing knowledge into action.

If you have some experience of fashion marketing promotion, and have creative flair, this is ... placement for you

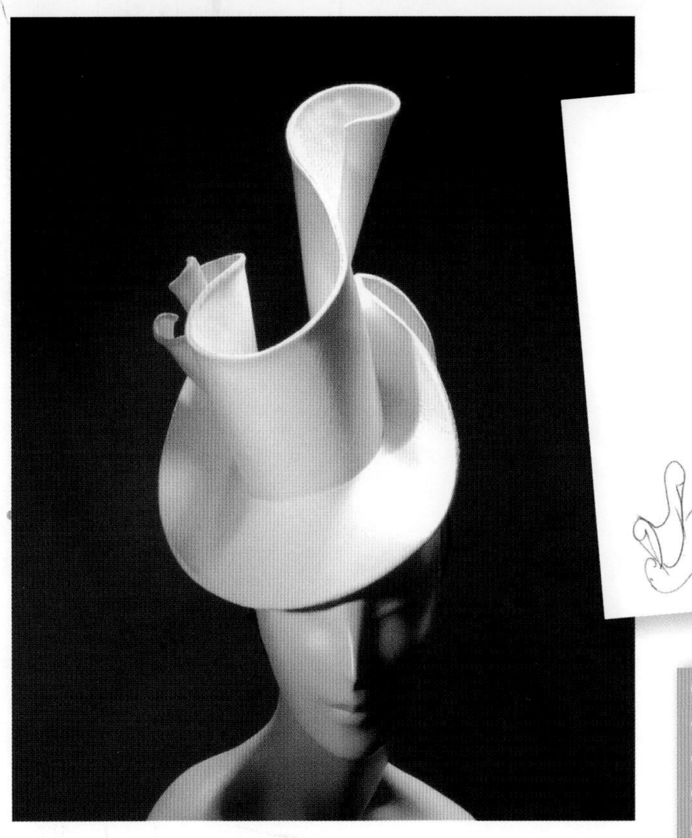

史蒂芬·琼斯（Stephen Jones）
帽子设计的草图和成品

需学习的内容

· 帽子造型
· 制作草帽、毡帽
· 运用帽子材质的平面裁剪
· 装饰手法和裁剪工艺

链接

综合信息网站：提供有关制造、批发、零售、供货、新兴潮流、未来事件以及新产品发布的完整行业信息：www.hatlife.com

行业杂志:也提供一些职位空缺。www.thehatmagazine.com

推广全球帽子佩戴和头饰的行业网站：www.thehead-wearassociation.org

帽子制造商协会有限公司：针对小型帽子制造商业主和专注于手工制作头饰的设计、生产和推广的女帽设计师。总部设在纽约，在美国其他地区设有分会。www.millinersguild.org

评分等级

平均薪资：●●●

入职难度：●●●

如何脱颖而出

在这个很难攻克的领域，坚韧不拔和较强的适应性是必不可少的。

最大优势

· 成功的帽子制作师几乎无一例外地狂热喜爱帽子，因此能以制帽为生乃幸事一桩；

· 制帽业有大量幽默风趣、才华横溢又善良的人士。

最大劣势

· 这并非时装业内盈利性最佳的领域；

· 不仅难于获得职位，而且长远看来很难以此为生。

入职渠道

必须尽可能学习技术和技巧，因此必须研究帽子制作的课程。有很多短期课程可以让你学习特定技巧。从成功的帽子制造商或者帽子商场获得一些工作经验非常重要，然后就是通过在小型精品店、网络或者向帽子商场供货，为自己打开一定的知名度。所能得到的任何新闻报道都有助于提高你的声誉和销售。

所需技巧

· 造型能力突出；
· 熟练的手工技艺；
· 决心；
· 对帽子的热爱；
· 对材料的了解。

包袋人人都有，少到一两个，多到六个不等，甚至更多。男包、女包、儿童包、购物包、晚上使用的包、手提电脑包、沙滩用包……包袋的设计和生产变化多样，蕴含着巨大的创意潜力。

箱包设计师

与时装业的其他领域相比，包袋设计的潮流性没那么强，因而压力较小、要求较低，但每个季节也需要制作系列产品，有时候一个季节制作两个，因此每年的系列数量多达十个。包袋设计的前置时间不等，但与服装大体相似，大众市场的前置时间从6周到18周不等。

设计一个包袋单品或者一个包袋系列的过程和服装的设计过程大体相似。设计师或者采购员（取决于商场的类型）会对本季包袋在色彩、廓型和材料方面的潮流进行一些调研。他们会关注在T台成衣系列时装秀上展示的包袋、查看全球商场里出售的包袋（这个任务非常复杂……），并咨询一些时尚预测公司来查验自己的调研和直觉是否正确。他们也会查看其他产品如珠宝首饰和服装，观察潮流趋势是否会反映在包袋设计上。如果包袋由供应商制作，在系列的理念敲定之前会进行一些讨论和商谈。供应商通常服务于多家零售商，并因此成为潮流和理念的真正有效的信息源泉。

一般而言，设计师拥有艺术自由来创造独特的理念和创意造型，或者可能会要求设计师借鉴“名牌”包袋的设计。不论如何，必须始终考虑客户群体和客户对包袋的期望和要求。很多职业人士是设计兼制作者于一身，这取决于所制作包袋的类型，相对比较简单的做法是用自家的一个房间或者共享办公室的空间开始制作自己的系列产品。然后，在互联网上出售自己设计的包袋，在工艺品展会和时装展上进行展示，或者在商品交易会上设展台获取曝光率。

需学习的内容

· 潮流研究
· 准备设计板和情绪板
· 开发设计理念
· 创造客户档案
· 工作图、规格表和材料规格说明
· 版型裁剪技术
· 操作工业化机器
· 熟悉口袋、手柄和闭合件
· 皮革制品

链接

配饰杂志：跟踪业内信息。www.accessoriesmagazine.com

时尚配饰协会：www.acce- ssory-web.com

评分等级

平均薪资：●●●

入职难度：●●●

如何脱颖而出

开始用立体思维进行思考，并在作品集中展示这种能力。

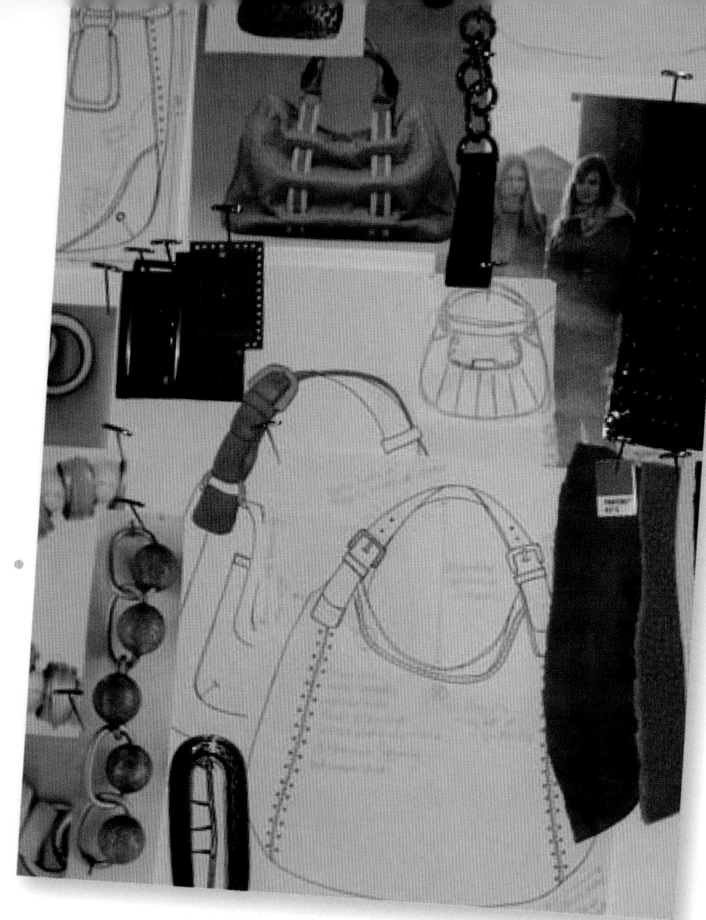

上图：和服装设计师一样，在设计过程之初，包袋设计师利用情绪板创造理念

入职渠道

相关学位虽是前提条件，但配饰或者包袋设计专业并非仅以此作为衡量标准。包袋设计师可能原本是时装或者纺织品设计的学位，在职业生涯的后期从时装业的领域转入包袋设计方向也非常普遍。

最大优势

· 看到他人背着自己所设计包袋的极大成就感。

最大劣势

· 特别是为供应商或者零售商工作的时候，包袋设计过程会比较沉闷乏味。在系列设计获得通过之前要进行大量的修改工作。

所需技巧

· 对纺织品和材料的理解；

· 能够结合客户的审美观进行设计；

· 实用性；

· 对细节的关注；

· 良好的三维立体造型技巧；

· 创意和创新。

一日工作：包袋设计师

安德里亚为自己的公司安德里亚 · 瓦伦迪设计创意包袋。她每天的工作都特别紧张，却富有创意。

上午9:00——去生产厂家寻找材料

安德里亚设计过程的第一步是寻找独特的供产业化使用的材料或者再生循环材料，此外还需构想出材料使用的各种独特方式。安德里亚需关注质地、色彩、柔韧性，在使用方面打破常规。

上午11:00—— 回到工作室

在对材料进行实验、创造别出心裁的造型并探索制作方法的过程中，安德里亚首先需要了解新材料的性能。她将这些与循环使用的上一年结构部件结合起来，绘制了新包的设计草图，并用纸板制作样品来查看效果。

下午2:00——去工厂

安德里亚与技术团队共同研究纸板原型。工厂利用安德里亚带来的材料制作新的样品，并共同讨论结构问题、装饰和闭合件。

下午3:30——与营销经理开会

安德里亚为下一季的系列规划款式数量、最低存货量、价格以及发货时间。对计算机绘制的包袋平面草图进行修改，使其符合系列的风格并予以采用。

下午4:30——与公关人员开会

安德里亚与自己的公共关系团队开会讨论即将举办的慈善时装秀和新闻发布会。安德里亚的包袋将与服装设计师大卫 · 尤（David Yoo）的作品在T台上展出。

下午5:00 ——回到工厂

安德里亚检查新包原型的进展情况。她和版师合作对比例大小进行修正并核准材料的使用。要求工厂制作最后的样品。安德里亚根据成功的理念创造一个组合，将其他的设计方案具象化，并和技术团队一起着手将理念付诸于实践。

下午6:00——回家

回家换装准备参加为美国心脏协会举办的慈善活动。在这个活动上，安德里亚的包袋得到展示并以无偿拍卖的方式出售。她将接受媒体的访问，与潜在的买手联系，同时为慈善事业做出贡献。

第三章

纺织品

纺织造师业与十年前已大不一样。经历了大浪淘沙的公司都经过市场竞争的洗礼并通过改变自身适应了市场需要。美国的产业如今更注重销售而非制造，更注重高端奢侈品和小众商品而非大众市场产品。

纺织业的衰落究其原因在于成本，主要是劳动力成本，而场地、原材料和运输也占了一小部分的支出。实际上，全世界都已经意识到远东和南亚地区的工资水平远低于美国或欧洲。他们发现即使运输费用增加，还能以前所未有的低价生产大量服装，随着市场竞争的日益突出，这也是极大优势。考虑到在海外制造服装，零售商就会考虑在本地寻找原材料，这样不仅生产原材料的成本降低了，还节省了运输费用。这一现象导致了美国纺织业和欧美服装制造业的逐渐衰落，很多公司关门倒闭，如今纺织业的规模与20世纪七八十年代相比已大量萎缩。

但情形似乎有所改观。首先，因为工资的增长、资源缺乏造成海外原材料价格上涨，发展中国家和美国的生产成本的差距逐渐缩小。高端奢侈品牌以拥有美国本地供应商为豪，而客户也对美国本土工厂和本土产品更有信心。纽约有一个“拯救服装中心”的倡议，设计师和其他感兴趣的人士尝试将某些区域“地标化”，并补贴房租，以保留本地工厂，保证本土人员的就业率。

公司对这类需求的增长甚是欢欣，但其对应政策还是比较谨慎。首先，美国国内的基础设施已不如从前，无法强势回归。机械设备和工厂规模不够大，不够现代，无法应付大规模生产，而且在多年的裁员后，雇主在聘用大量新员工时势必动作缓慢。纺织服装行业的工作角色多种多样，从主流工作到小众化的工作应有尽有。对梭织和针织面料而言，设计是制造过程的一部分，在面料制成之前对色彩和图案进行设计和选择，面料和设计成为一体化的过程。而对其他纺织品而言，这两个过程是分开的。首先制作面料，然后纺织品设计师创作图案，该图案印制或者缝在面料上，纺织业内仍然有很多手工艺设计师，但主流设

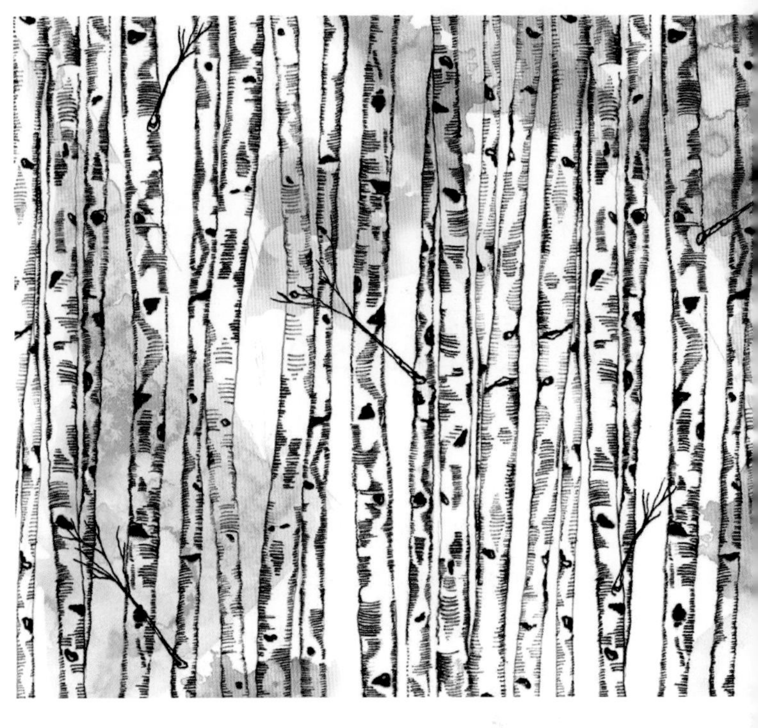

下图： 工作中的纺织品设计师

右图： 杰西卡·斯图尔特·克伦普设计的印花图案

计师多转向计算机辅助设计以节省时间和金钱。

对纺织品的保护和修复是有关现存纺织品的主要工作，要么采取措施保持纺织品的现有状态，要么尝试将纺织品恢复到其原有状态。

入职渠道

以上所提及的大多数领域需要相关专业学位。在拿到薪酬之前很有可能不得不从事一段时间的无报酬工作。

最大优势

· 创意性；
· 设计过程的早期就让人很有成就感；
· 常被认为是时装业节奏较慢的工作。

最大劣势

· 常常是自由职业的工作，可能并不适合所有人；
· 竞争性大，通常需要无报酬的工作经验。

所需技巧

· 对纺织品的热情；
· 对色彩的鉴赏力和良好的色彩感；
· 创意；
· （从事自由职业时）进行自我推销的能力；
· 一些财务技巧；
· 对不断变化而且不稳定的工作模式的适应能力。

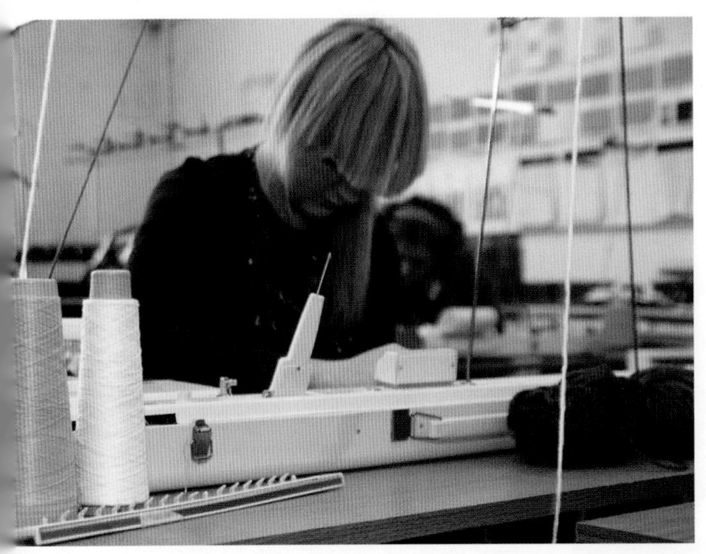

链接

表面设计组织：由纺织品从业人员、工作室艺术家、企业设计师、教育者、技术员、策展员和画廊业主成员组织。www.surfacedesign.org

美国纺织品协会：为全球范围内纺织品信息的艺术、文化、经济、历史、政治、社会和工艺的交流和传播举行国际论坛。http://www.textilesociety.org

时装零售商、面料生产商和印制公司或者室内设计和生产商会聘用印花设计师。时装业越来越承认图案的重要性，关系着服装的成败。

Smart Print Designer

Employer: Liberty Recruitment
Position type: Permanent
Job function: Design
Sector: Womenswear
Salary $80,000

A rare opportunity has arisen within a leading fashion ladies' retailer for a senior-level Print Designer to join their dynamic team! Focusing on Smart Prints specifically, you will be responsible for designing prints for Fashion Formalwear (i.e. not suiting-specific)—whether that be for Jersey or Wovens—to appeal to a fashion-conscious customer. You will be working closely with the Casual Print Designer, together devising a print strategy for forthcoming seasons.

印花图案设计师

通常买手会为印花设计师提供设计概要，但设计师会以自己的方式和风格对其进行诠释。买手所提供的概要可能比较宽泛。例如，买手可能要求与20世纪50年代怀旧的风格相符的东西，也有可能同时向设计师提供一个色调和一些面料小样。然后印花设计师会对市场或者去海外进行调研。随后，印花设计师勾画出一些设计草图，交给买手，双方达成一致意见之后，设计师会使用Illustrator或者Photoshop更为细致地绘制设计图。设计作品签字验收后，需准备生产备用的工艺图。这是一个复杂棘手的过程，设计师必须同时具备技术和艺术能力。根据设计图案的类型，如循环图案、半格图案、定位图案或者花边图案，工艺图的表现形式各不相同。

如今，面料的生产通常在海外进行，如中国和孟加拉国，因而印花设计师常常需前往海外工厂或者通过电子邮件完成全部工作。

并非每个设计公司、生产商或者零售商都拥有内部的艺术设计人员。从事自由职业的艺术家和印花设计师们常常将自己的设计作品出售给独立工作室（如Style Council, Inc. 或者Tom Cody Designs）。这些艺术工作室是代理了大量的艺术家，将他们的原创作品出售给设计师、生产商和零售商，因为他们认为这些作品能塑造出自己独特的风格。图案设计售出后，艺术家和艺术工作室收益分成。艺术工作室会委托艺术家进行图案设计，或者干脆为工作室全职工作。大多数准备工作用CAD（计算机辅助设计）进行，这样对作品的修改和调整更为高效便利。

在大型印花展上，数量众多的艺术工作室会展示自己的作品系列，如“印花源展”（Printsource）在纽约一年举办三次，为设计师、零售商和生产商提供服务。

入职渠道

印花图案设计师的背景多种多样，所接受的培训可与图形设计、表面设计、美术、插画或者时装设计相关。在修读学位课程的过程中所获得的无报酬经验常常会为你的带薪工作奠定基础。

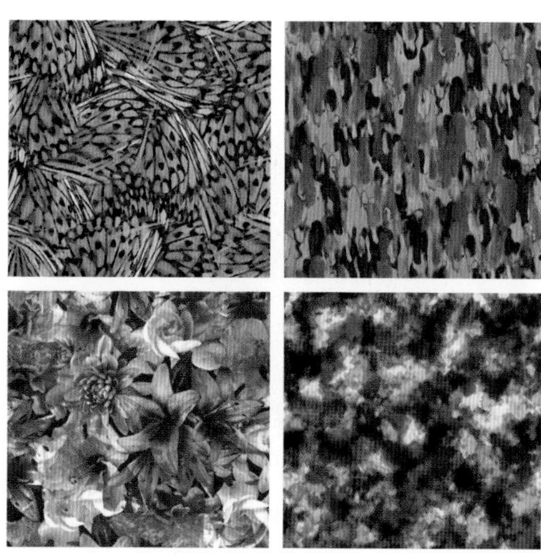

左图：达文娜·内森的印花工作室
上图：安娜·罗梅罗的印花图案作品

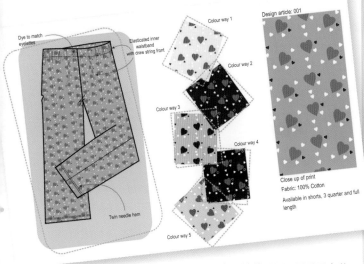

图案设计效果图，展示了多种色彩方案以及可能的最终用途

案例分析

吉妮是英国一家连锁品牌的印花图案设计师。

吉妮本科专业为多媒体纺织品，主要涉及不同材质的表面设计，包括面料、木材和皮革。随后吉妮向一家时装供应商求职，并获得平面设计的职位，为Top Shop和其他大众市场零售商提供平面印花设计。虽然并非十分享受在该公司的工作，但她认为这份工作的确非常有趣。

工作几年后，吉妮决定去伦敦攻读未来纺织品的学位课程。这个课程非常难，但很有趣，对纺织品有了一种不同的认识；而且伦敦也是时装业重镇。在学习过程中，吉妮获得了与许多不同设计师共事的工作经验。在此期间，她努力建立人脉关系并积累了丰富的经验。

最后她获得了尼桑公司的工作职位，为车辆进行内部设计。这份工作的节奏慢得多，让她很快认识到自己想念时装业的生活。因此，在申请、再申请之后，她获得了亚历山大·麦昆品牌设计团队的职位。这个职位的工作环境相当艰难，但是她觉得工作很有启发性并在此完成了自己的一些最为出色的作品，最大的亮点就是她的一些设计作品在米兰时装周的T台上得到展示。

后来，她成为“新风貌”（一家英国大众市场连锁店）的印花图案设计师，并工作两年多了。她给希冀在时装业崭露头角的人士的建议是：“建立人脉关系，建立人脉关系，还是建立人脉关系！”

最大优势

· 富有创意，可以将自己的风格和个性倾注于自己的设计作品；

· 见证自己的设计作品穿在他人身上。

最大劣势

· 作为艺术家，希望自己的设计作品完美无缺，但是作为印花图案设计师，没有足够的时间精益求精，因此常常需要长时间工作。

所需技巧

· 对时尚的热爱；

· 对色彩的出色鉴赏力；

· 对服装及其结构的理解；

· 良好的艺术才能才华。

需学习的内容

· 印花图案设计

· CAD、Photoshop，Illustrator、U4ia

· 色彩、不同的工具

· 艺术史

· 绘图、绘画和效果图技巧

链接

美国纺织品染化师协会(AATCC)：世界上主要关于纺织品设计、材料加工和检测的非盈利性专业机构。www.aatcc.org

印花源展（Printsource）：纺织品表面设计的商业展览会，每年在纽约举办三次。www.printsourcenewyork.com

专业图形联想协会（The Spectarty Graphic Imagine Association）：为数码印花和丝网印花业提供支持。www.sgia.org

评分等级

平均薪资：● ● ●

入职难度：● ● ●

如何脱颖而出

画图，画图，画图！一些生产和设计工作并不重视画图，但在这个领域，通过大量的艺术图案绘制才能令你脱颖而出。

绣工艺已有数百年的历史。如今，印度仍有不少人从事手工绣工作，也可以用计算机辅助设计软件和机器来刺绣。

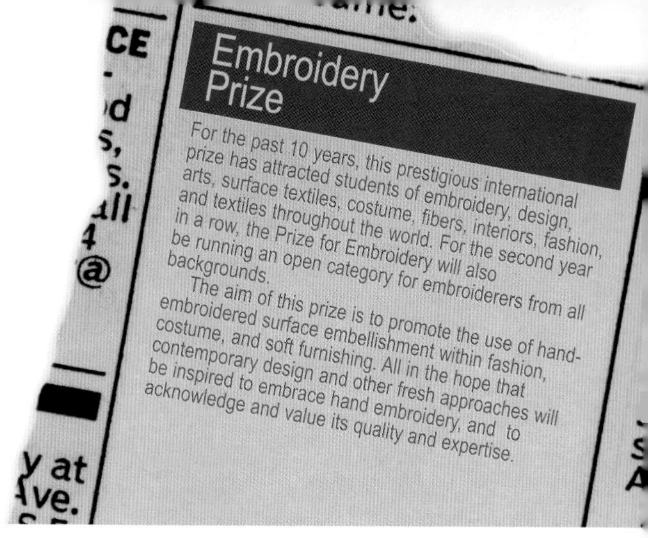

刺绣设计师

刺绣设计师通常是自由职业者，接受特定的委托工作。有些人会与特定服装设计师或工作室密切合作，为其服装和配饰提供设计作品。有些是专营商设计兼制作者，在艺术品市场或者网上出售自己的产品。除了时装业，刺绣设计师也为其他商品进行设计工作，包括软装饰和装饰品。

创作过程

许多刺绣设计师仍然沿用传统的"刺和顶"的刺绣方法。透过纸张上的小孔使用精细的滑石在面料上勾勒设计图。如今，大多数刺绣设计师使用更快更高效的方法，用CAD软件创作设计方案，直接在面料上绘画，高科技的缝纫机也能够制作极为精细的刺绣图案。

很多时装设计师在服装系列中使用刺绣和装饰手法，但不是真正用针绣出来的。艺术家和设计透彻掌握刺绣知识，同时对花型和位置有着极为敏锐的眼光，他们用草图的形式开发出漂亮的刺绣图案稿，并细致描绘刺绣中使用的针法、技法和色彩。这些内容会放在规格包里送往印度或者中国，在那里制作刺绣样品。

传统装饰工艺开始复兴。著名的莱萨格绣工坊（House of Lesage）制作了很多精美的刺绣和钉珠作品，运用于香奈儿、朗万和迪奥的高级定制女装。也有经过严厉选拔的学生在让·弗朗哥斯·莱萨基（Jean Francois Lesage）的指导下学习，来传承其悠久的装饰艺术史，以确保他的工坊永葆这一艺术形式的巅峰位置。

技法

刺绣是技巧性极强的手工艺术，有很多种不同的技法。最简单的针法包括绞花、挑花（十字绣）和锁边绣，较为复杂的针法包括纳丝和铺绒。还可以学习丝带堆绣、刮绒、影金和挑花或者专攻诸如贴花、手绘和钉珠技术。

入职渠道

理想的情况是拥有一个刺绣方面的学位或者其他一些较高等级的资格证书。然后就可以开始进行联系，让别人对你产生认知。

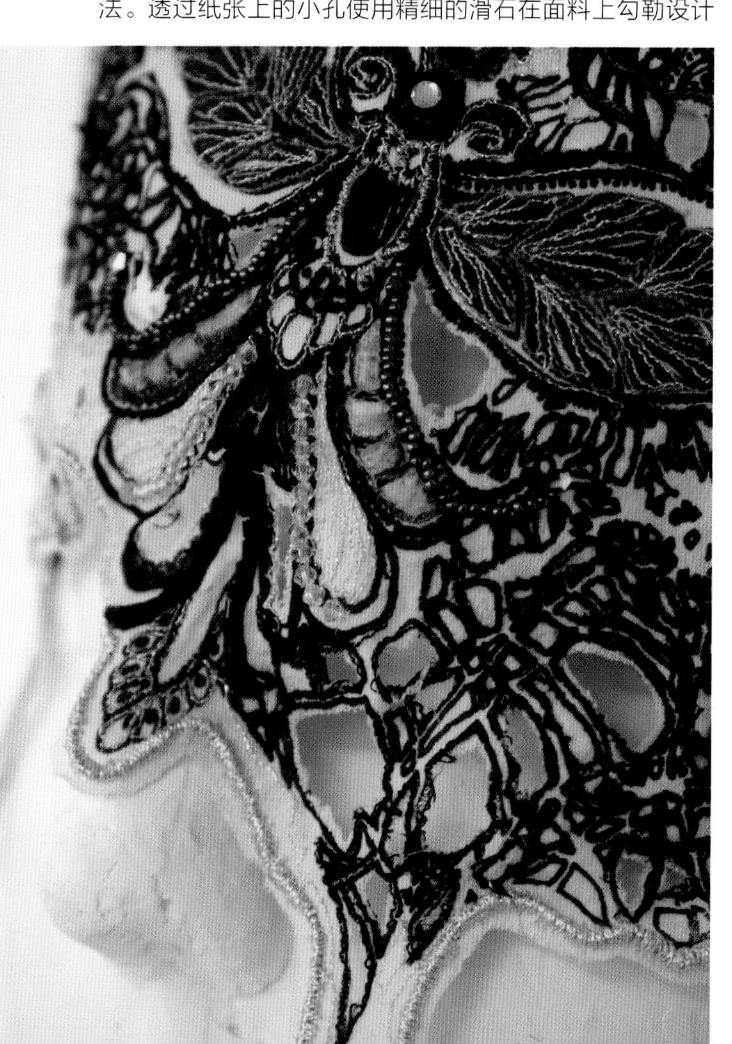

手工刺绣是非常有技巧性的辛苦工作，因此越来越多的刺绣作品由海外机器进行大规模生产

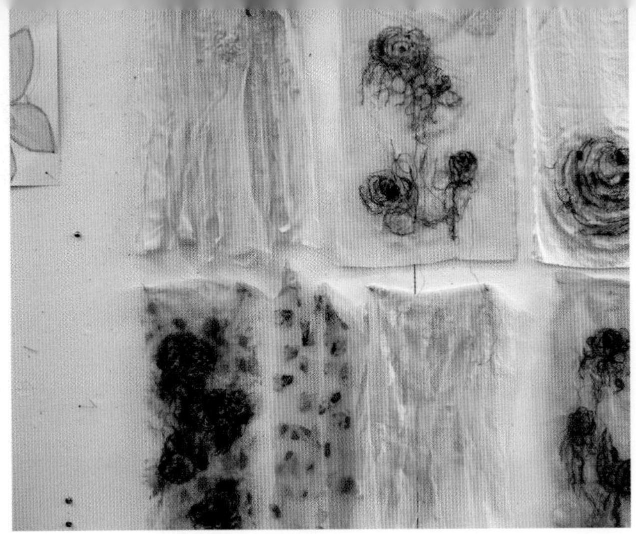

上图：将刺绣样品挂起来进行比较

最大优势

· 享受刺绣的过程，运用自己喜欢的面料；

· 见证自己的辛苦劳动终于有了成果，非常有价值。

最大劣势

· 有时候工作具有重复性，会很单调，如制作大量完全一样的产品，或者在同一件产品上重复使用某个图案；

· 对这种手工艺的需求也依赖于时尚潮流。而且同样随季节性而变化。在有的系列中，这种手工艺无处不在；而在其他系列中，它又会销声匿迹，需求并不稳定；

· 几乎所有的刺绣产品都在国外制作，通常在印度。

所需技巧

· 耐心必不可少。刺绣是耗费时日的艰辛工作，如果开端不顺就必须拆掉从头再来；

· 极其精确；

· 手法灵活；

· 关注细节；

· 一丝不苟的标准。

案例分析

安妮特既是绣工又是老师。

最初，是安妮特祖母和母亲教会安妮特刺绣的，她们都是热情的刺绣业余爱好者。但她从来都认为刺绣不过是一个兴趣爱好，所以她大学学的专业是生物学，然后完成了教师培训课程并当了好多年的高中理科老师。但刺绣一直是她的最爱。她的专长是珠宝首饰，很快朋友们就请她制作手镯或者胸针，然后又请她为自己的朋友或者同事制作，逐渐地她建立了自己的副业。

随着业务的一点点地增多，她发现自己非常忙碌，而且感觉十分沮丧，因为她没有时间按自己所想进行自我提高。所以，过了一段时间之后，她下定决心进行冒险尝试，将自己的授课时间缩短为一周两天。“我尚未准备好完全依靠刺绣的收入过日子，但我知道如果依然全职进行教学工作，就没有动力开拓自己的业务，因此兼职工作是完美解决方案。”

富余时间增加后，安妮特开始考虑在更大范围进行自我推销的方法。她建立了一个网站，通过网站出售一些作品。在圣诞前夕，她会在本地工艺品市场上设置摊位。“这份工作永远不可能让我大富大贵，但是自己的设计作品赋予我那么多的快乐，让我永远不会放弃。”

需学习的内容

· 金丝绣
· 钉珠绣
· 双线绣
· 刺绣针法技巧
· 时装史
· 起稿与效果图表现
· 面料处理

链接

美国绣工会：推广传统绣工艺。www.egausa.org

刺绣行业协会：为商业刺绣设计师和供应商服务。www.embroiderytrade.org

席弗里刺绣和蕾丝协会：代表North Hudson Corridor刺绣实业。www.schiffli.org

评分等级

平均薪资：●●●

入职难度：●●●

如何脱颖而出

确保自己拥有多种其他技能或者副业。这份工作很有可能不稳定，工资也不高。

美国的织造师几乎都从事个体经营。一些织造师使用软件，也有一些织造师青睐手工编织。这样他们能够对各种变化进行实验，观察色彩、纱线或者松紧度之间的微妙差别。

织造师

织造师对某个设计感到满意的时候，他们会将纱线、制作指南及技术说明交给工厂。工厂完成这一部分的工作后，将织好的布料送出去进行最后加工，如水洗、压平来确保张力均匀。然后面料被送回工厂，在工厂进行裁剪后送交设计师。

织造师既可以是设计师也可以是工艺师，完成委托任务并在工作室或者网络出售自己的冠名作品，或者为时装工作室或者零售商创作编织作品。织造师也可以制作出更具艺术气息的产品，在画廊或者墙上进行展示。很多艺术家以这种方式工作。

如果有的艺术家希望找到稳定的职位工作，这种机会也是有的，但很多最初学习织造的人最后都在从事相关的工作。这些工作要求对织造有较深的理解力，如面料买手或者纺织品生产监管。

入职渠道

通常拥有纺织业的学位是起点，然后寻找带薪全职工作或者进行个体经营前获得一些工作经验很有好处。

案例分析

埃莉诺是个织造师，但她的业务有两个十分不同的分支。一方面，她是自主经营的纺织品设计师，制作并出售冠有自己名号或者作为其他设计师系列产品一部分的毛毯和其他产品。另一方面，她也接受商业委托工作。

埃莉诺本科学的专业是历史。几年后，她决定回到大学攻读纺织品专业。她学习了很多技术，了解了所有过程，但也许最为意义重大的是她敢于自主选择自己喜爱的人生。她有幸在法国的“第一视觉面料展”（Première Vision，法国的前沿国际面料展）展示自己的毕业系列设计作品。在此，她获得克里斯汀·拉克鲁瓦品牌的青睐并应邀为其冬装系列设计外套面料。

在这个精彩开端之后，她加入了为设计兼制作者提供支持和实际帮助的两个机构，然后开始创作自己的设计作品，同时与成衣品牌合作，赚取收入。

最大优势

· 织造和印花设计的区别之一在于设计、图案、色彩和面料完全同时进行，这是一个神奇的过程。

最大劣势

· 作为自由职业者只能勉强糊口。

所需技巧

· 对色彩和图案的鉴别力；
· 管理时间的能力；
· 对财务、定价和营销的了解。

需学习的内容

· 传统工艺过程
· 新技术
· 理念和想法
· 色彩认知
· 线纱的特点

链接

全国纺织品协会：提供巴黎主要国际纺织品和面料展的信息。www.national-textile.org

纺纱和织布协会：其宗旨是推广手工纺织和编织的乐趣，并确保市场的活力。www.spinweave.org

评分等级

平均薪资：●●●

入职难度：●●●

如何脱颖而出

去米兰（面料中心）获得一些工作经验。在织造方面敢于试验，作品独特，制作出自己的创意作品。

远东地区的低工资水平对纱线行业内产生了巨大的影响。存活下来的公司倾向于为特定专业市场制作产品或者专注于纱线的销售；几乎所有公司的规模都大幅缩水。

纱线供应商

因为并非属于劳动力密集型产业，针织依然是美国少数几个充满活力的制造领域之一。纱线业的大量工作都与色彩有关，而制作过程通常在服装季的前18个月，此时，设计师构想出新系列的色彩。新系列基于趋势预测员提供的情报（如“棕色是新的流行时尚”）和以往销售数据的分析结果（如“那种粉色的服装卖不动”）。然后，设计师就让海外工厂根据色彩设计制作一些样品。

工厂会进口所需的羊毛，然后开始去除杂质。接着混合多种不同的色彩，获取正确的色调后进行染色。然后，对羊毛进行梳理，即将其置于铺满金属线的滚筒，去除植物性物质，接下来就可以开始纺纱了。纺纱工作完成后，将线纱缠绕于锥体上，发给分销商。

新线纱的样品会制成一个色卡，将系列产品在贸易展会上推出。两大最为著名的展会在意大利的米兰和佛罗伦萨。生产商、零售商和时装公司会参加展会订购线纱，供应商也会将色卡按照邮寄清单寄给小公司和针织或者梭织行业的专营商。

入职渠道

获得相关学位，专业可以是纺织品、营销、生产或者设计。在大范围领域的大量工作经验很有帮助。然后接受任何能让你迈出第一步的工作。

最大优势

· 纱线供应商的工作非常有趣。每一天都是新的，因为你是向终端用户出售产品；

· 与很多小企业和个体自由职业者共事，所以人际关系通常非常紧密。

最大劣势

· 在过去的10年间，媒体对纺织业的报道大量都是负面的，所以媒体的态度会令人非常沮丧；

· 可能需要到海外工作来开启职业道路。

所需技巧

· 对色彩和设计的鉴赏力；

· 人际交往能力；

· 适应性。

需学习的内容

· 原材料
· 设计开发
· 生产
· 平面设计和3D设计
· 色彩
· 商务知识

链接

美国纺织品协会：www.nationaltextile.org

合成线纱和纤维协会：提倡合成线纱的使用和改良。www.thesyfa.org

We Connect Fashion：提供行业常规信息。www.weconnectfashion.com

评分等级

平均薪资：●●●

入职难度：●●●

如何脱颖而出

要准备长途旅行去机遇之地，不论是米兰、土耳其还是苏格兰的乡村。学会梭织或者针织，这样才能创造性地使用纱线，充分发挥你对纱线质地和色彩的热情。

时装和纺织品修复员的职责是保护或者保管织物。管理员通常供职于存有织物藏品的博物馆。

纺织品管理员

有一些私人公司提供纺织品保护的专业知识，还有一些职业人士从事自由职业工作，再有一些人受雇于拥有藏品的组织机构如博物馆。他们所供职的机构，可能会包括500年前到现代的服装以及挂毯、家具和其他纺织品。

这个过程通常是首先与馆长会面，确定特定的物件及其展示方式。然后，管理员就需要采取何种措施以及面料所能承受的处理方式做出决策。物品可能需要清洗，因此管理员需要就最适合的清洗方式作出判断，不论是湿洗、干洗或者用溶剂清洗。下一个阶段通常是考虑物品所需的修复，看看是否有需要处理的裂口、破洞或者薄弱之处。接着，修复员需为每件物品找出最佳的处理方式，需考虑物品是否应黏贴、缝补在一起或者附在里衬上。

这是科学性非常强的工作，必须了解不同面料在不同条件下的反应。

这种工作都必须在规定的时间内完成。修复员可能会提前三年时间开始某个系列藏品的工作，这个系列可能需要查看多达100件物品，而同时需满足博物馆所有其他要求。因为一定时间段内所完成的工作量是有限的，因此所做的决策必须从实际出发。

管理员的其他工作职责包括对撤展的服装进行包装收藏，并处理准备借给其他博物馆的物品。这是科学性非常强的工作，必须了解不同的面料在不同条件下的反应以及染色的过程。了解不同面料的特性以及在经过很长一段时间后它们会如何反应也非常重要。例如，你应有能力识别混纺织造法并能够区分亚麻和黄麻。

入职渠道

必须拥有涉及纺织品保护的相关硕士学位，或者学习织品保护方面的课程后并拥有在某家博物馆的实习经验。偶尔也会有职培训的机会。化学专业的背景也非常有用。

左图： 伦敦维多利亚阿尔伯特博物馆（V&A）的纺织品保护工作

案例分析

温迪在伦敦的维多利亚阿尔伯特博物馆担任纺织品修复员已有12个年头了。

温迪进入这个领域的方式非常不同寻常。她16岁从学校毕业后开始了平面设计师的职业生涯。在某种程度上，她非常享受这份工作，但很快就明白这并非她希望终生追寻的事业。她认为自己对修复和保护工作非常感兴趣，并从曾在V&A博物馆工作的人那里了解了工作的相关细节。她与博物馆的工作人员取得联系，最后获得了三年的学徒机会。

自此之后，温迪在各种不同领域担任修复员工作，然后又回到了V&A博物馆。如今她已经在此工作了很长一段时间，虽然她一直觉得是时候做出改变了，但她实在无法想象在别处工作会是怎样。吸引她在此工作的最主要原因是博物馆内的专业知识。她与世界上最出色的一些技术员和馆长们亲密合作，而且有机会处理他们的时装和纺织品藏品中的一些精致物品和服装。对希望进入该领域工作的人士，她的建议是：获得相关资格证书，然后获取尽可能多的工作经验。

最大优势

· 工作具有极大的多样性。可能今天处理的是一双科普特人的短袜，明天就是航空服和从15世纪到本季最新T台代表作的服装。

最大劣势

· 工作有点无趣，可能会连续数周整日缝补同一张挂毯；

· 担负的责任重大，因为可能需要处理拥有数百年历史的珍贵物品。

所需技巧

· 手工技巧；
· 色彩搭配能力；
· 实际的解决问题能力和逻辑应用能力；
· 耐心；
· 规避潜在灾难性问题的快速思考能力；
· 一丝不苟的工艺技术。

需学习的内容

· 纸样裁剪和结构设计历史方法
· 缝纫技术
· 紧身衣和衬撑
· 制帽
· 表面和装饰工艺
· 印花和染色

链接

美国历史和艺术作品保护协会（AIC）：www.conservation-us.org
修复在线：http://cool.conservation-us.org/
纺织品修复员邮件地址清单：http://cool.conservation-us.org/byform/mailing-lists/texcons/
北美保护毕业生项目协会(ANACPIC)：www.ischool.utexas.edu/anagpic/index. htm

评分等级

平均薪资： ●●●
入职难度： ●●●

如何脱颖而出

应学习如何处理珍贵物件。它们非常珍贵，所以你必须具有耐心并充满信心。

第四章

生产

“时装生产”涵盖将原材料转换为成品服装的所有过程和技术。这些过程会非常复杂，因此使用的材料多种多样，需要进行多种不同处理。

生产环节的研究和开发工作至关重要，因为时装业内的竞争极为激烈，利润很低，因此，加快制作过程、降低其成本的任何进步手段或者让服装更加好看、更耐穿、更吸引人的东西都价值不菲。

过程

原材料可以是天然材质的，如棉花或羊毛，也可以是人造材质的，如尼龙和氨纶。有些如皮革只需按照大小要求进行切割；大多数需要先制成线纱，然后通过梭织或针织制成面料。人造纤维是连续不断的线，剪断即可，而天然纤维呈短短的一缕缕状，需要纺制成纱线。

如果材料属于天然材质，纤维或者纱线需进行清洗和化学处理来清除其中的植物成分或者其他成分。

大体上染色工作可以在制作过程的任何阶段进行。纤维、纱线或面料本身可以用自然方法染色，可以在纺织阶段添加图案或者随后由面料商印制或缝制上去。染色的不同方法各有利弊。所做的染色决定应根据成品面料的价格和品质而定。

纺纱、梭织、针织和染色的工作可以由同一家公司实施，也可由不同公司实施。目前所描述的制作过程构成了将纤维制成布匹的纺织品制造业。业内此部分的工作通常需要大量资金投入，因为这些工作一般都要求拥有大型的昂贵机械设备。

采购

采购在生产制作过程中起着极为重要的作用。美国生产商或者零售商的生产团队必须对每件服装进行评估，并根据对世界各地工厂能力的了解选择制作服装的工厂。例如，如果需要“大量使用缝衣针”（大量刺绣缝纫技巧），服装可能选择在香港或中国大陆制作。如果服装需要大量手工装饰，那么会送往印度制作。生产团队的工作人员周游世界各地的工厂，就价格和发货时间进行谈判，并检查工厂所制作产品的质量。有时候，公司会聘请产品生产国当地的生产监理，这样，美国生产团队离开之后，他们会继续进行协商谈判和产品监督工作。整个过程是一个团队协作的过程，目标是以最优价格在合理的发货时间内提供质量最佳的产品。

准备发货的线纱

服装制作

这个过程的第二部分为服装制作。设计师完成设计方案后，样板师开始样板制作和放码工作。专业人士会受雇于制造公司、设计公司或零售商。面料需要剪裁、缝制各部件、添加装饰和后整理。产业的服装生产工作越来越自动化，但总体上还属于劳动密集型非常强的工作，这也是将生产大规模转向海外工厂特别是远东和印度地区的原因之一。

使服装更好看、更耐穿或者更迷人的任何进步都价值不菲。

背景

20世纪70年代，美国从事纺织业和时装业工作的人员多达2400万。到20世纪90年代中期，这个数字变成了1500万。39%的下降比总体制造业的工人要高出很多，这与同一时期工人就业率的巨大增长形成鲜明对比。而且，纺织服装业的失业现象似乎会继续恶化，这一趋势或许将长期持续下去。

纺织生产过程大多涉及重型机械的操作

Charlotte
KAREN MILLEN
DESIGNER: NICK
SUPPLIER: SAKAURA
CLOTH & QUALITY:
COMP:
WIDTH: WEIGHT: COST:
OTHER GARMENTS IN COLLECTION: SKIRT
UK PATT
STYLE NO: DH133
STYLE NAME: DRESS
FF
CMT
BASED ON:
STORY NAME: METROPOLITAN
COLLECTION: MATT & METALIC PANELLING
SEASON: AW09
RETAIL MONTH: AUGUST
FACTORY PATTERN
SPEC REQ
Based on D4078
TRIM CLOTH:
SUPPLIER: QUALITY:
PRICE:
LINING
BUTTONS
ZIPS
COMP:
WIDTH:
METALWORK
STITCHING
OTHER
SIGNED:
AMENDMENTS
DATE:
1
2
3
DATE
DATE
DATE

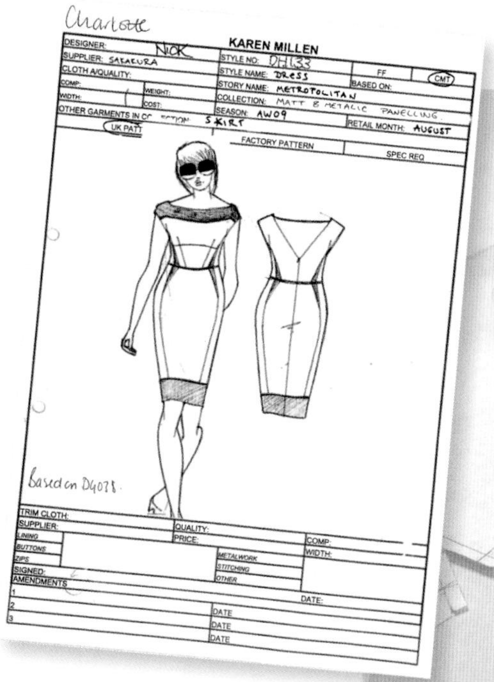

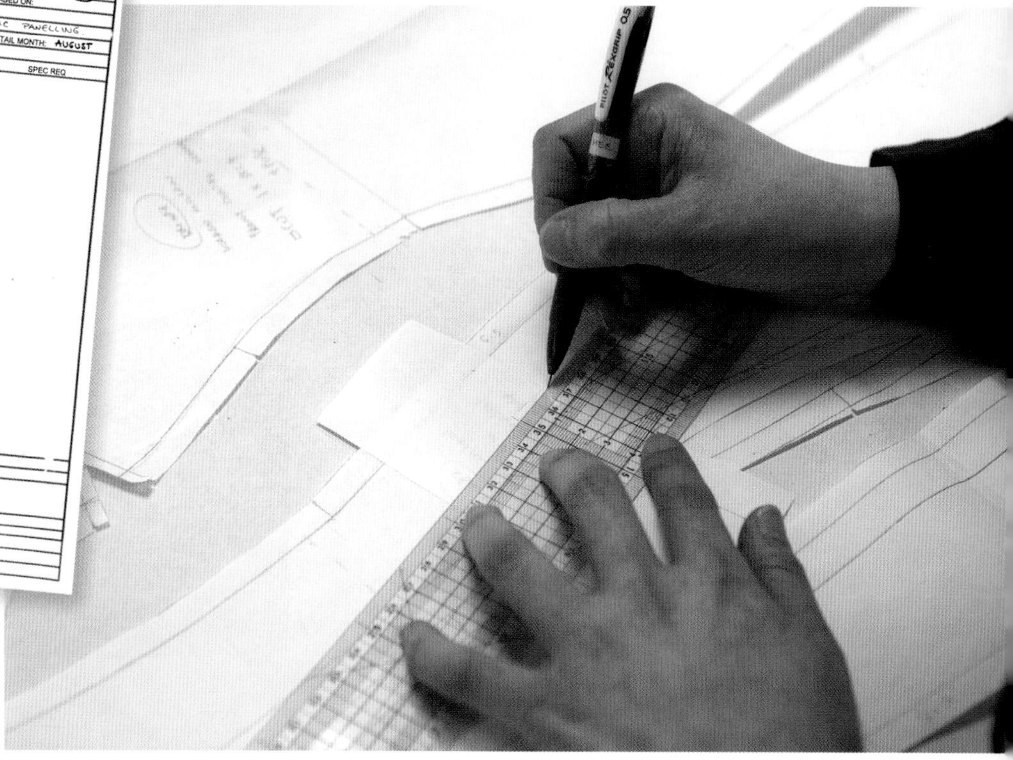

上图：卡伦·米伦设计作品的工艺单

当前趋势

当前这种趋势似乎有逆转的迹象。海外工厂的工作条件被大量曝光，特别是关于童工、健康、安全以及最低工资方面的报道。许多大众市场零售商发现销售额在一定程度上与对员工的关怀息息相关。其他新兴的趋势是生产对环境影响程度的关注，鼓励零售商在当地购买原材料，以减少碳排放。

工作角色

这个领域的工作角色分布于生产过程的不同部分。可能会受雇于制作纱线、染色或者制作服装。生产过程的不同阶段会聘请技术员和专业研发人士，每个阶段需要项目经理、技术员和销售经理。

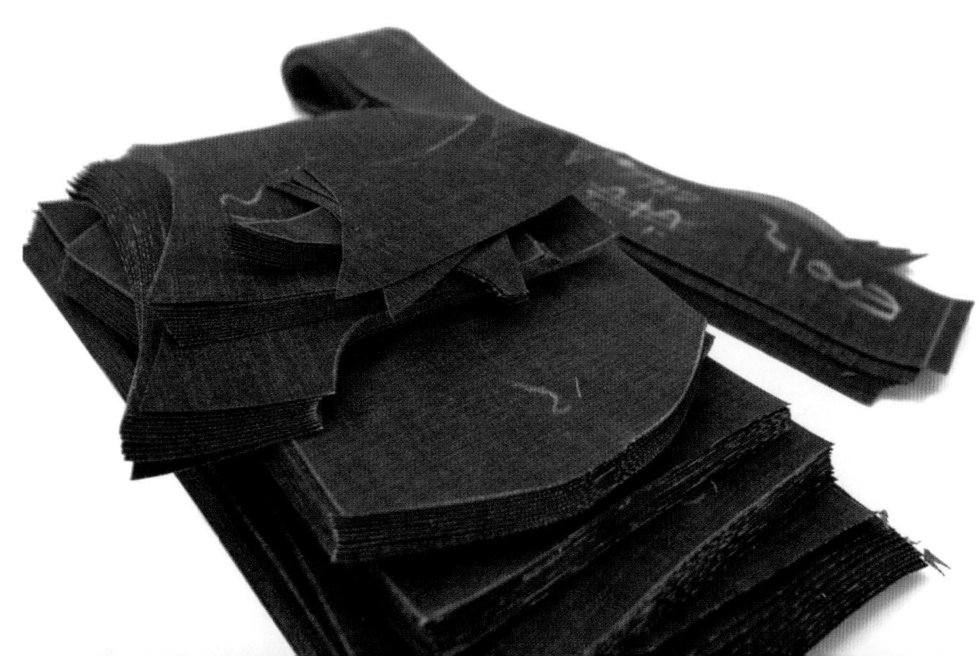

排料师运用软件，确保面料高效裁剪，最大程度地减少浪费

左图：样板制作需要对细节的极大关注

右图：计算机辅助设计在业内的重要性日渐增加

入职渠道

Stylecareers.com或者当地报纸上会刊登一些有关学徒机会的广告。也可以与工厂直接联系或者利用职业中介看看有哪些初级职位的空缺。

最大优势

· 从纤维到面料，从面料到服装，这几乎是个神奇的过程；

· 工作成果触手可及；

· 经常有机会旅行、在国外工作和生活；

· 比起业内其他领域的工作竞争性稍小。

最大劣势

· 美国本土的工作机会比较有限。很多人职业生涯的一部分时间会在海外度过。这并不适合所有人和所有人的生活方式；

· 这些是非常务实的角色，运用创意技巧的机会比较少。

所需技巧

· 务实；

· 手巧；

· 快速细致工作的能力；

· 有些职位需要相关学位；

· 也可以在工作中学习技术；

· 对细节的关注；

· 良好的人际交往能力。

链接

美国服装和鞋业协会：代表服装、鞋类和其他缝制公司和供应商。http://www.apparelandfootwear.org/

Stylecareers：时装业职业网站。www.stylecareers. com

《女性时装日报》：美国时尚杂志。www.wwd.com

生产经理监督整个服装生产过程的方方面面。这涉及估计面料用量、采购面辅料，并确保服装按时间要求、按标准制作完成并按照要求发货。

生产经理

服装制作的实际过程非常复杂，但是从设计稿到真正的产品这个过程令人觉得不可思议。服装生产的过程与时装设计的年度周期是一致的。

生产部门工作人员的时间安排各不相同，取决于所制作服装的类型以及客户对象。但是一般来说，生产过程可能提前一年开始启动。客户会提供一个设计概要，大体说明本季节服装的特性以及服装所需反映的潮流趋势。生产经理将与自己的团队合作，对客户的设计概要提出相应的策略并提交客户审议。生产团队会对设计概要做出反应，尝试对其进行发展开发并提供自己的意见。他们会亲自调查市场，利用从购物经历和其他客户那里收集的信息并提供多种策略供客户选择。

如果客户已经有自己的定稿，那么工厂可以直接进入样品生产阶段，但客户也可能会听取多家不同生产公司提供的策略报告，因此生产经理可能会与客户进行谈判，而工厂与工厂之间形成竞争，这样客户能以最优的价格获得理想的生产方案。一旦获得认可，生产经理会向工厂递送产品概要获得根据既定明细规格制作的产品样品。客户可能会提供面料、纱线或者供应商根据客户的要求自行采购。

生产经理会与包装设计团队合作，决定使用何种包装，在标签上书写何种文字（这有时候会外包给某家特定的包装公司）。

工厂将样品制作完毕后，生产经理将其递交给客户，然后客户会做出一些改动并就是否开始生产做出最终决定。

如果订货进展顺利，生产经理就委托工厂制作12件左右的服装，然后将其送交服装测试员。他们将试穿服装产品并就其合体度和舒适度提出反馈意见。如果这个阶段按计划顺利进行，生产经理和技术总监将与客户召开签约会议并开始大批量生产。很多生产商和零售商都设计自己的产品且拥有自己的生产经理和整个生产团队。这些生产经理的工作方式与工厂里的生产经理一模一样，需要分析服装和为服装定价。他们与工厂经理们进行协商为特定服装寻找最佳定位，还与设计师、企划师和买手亲密合作，确定服装的细节和装饰，确保生产的服装严格符合工艺要求。

需学习的内容

· 服装制作
· 商务课程
· 纺织管理
· 生产过程

链接

美国服装和鞋业协会：代表服装、鞋类和其他缝制公司和供应商。http://www.apparelandfootwear.org/

Stylecareers：时装业职业网站。www. stylecareers. com

《女性时装日报》：美国时尚杂志。www.wwd.com

评分等级

平均薪资： ●●●

入职难度： ●●●

如何脱颖而出

学一门外语，大多数的服装和配饰都是在海外生产的，如果你会印度语、土耳其语和中文，你的机遇将大幅增加。

入职渠道

需要相关学位。这个行业对技术专业如纺织品管理专业的毕业生更感兴趣，而非设计专业。很多生产经理的职位都在海外，所以，如果你准备在海外待一段时间，你的机会会更多，与时装设计领域的工作相比，竞争没有那么激烈。职位申请人也少很多，所以无报酬工作经验虽然也很有用，但并非必要。

最大优势

· 如果你热爱创作，将平面的东西转换成立体的或者将纱线制作成服装会非常有意思；

· 生产经理会从实际工厂——行业的核心处工作，获得真正的成就感。

最大劣势

· 当前美国的生产行业比较薄弱，虽然有大规模回升的迹象，但其未来的命运尚不确定；

行业具有多变性。廉价位零售商以极低价格的产品席卷市场，削弱了优质生产商的实力，现在行业的重心在最新款式和入市的速度。这对工厂而言十分艰难。

所需技巧

· 务实；

· 项目管理能力；

· 解决问题的能力。

案例分析

珍妮是一位生产经理。

珍妮大学毕业，所学专业为纺织品技术。毕业时，电脑的普及彻底改变了行业的技术领域，纺织业开始倒退，因此工作机会很少，应聘者不计其数。作为权宜之计，珍妮决定参加销售工作，利用自己对纺织品的知识和理解向行业出售面料。她非常享受面料的工作和与客户发展良好关系的过程，但从未彻底接受这个工作中直接与销售相关的工作。随着自己与销售相关的工作经验的积累，她开始专注于细分市场——向内衣设计师出售蕾丝面料，然后慢慢地晋升到了销售总监的位置。

在此阶段，珍妮决定大胆一试，改变工作方向，回归自己最初学习的专业。由于高级管理方面的经验、纺织品的专业知识以及组织能力的天赋，她进入了商务端的技术领域，两年后成为一名生产经理。

在目前的情况下，完完全全在此业内扬名立万并不容易，珍妮给大家的建议是：“不要放弃这个机会。很多公司拥有海外生产工厂。还有很多与海外工厂有联系的设计和生产团队、技术团队，所以不要轻易放弃这个想法！”

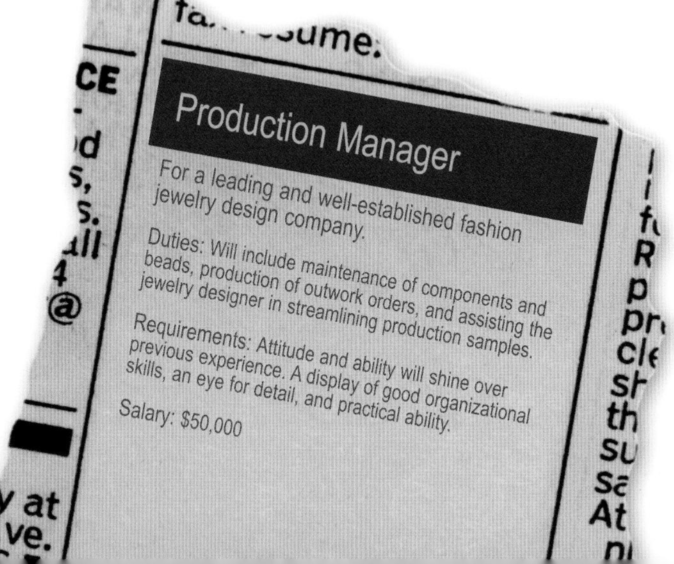

面料技术员有两个方面的工作。有的公司一个技术员会同时完成这两方面工作，而有的公司这两方面的职责分开履行。面料技术员通常为面料生厂商或者零售商效力。他们有可能从事自由职业的工作，也有可能受雇于某个特定的机构。

面料技术员

质量

面料技术员的首要职责是确保某工厂制作的面料或者纱线品质优良、符合目标要求并达到既定标准。面料技术员会进行一系列的测试来检查面料的各种特性，可能会包括对小部分成品的抽样调查，或者在生产过程的某个时间点对所有产品进行检查，并确保生产体系和程序高效运行。技术员将检查色彩的一致性，确保染色后面料所有部分的色调完全一致；也要检查色牢度，确保清洗面料时不会过快褪色或者掉色。他们还会检查织物，确定没有瑕疵或者面料线纱的强度一致。

面料技术员要确定面料或者线纱品质优良。符合要求并达到既定。

开发

技术员职责的第二部分内容是面料研发。技术员需充分了解纱线、面料和技术方面的先进技术来确保自己的公司能充分利用业内的新动态保持竞争力。

除了技术上的了解，技术员还需要与工作团队建立并保持良好的工作关系。他们将与设计师和制造商的工作团队紧密合作，并参与销售和价格协商谈判，因此需要良好的商务理解力。

与生产部门的大多数工作一样，面料技术员的大量工作需要旅行和迁居海外生活。

一些面料技术员也负责为设计团队、买手或企划师研究新面料。这是工作中有趣的部分，因为他们会四处旅行，探索最新的面料趋势并就新产品的研发与设计师们紧密合作。登记分类和记录面料至关重要，与厂商及面料供应商保持联系也很重要。

需学习的内容

· 纺织品管理

· 生产过程

链接

美国纺织品染化师协会(AATCC)：提供检测方法新动态、质量控制材料和专业的人脉以及学生竞赛活动。www.aatcc.org

Stylecareers：一家时装业职业网站。www. stylecareers. com

纺织行业杂志：www.textileworld.com

评分等级

平均薪资： ●●●

入职难度： ●●●

如何脱颖而出

能够讲一门外语的技术员，如中文和印度语，这类人才通常是亟需人才。

一日工作：面料专家

尼科尔是一家运动装生产商的面料专家。她与设计团队和工厂紧密合作。

上午8:30——尼科尔刚从意大利归来

她带回循环再造的纺织品样片和针织面料，并迫不及待地要向设计师们展示。

上午9:00——面料会议

尼科尔与大家分享了面料样片和关于价格、成分、幅宽、最低订购量和前置时间方面的信息。设计师请尼科尔向意大利的面料商调料，并要求她进行更深入的面料调研。尼科尔喜欢寻找新型纺织品的挑战，喜欢和设计师们共事。

上午11:00——花纹图案的打样（印花测试）从日本送达

尼科尔用灯箱检查花样（查看色彩的准确度）。她用邮件将修改意见发给工厂。

下午12:45——剪裁师给尼科尔发短信让她赶去工厂

剪裁师说送达的亚麻布有条纹。尼科尔赶紧放下了手中的事情，搭了辆出租车赶往工厂。工厂里，一匹亚麻布被放在滚筒上接受检查。仅在数秒之后，尼科尔致电面料供应商并谈定了一个解决方案。

下午3:00——尼科尔在一家面料进口商驻足观看纱线染色的条纹布

她将设计师选定的色彩用夹子夹上潘通色卡，并要求对方提供电脑效果图向设计师展示。

下午4:00——面料资源库

在美国棉花公司（一家棉质面料资源库），尼科尔为其中的一位设计师寻找斜纹布。

下午5:00——结束工作

尼科尔回去检查助手为自己公司的面料资源库记录的新面料。他们喝了杯拿铁咖啡，总结一天的工作。

入职渠道

通常需要纺织品或者面料技术方面的学位，然后在生产厂家获得初级职位工作或者实习职位。

最大优势

· 人际交往与技术的结合；
· 产品研发方面的工作非常有意思；
· 旅行机会。

最大劣势

· 质量控制的工作没有那么让人激动人心；
· 可能需要迁居海外。

所需技巧

· 技术方面的兴趣和理解力；
· 对面料及其性能的出色了解；
· 出色的人际交往能力；
· 商务敏锐度。

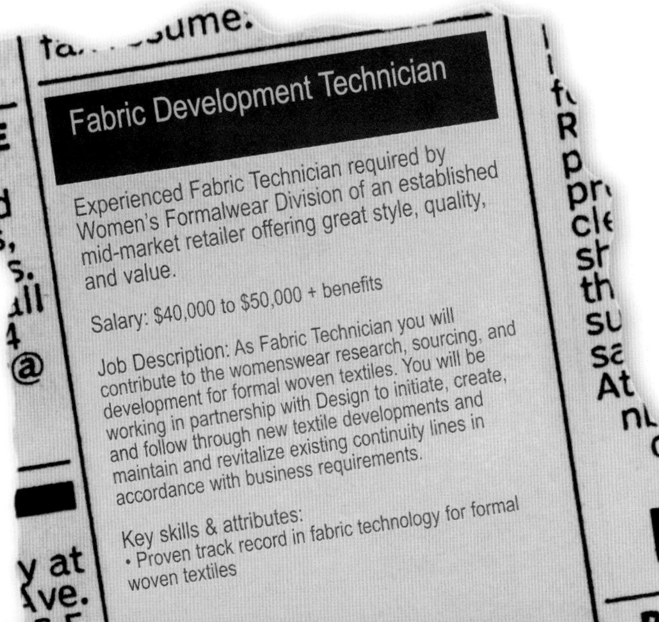

Fabric Development Technician

Experienced Fabric Technician required by Women's Formalwear Division of an established mid-market retailer offering great style, quality, and value.

Salary: $40,000 to $50,000 + benefits

Job Description: As Fabric Technician you will contribute to the womenswear research, sourcing, and development for formal woven textiles. You will be working in partnership with Design to initiate, create, and follow through new textile developments and maintain and revitalize existing continuity lines in accordance with business requirements.

Key skills & attributes:
• Proven track record in fabric technology for formal woven textiles

这部分的工作是将设计师的想法转向准备剪裁面料的过程。这些工作是设计师和生产商之间的联系，从事这些工作的专业人士需要充分理解生产过程两方面的工作。尽管工作职责相当注重实际，对创意过程的理解非常有好处。

样板师、放码师、排料员

样板师需要将设计师的想法和图稿转化成可以用于制作服装的最节省面料的实际纸样。有时候，设计师与工艺师合作，创造一个纸样参数表，这是服装成品的尺寸清单。然后，样板师需要提供用来缝制服装的各种裁片的形状和尺寸。样板师可以使用平面打板技巧手工进行工作，也可以使用电脑辅助设计软件。将整件衣服各部分的纸样进行排列并画于纸上，这种列有整件服装裁片的排版称为“排料图”。用面料制作样衣之后，如有必要会对纸样进行修改。

然后，放码师会进行计算，得出各种不同号型服装的准确测量数据。例如，可能最初制作的服装尺码为6，放码师需要为尺码4-12的服装放出纸样。排料员接着就用手工或者借助电脑用最高效利用面料的方式将服装的各部分放到面料上。

样板师、放码师和排料员可以为设计师或者生产商效力，或者为专业样板制作代理机构工作，这些机构向业内其他人士提供相关咨询服务。一旦有了一些人脉，在这个领域内也可以从事自由职业工作。在一些小型机构，这些职责由一个人执行，但是在大型企业机构，通常由三个人分别完成这些任务。通常，样板师有专长的领域，如针织服装。设计师有时候也会为自己的设计作品放码或者进行排料。

入职渠道

样板师、放码师和排料员可以通过学习服装技术或者服装设计类的学位课程获得技能，也可以通过当学徒在职学习这些技术。

最大优势

· 对有些人来说，从事设计过程的边缘工作非常不错，无需负责设计理念的开发；

· 样板师也能提供大量的创意想法。他们所制作服装的合体性可能决定了某个设计的成败；

· 工作通常相对稳定。

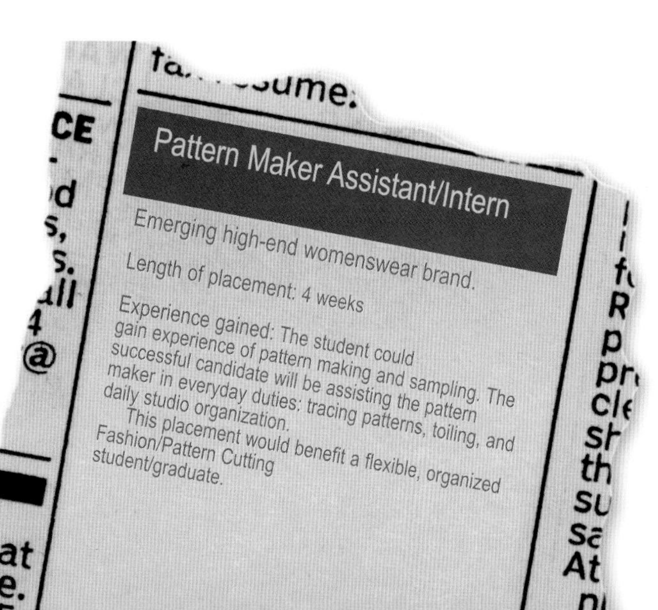

Pattern Maker Assistant/Intern

Emerging high-end womenswear brand.

Length of placement: 4 weeks

Experience gained: The student could gain experience of pattern making and sampling. The successful candidate will be assisting the pattern maker in everyday duties: tracing patterns, toiling, and daily studio organization.

This placement would benefit a flexible, organized Fashion/Pattern Cutting student/graduate.

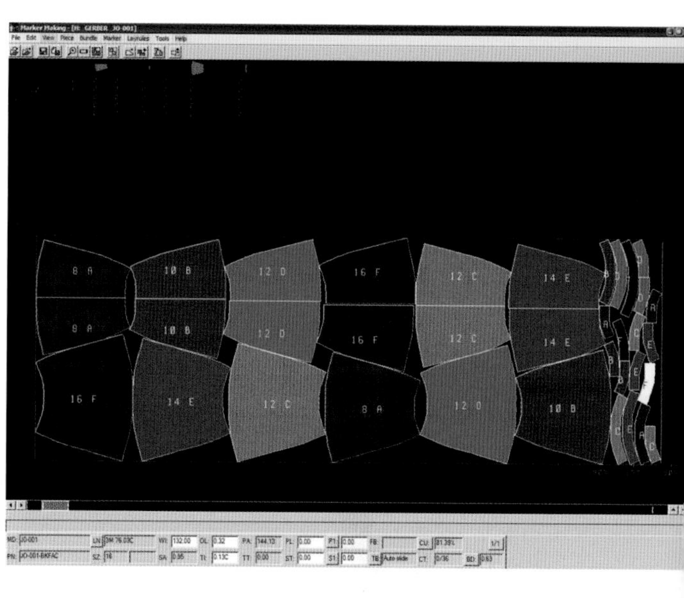

软件显示如何最佳地进行排料，将面料的浪费减到最低

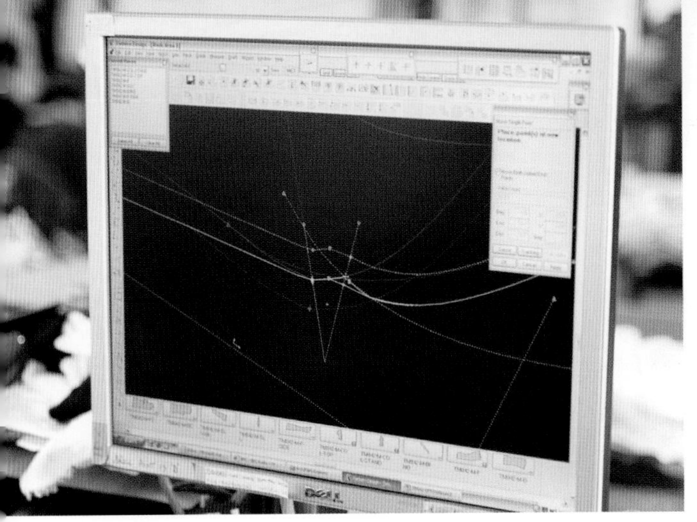

案例分析

露易丝是一家制板公司的样板师。

露易丝生于时尚世家，父亲是一家面料公司的推销员。她对服装和时尚的热情随着年纪的增长而增强，大学本科专攻时装设计。她非常喜欢所学课程，但慢慢地发现：尽管热爱这个行业，也喜欢呆在制作精美服装的创意人士身边，但自己在班上并不拔尖。于是她开始怀疑自己所选的职业道路是否合适。“我真的特别喜欢创造和制作服装，可是发现压力很大。时装业竞争性非常强，我不能确定自己能否获得那么多无报酬的实习工作经验，也不确定是否受得了那么长的工作时间，更无法确定自己能否最终会达到事业巅峰。”所以，她开始考虑其他的选择。大学时她就非常喜欢制作样板，当时的导师给了她很多鼓励。她说：“我开始学习这个课程的时候，根本都不知道还有个叫‘制板师’的工作职位，但是对这个工作的了解越多，我就越觉得这对我再合适不过了。”

露易丝在一家制板公司实习后爱上了这份工作。她的表现非常出色，她十分享受工作的精确性，也十分明白怎样做是正确的，怎样做是错误的。她与这家公司一直保持联系，每逢学校放假都会回访。毕业的时候，公司向她发出了工作邀约。三年之后，她已经晋升到高级制板师的职位。如今，她的工作正风生水起。

最大劣势

· 如果你的设计师之路遭遇不顺，处于时装设计边缘的感觉令人没有成就感；

· 这个领域的工作要求精确度，因此工作环境会显得压力重重。

所需技巧

· 精确性。纸样的裁剪尺寸必须极为精准。10号比8号大出很多的类似错误会导致成千上万美元的损失；

· 对细节的关注；

· 对设计过程和服装制作过程的出色理解；

· 对面料性能的独特理解；

· 与设计师为实现某个理念通力合作的能力。

你会与设计师共事，但是无需自己提出创意理念，不用承担这样的责任。

需学习的内容

· 开省道或转省道技巧

· 纸样绘制和样品的样板制作

· 改变紧身胸衣、短裙、袖子和领口的造型线

· 锁扣

· 基础立体裁剪技巧

· 将平面款式图转化为纸样

· 推档原理

链接

Stylecareers：一家时装业职业网站。www. stylecareers. com

We Connect Fashion：提供样板制作公司和学校的清单。www.we-connectfashion.com

《女性时装日报》：重要的行业刊物。www.wwd.com

评分等级

平均薪资： ● ● ●

入职难度： ● ● ●

如何脱颖而出

获得一些有关设计过程的经验是很有益处的。

定制师的任务是接受订单委托，按照精确的测量数据制作服装或者按照客户个人的特定设计要求制作服装。

Luxury Tailor

Role Details To display a high degree of ability in the measuring, fitting, and skillful marking of finished garments for alteration.

Administer and organize customer orders, alteration documentation, and workroom returns.

Communicate internally between the department, main factories, and local adjustment workrooms as and when required.

Deal with customers in a professional and friendly manner, ensuring that they receive a first-class service at all times.

To work with colleagues in the Tailoring Department.

定制师

传统上定制师用手工完成服装所有部分的制作和后处理，也会根据客户精确的测量数据制作样衣，但如今业内来样定做服装呈上升趋势。此时，定制师会测量客户的尺寸，但按照现有“原型”打样，“原型”由电脑系统自动剪切成型。

定制师参与整个过程的各个环节，包括接待客户、测量尺寸、帮助客户选择面料和样式，以及裁剪面料和缝制服装。定制师个人可能更加专注于业务接待等一线的工作或者实际服装制作方面的工作。通常定制师以制作服装开始职业生涯，积累较多工作经验之后再转入一线方面的工作。

一线的定制师会与客户谈论面料、衬里、风格、何种样式适合客户的体型以及客户可能会喜欢何种装饰。他们也会测量客户的尺寸，安排试穿并进行必要的修改。

实际的服装制作者会按照测量数据并制作样板、裁剪布料，缝制并完成服装的所有制作工作。

定制师的客户可谓形形色色。有相当多的富裕人士愿意为定制服买单，但也不乏那些体型特别、在常规的服装店中买不到合身服装的客户。而且婚礼市场也相当庞大，很多新郎和伴郎都会为那个特别的日子定制套服。

入职渠道

纺织品、时装设计或样板制作之类的相关资质很有用，但并非必不可少。《女性时装日报》上会登载有关职位的广告，或者主动与定制师取得联系，当定制师的学徒乃最佳渠道。

最大优势

· 心满意足的客户——能够亲眼目睹客户对你所制作的服装表现出的满足感；

· 属于时尚行业，但竞争性没那么激烈；

· 认识各种不同的人并与他们共事。

蕾丝外套定制服装，置于人台上，对其进行按压熨烫，由凯伦 · 米勒设计

最大劣势

· 尽管与大多数客户都相处得十分愉快，但总有那么一两个客户有着不切实际的期望或者非常粗鲁且难于相处；

· 这是一个出色的职业，但是定制师并非设计师。非常有创意的设计师如果仅限于制作定制装会有挫败感。

所需技巧

· 善于与人相处；

· 善于处理细节，心灵手巧；

· 对将要制作的服装很有兴趣；

· 对面料和缝制的了解以及缝制之外的技巧的掌握，这些通常可以在职学习；

· 在试穿阶段对细小细节的出色鉴别力。定制业是非常注重细节的行业，与牛仔服的制作一样，务必理解面料类型和克重等细枝末节的内容，充分探索其各种可能性。

这是一个出色的职业，但是定制师并非设计师。非常有创意的设计师如果仅限于制作定制装会有挫败感。

案例分析

尼尔供职于一家定制公司，经常到处旅行与客户会面，参与样衣试穿和版型修改。

尼尔毕业后直接去一家工厂做学徒。这对他当前的工作是非常有利的学习机会，因为他学习了关于面料的所有知识：手感、视觉效果、处理方法、穿着效果和水洗效果以及在不同情况下的性能特征。

工作大约5年之后，他开始接受定制师的培训。如今他供职的公司将实际的服装操作分包给了供应商。虽然尼尔的工作并非制作服装，工作的头三个月他被临时调派到一个供应商那里去真正彻底地学习服装制作过程。

对尼尔来说，客户是工作中最有趣的部分。他喜欢这种多样性：“有时候你为电视名人工作，而有时候是为省吃俭用两年时间来买一套西服的人服务。”对他来说，最快乐的时光就是看到开心的客户：“你把衣服交过去，然后看着试衣间里的那个人像骄傲的孔雀一样左顾右盼走来走去。那种感觉有魔力般的效果。”尼尔给考虑从事定制职业生涯的人们的建议非常简单：“如果你热爱服装也热爱人们，这就是你的最佳职业。”

需学习的内容

· 面料和纺织品
· 手工缝纫
· 机器缝纫
· 制作衣领、装袖和开口袋的技巧
· 裁剪
· 制作
· 计算机辅助设计
· 定制技巧

链接

缝纫和设计专业人士协会：提供教育和人际网络的机会。www. pac-cprofessionals.org

欲了解行业的总体信息，可登陆网站weconnectfashion.com

评分等级

平均薪资： ●●●

入职难度： ●●●

如何脱颖而出

带上你的作品集去纽约，尝试直接去定制工作室寻找机会，你的主动态度也许会有所回报。愿意从底层做起、学起。

服装缝制师的工作是制作服装。他们可能会手工缝制服装，也可能使用缝纫机或者计算机控制的机器设备制作服装。

服装缝制师

生产转向海外后，美国服装缝制师的数量急剧下降，如今大多数工作都在东南部、洛杉矶和纽约。

服装生产越来越智能化，服装缝制师的工作更多的是操作计算机控制的缝纫机，以及向机器传送服装部件如衣领和袖口。

在较小型的工厂里，服装缝制师可能要完成服装制作所需的全部缝纫工作。而在较大的工厂，服装缝制师会参与较大团队的工作，可能会专注于某个特定部件或者成品服装中的某个特定元素如袖子的缝制。这被称作“部件工作”。

除了工厂，设计公司也聘用服装缝制师制作样衣。他们更愿意在美国本土制作样衣，因为在本土制作的便利性和对样衣的控制度大大抵销了在美国制作的较高工资成本。服装缝制师在工厂获得一定经验后会从事服装制作的工作。设计师会希望缝制师既充分理解时尚和设计又有娴熟的缝制技巧。

入职渠道

业内的这个领域没有学位要求，也不需要无报酬的工作经验，但是学完基础的缝纫课程对你非常有利。有的机构会提供学徒的机会，或者可以申请初级职位工作后逐步获得晋升。

案例分析

克莱尔供职于一家工厂，该工厂为数家大众市场零售商制作针织品。

克莱尔在读书的时候文化课成绩不是很好，但有幸遇到了一位出色的艺术设计老师，这位老师极大地鼓舞了她。她在大学学习了短期缝纫课程，随后在当地的工厂当学徒。工厂每周给她灵活的时间继续求学，进一步学习日常工作中所需的技巧。对她来说，这份工作中的最佳部分就是同事以及从事实际的工作。克莱尔认为干净整洁和对细节的关注是操作机器所需的特质。如今，她对自己的工作非常满意，但是希望以后成为样衣机器操作员，而且将来她希望能自己创业制作童装。

最大优势

· 工作环境常常自然放松；

· 看到自己的工作成果非常令人满意。

最大劣势

· 工作环境常常非常嘈杂、闷热；

· 工作具有重复性；

· 工资报酬不高。

所需技巧

· 对细节的关注力，需小心翼翼；

· 耐心和一丝不苟执行指令的能力；

· 出色的缝制技巧。

需学习的内容

· 时尚

· 纺织品

· 缝纫

· 服装制作技巧

· 服装技术

· 样衣制作技巧

链接

美国服装和鞋业协会：提供业内信息。http://www.apparelandfoot-wear.org/

可获得样品制作师的职位清单：www.stylecareers.com

缝制师联系清单：主要是纽约的。weconnectfashion.com

评分等级

平均薪资：●●●

入职难度：●●●

如何脱颖而出

对细节的关注和鉴赏力能让你获得竞争优势。

我们可以买到很多色彩丰富的现成面料，但有的面料其色系非常有限，所以设计师和创意人士需要对其进行染色。通常他们对于所需要的具体颜色都心中有数，要求染工或者着色师为他们染出即可。

染工和着色师

大多数设计师在制作服装的工厂附近对大量订购的面料进行染色，因为很多工厂都在远东地区和其他海外地区，染工或着色师的职业变得非常专业化。他们通常一次性地制作服装而非大规模生产面料。他们会为高级定制服装系列或者主流制造商制作样品。染工也常常为剧院、歌剧院、电影院和电视台工作，制作总监们所要求的特定颜色的面料，或者服务于室内装修公司、婚礼服设计师和制造商，也会从事其他相关的工作。有一些公司也专门为私人客户的单件服装进行染色工作。

染色这个领域比听起来要广泛得多。要高效地为面料染色，你必须了解不同面料与化学物质的不同反应，也要了解绸缎辅料上应该如何染色，才能和与之搭配的棉质裙装色彩完全一致。你必须了解诸如渐变色（面料一端色彩较深，一端色彩较浅）之类的工艺以及如何让衬衫获得仿旧（做旧)效果。

另一个与色彩相关的工作就是着色师。着色师为纱线或者面料生厂商工作，为每个季节创造新的色彩，也会受雇于预测公司对下一季节的流行色彩进行预测。他们也有可能受雇于更加技术性的工作，确保色牢度或者色彩的一致性。

染工和着色师通常是自由职业者，但有的人受雇于大型零售商和演艺公司或者专业染色公司。

入职渠道

首先获得一个相关学位，如纺织品专业、时装设计专业或者戏服设计专业。然后建立人脉关系并获取无报酬工作经验。

最大优势

· 从事自由职业的染工和着色师的工作具有极大的多样性。

最大劣势

· 有时候会出差错，面料和染色有时候不能按照预期效果实现；
· 因为客户的时间催得紧，所以工作压力很大。

所需技巧

· 耐心；
· 工作必须非常精确；
· 对色彩出色的鉴赏力。

案例分析

希拉是从事自由职业的染工，为服装设计师、大众市场零售商和其他客户效力。她的本科专业是时装和纺织品。作为课程的一部分，她拥有一年企业内的工作经验，她还曾为一家转换公司（将设计图转换成印花图案）和一位设计师工作。自此之后，她致力于面料制作，在毕业展示会上，一位设计师看中了她并使用了她所设计的全部面料系列作品。从事一段时间的自由职业纺织品设计工作之后，她听说伦敦英国皇家歌剧院的染色部门计划招聘一名对印花和纺织品有所了解的染工。她很幸运获得了那份工作。将近20年过去了，她还在为这家歌剧院效力，不过作为自由职业人士，她也从事其他项目的工作。

需学习的内容

· 着色剂的化学作用
· 聚合剂：性能和制作
· 组织和管理
· 准备工作、染色和后处理
· 织物印花技术

链接

美国纺织品染化师协会(AATCC)：举办业内学生竞赛和研习班。www.aatcc.org

染色所需用品出售、研习班和书籍的出售：www.dharmatrading.com

评分等级

平均薪资： ●●●
入职难度： ●●●

如何脱颖而出

对创意染色技巧进行试验，制作一个作品集。

第五章

戏服设计

娱乐业正蓬勃发展，似乎这一势头永无止境。社会也越来越闲适安逸，而休闲时分，人们最喜欢的莫过于看场电影、看场戏，或者就在电视机前度过夜晚的时光。不管是荧幕上、舞台上或者其他什么地方的角色都需要穿着打扮。

可以想象，这是多么盛大的事情！有时候，对戏服团队的最高的肯定就是根本没有注意到服装：情景喜剧中的片花就是一个例证。有些节目的目标是表现历史精确性（比如说，1891年才发明拉链……），而有些节目的目标是引发某种情感——不论是《漂亮女人》中茱莉亚·罗伯茨从妓女摇身一变，变成观看歌剧的高雅人士时观众大声地叫好，还是科幻片中观众对外星人的反感。戏服团队的工作需要支持并强化导演所要表达的思想。可以通过反映作品样式和感觉、故事的时间和地点或者情节本身达到这个效果，但大多是通过角色实现的。戏服团队需确保角色外貌的所有元素能反映观众对角色的个性、环境和历史的了解，这样人物角色尚未开口，观众就已对其有一定了解。

因此，理念相当复杂，而实现的过程也是如此。设计师确定造型目标后就必须寻找全套服装。购买、租用和制作，或者三者兼而有之。然后演员需要试装。如今，为现代时代背景中两个角色的亲密对话寻找戏服不是什么难事，但是想象一下要为维多利亚时期的一个舞会场景准备200多件紧身胸衣和200多顶假发，那可绝非易事！

电影《搏击俱乐部》中迈克尔·卡普兰的设计作品

入职要求

为舞台、电影、电视或者其他表演艺术设计演出服是设计界最激动人心、最有创造性的工作之一。这个工作要求与导演、演员、舞台舞台设计师、制片人以及戏服和行头专家团队通力合作。在美国，电影大片、电视、广告、剧院作品的设计或者行头方面的工作受到工会联盟（电影服装设计工会和戏剧服装联盟）的严格管控。必须拥有工会会员证方可获得设计或者行头方面的工作。需要展示出色的作品集，拥有大学证书，或者为非工会演出活动如夏令剧目或者小戏院进行过戏服设计和演出行头方面的工作方可获得会员证。尽量获取较多的工作经验丰富你的简历，学习表演艺术各个方面的内容也有助于你进入这个充满创意但竞争激烈的世界。

现场表演的工作有其独特的挑战和回报。戏服团队需要观看演员的彩排才有足够的时间查看戏服的舞台效果，也才有时间进行必要的修改。而从另一方面来说，必须确保所有演职人员服装的清洁、将其熨烫平整并在正确的时间放置在正确的位置上，这样的后勤工作也相当有难度。对于一些长期上演的演出，主要角色在演员阵容中出现的时间很短（甚至在歌剧表演中只有几次演出），因此，戏服常常需要定期制作和改造。

与本书中的许多职业一样，从事戏服职业的人士，其核心是创意和团队合作。此处的“创意”包涵十分广泛的

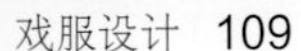

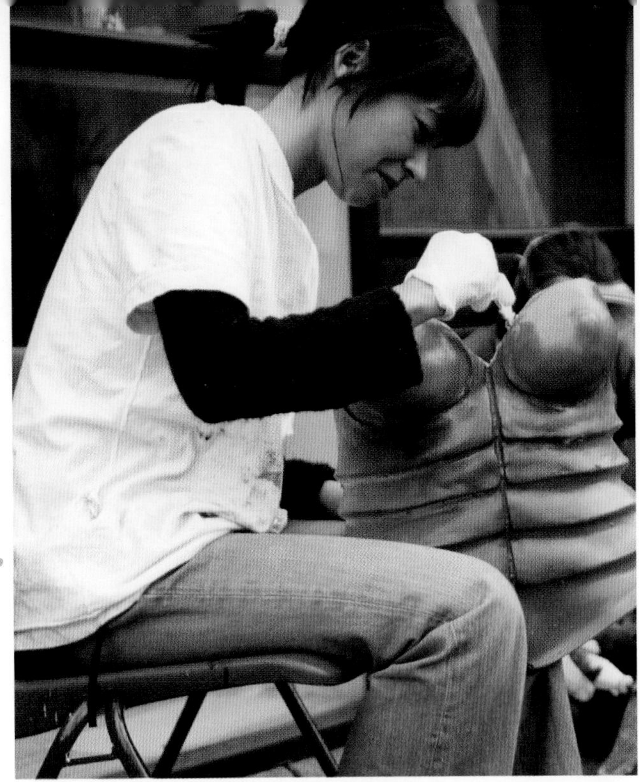

左图：戏服部门的工作通常具有实践性，非常细致复杂

右图：歌手布兰妮·斯皮尔斯的第7个巡回演唱会——“妮裳马戏团”的戏服设计

内容。这不仅仅是创造特定服装或者套装在视觉上体现的创意（当然这也很重要），也包括解决问题时的创意。例如，纽约只有40套角斗士服装的时候，如何装扮150名角斗士呢？如何用紧张的预算实现美轮美奂的奢华效果呢？

人员也一样重要。戏服团队必须能够理解同事要表达的意思，不论是设计师对导演、剧作家或者场景设计师意思的理解，还是服装管理员对需要洗烫的服装以及洗烫的时间的明确理解，这些错误常常会导致高昂的代价。戏服团队也要与共事的演员们建立友好关系。演出的着装常常需要几个小时的时间，并常常要等候演员，所以着装师不是总能看到演员们最迷人可爱的一面！机敏、善解人意都非常重要。

入职渠道

这项工作需要相关学位和大量无报酬工作经验。你必须对演出服充满激情。可以在小型电影公司、大学剧场和独立电影公司积累一定的经验，丰富你的简历。同时，维护你的人脉关系网并保持联系，还需制作简历。这些都十分重要。

最大优势

· 心理学和创造性的紧密结合；
· 特别适合热爱舞台演出但不愿出风头的人；
· 与来自各行各业的形形色色的人士共事。

最大劣势

· 工作时间长，有时候外派工作时间长；
· 工作不稳定；
· 有时候演员并不容易相处。

所需技巧

· 创造性；
· 人际交往能力；
· 在团队中高效工作的能力；
· 对符号学感兴趣很重要：不同的服装传递何种信息？
· 对细节的掌控和从事研究的天资。

链接

戏服设计师工会：www.costume-designersguild.com

美国戏服协会：加强对服装和风貌各方面的全球性理解。www.costumesocietyamerica.com

创意职位的发布：www.creative-jobscentral.com

戏服设计师对剧本中人物的视觉身份进行开发，因此必须了解如何表现一个角色的个性、特点和背景。

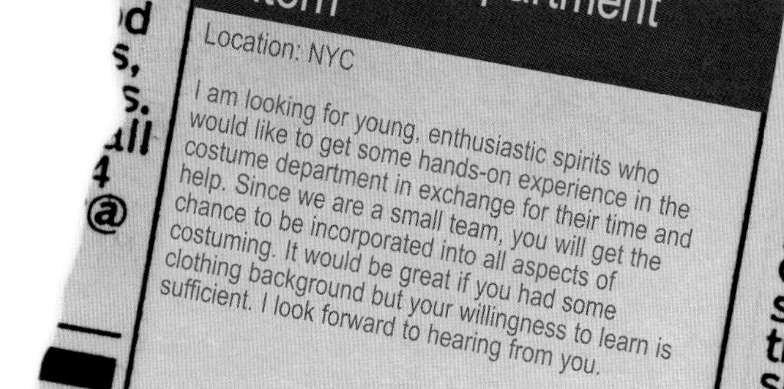

戏服设计师

戏服设计师是团队中不可或缺的一份子。其职责为决定如何对角色进行视觉表达，但要实现此目的，必须与许多团队成员进行紧密高效的合作。监制也一样关键，他们设计一个世界，戏服设计师设计其中的人物，但同时必须与其他人通力合作，包括化妆师、编剧、演员、定制师、助手、着装师，当然还包括导演。

设计过程通常以剧本开始，然后就角色与导演进行较为深入的沟通，慢慢地理清这些角色的样貌。对于每一个角色，都必须对所有的因素进行通盘考虑，包括他们的社会经济地位、工资收入水平、是否接受过大学教育、兴趣爱好、家庭背景以及志向抱负。可能还要考虑电影中的动作表演以及戏服能否增添戏剧化效果（如身穿长披风的演员沿街奔跑），而且务必对戏剧场景有所了解，比如年代、国家、季节和地点。

首要任务是制作画册。这是主要角色的某种情绪板。在此可以包括有助于解释自己观点的任何内容。可以绘制一些服装草图，放入一些布料样片，写下对色彩选择的想法，包括一些表现个人影响力的照片，也可以用文字来补充说明这些图片。

导演认可你的基本理念之后，下一个任务就是与主要演员会面，与他们一一谈论自己的观点想法。你可以带上一些服装来说明自己的想法，可以租借或者从附近的商场购买。还取决于节目的规模，若要求你为所有演员提供服装，这时你需要一个助理设计师。该助理设计师会理解你的设计理念，并以此为配角和群众演员设计服装。

拍摄开始之后，戏服设计师的职责重心会稍有变化。你将管理服装监制和戏服管理员，他们将负责戏服的清洗和保护工作。

在拍摄过程中，你必须展现应变能力，一个新的卧室场景可能要求完全不同的服装，或者背景墙的变化意味着你所选择的黑色服装无法达到预期效果。

戏服设计师的工作涉及电视节目、电影、录像、广告或者剧场演出。戏服设计师很有可能从事自由职业的工作，会有一位代理人为你接活谈生意。大体上，戏服设计的过程与其他类似的工作较为相似，但其带来的压力依据不同的工作环境而发生变化。拍摄商业广告片的时候，经

需学习的内容

- 基于史实的服装剪裁和制作
- 定制技术
- 紧身衣和内衬部件
- 女帽制作
- 表面装饰和纺织品装饰
- 印花和染色

链接

幕后工作资源：http://backstagejobs.com

戏服设计师工会：www.costume-designersguild.com

戏服设计师联盟:信息和应用。www.costumedesignersguild.com

戏服关系网：www.costume-con.org

评分等级

平均薪资：●●●

入职难度：●●●

如何脱颖而出

想要成为一个成功的戏服设计师，你必须有设计师助理的经验，利用自己的创意技能，参与实施过多个节目的制作。同时，制作一个精美的作品集。

上图：戏服设计师要处理形形色色、各式各样的服装。有些会不同寻常，如这件有羽毛装饰的头巾

纪公司在聘用设计师之前已经进行大量的研究工作，因此通常对角色的样貌拥有明确的想法。而在电影或电视剧中，戏服设计师在创意过程的较早时期就参与工作，通常享有较大的创意自由度。在剧院演出中，演员们会身着演出服进行彩排，所以随着彩排工作的开展，要对演出服进行试验并随机应变进行改动。剧院的工作性质要求在歌手轮番上场时，设计师能对所创作的演出服轻易进行调整改动。而在现场表演节目中，观众离台上的距离较远，这样台上演员服装的强调重点发生变化。时间和预算也会影响设计效果。

入职渠道

尽可能获取实习工作经验。致信给自己喜爱的设计师，主动要求与他们会面，从他们那里获取一些工作经验。

最大优势

· 这是非常有趣的工作。在身体上、精神上和情感上都能得到满足；

· 能去有趣的地方与有趣的人共事。

最大劣势

· 工作时间长；

· 职业生涯的大部分时间会从事自由职业，因此也有一些劣势，如工作缺乏稳定性、带薪休假或者养老金。

自我陈述

莉兹是从事自由职业的戏服设计师。

“我大学学历，所学专业是纺织品。在课程的学习过程中我曾出售过自己的设计作品，所以大学毕业后我想继续做一段时间自由职业的工作，但很快就感觉有点孤独。

“我在伦敦的皇家歌剧院找到了一份工作，接替一位休产假的染工。虽然我想自夸地说是因为自己魅力四射的个性和才华横溢的色彩感才获得这份工作，但实际上，他们告诉我说我之所以被聘用就是因为我吐字清晰的嗓音，原因是与我工作关系最紧密的一位同事有点儿耳背！我在那里花了两年的时间为斗篷的面料染色，随后我一边读硕士一边从事技术员的工作。上学的时候我做过几份自由职业工作，主要是染色和做旧，但是过了不久就感觉有点灰心丧气，不知道自己是否还有发展的机会。”

“然后，机缘巧合，有次我在咖啡馆与人聊天，他恰巧是一位正在寻找助理戏服设计师的制片人。他让我第二天去他工作的地方，很幸运，他聘我加入他的24个短片系列的工作。毫无疑问，这是运气使然，而在此领域内取得成功通常就是靠运气，但也归因于在正确的时机内利用好机会。如果我前5年没有花时间获取学历和经验，这位制片人应该不会对我感兴趣。所以，这靠的是运气，但辛勤的劳动和正确的技巧也起到了巨大的作用。”

所需技巧

· 必须对服装进行全方位的了解，包括其制作方法、使用地点和何人穿着；

· 必须对各种服装真正感兴趣，并有区分不同服装的天分（如何让某人看上去像英国人？或者让他看上去是30岁而不是40岁？或者让他看上去像接受过大学教育的人而不是没有接受过教育的人？）；

· 必须拥有强有力的视觉辨识力和出色的想象力；

· 可能会以自由职业者的身份度过职业生涯，这意味着有活干的时候就必须干活，而且这常常意味着连续数周在外工作，一周得工作6天、一天得工作16个小时。如果你尚未准备好或者没有能力从事这样的工作，那么你就得重新考虑；

· 这是非常依赖团队的工作，必须有能力与不同的人打交道，在协商谈判时能做出正确的判断。

助理戏服设计师与戏服设计师共事，为全体演员制作服装。

助理戏服设计师

助理戏服设计师按照戏服设计师的要求，帮助设计服装、采购材料、雇用人手和制作某场演出的全部戏服。可以与戏服出租代理公司合作，那里有成百上千甚至成千上万的服装可供选择。戏服设计师会给助理设计师一个概要说明作为其工作的基础，如“我需要200件18世纪法国农妇的戏服”或者“我需要给出席听证会的人准备一套服装，他34岁，已婚，育有两个孩子，拥有大学学历，抽烟，喜欢踢足球”。助理戏服设计师会查看库存，看看有什么用得上。他们可能需要改变现有服装的配饰，从商场购买一些服装、面料或者安排新服装的制作。他们会参加演员的试装，为临时演员做准备，确保他们着装得体。

助理戏服设计师也能成为专业人士，专注于面料染色和“做旧”(让衬衫看上去像是人穿着它在泥巴里打过滚或者曾遭受老虎的袭击)。他们与戏服商店和戏服监理合作，确保戏服设计师的理念得以贯彻落实。这个职位要求戏服设计师工会的证明。

上图： 助理戏服设计师整理一位演员的古装戏服装

入职渠道

有些出色的课程可供学习戏服。拥有学位非常重要，不过拥有正确的技巧也很重要。你需要了解服装史以及服装的制作方法和过程、如何阐释你的戏服理念以及如何与不同的人高效地合作。可以在职学习一些技术方面的知识。在戏服设计领域开始工作的最佳方法之一就是为非工会演出活动如夏令剧目或者小戏院提供服务。这些地方不要求工会会员资格。你也能够辅助设计师或者戏服制作者，并在这个过程中获取一些真正的经验，也要在简历上列出自己在获取工会资格证时所制作的作品。

需学习的内容

- 服装史
- 绘图
- 服装制作
- 纺织品
- 时装设计
- 制作演出的服装

链接

美国《综艺杂志》（*Variety Magazine*）：是演艺业的专门网站，提供演出方面的最新信息。www.variety.com

国际电视制作资源网站：提供职位清单和信息。www.mandy.com

《后台杂志》（*Backstage Magazine*）：是演员和娱乐界的资源库。www.backstage.com

评分等级

平均薪资： ●●●

入职难度： ●●●

如何脱颖而出

制作一个精美的戏服设计作品集，包括戏服设计的彩色草图以及制作完成的成品三维照片。展示你使用非常规材料的能力，凸显你的调研能力和对服装史的理解。

案例分析

黛博拉从戏服设计师助理的职位做起，如今是电影、电视、商业广告和现场演出的服装设计师。

黛博拉毕业于罗德岛设计学院，获得艺术学士学位，专业是插画。在从事演出工作的家庭中长大，她受到戏服的深深吸引，十分享受制作服装的创意过程。她在三一剧团获得戏服助理的实习职位，同时修读了戏服设计的其他课程。在不同的剧院工作两年之后，她决定重返校园，去查普尔山的北卡罗莱纳大学攻读戏服设计的硕士学位。在读硕士期间，她为剧作家（Playmakers）、海边剧院（Theater by the Sea）、多种夏令剧目和不同的自由职业项目设计戏服。黛博拉亲手制作作品集，获得了戏服设计师工会的会员资格。这是美国职业戏服设计师的必备资格。之后，黛博拉参与了很多项目的设计工作，包括电影、电视、商业广告和现场演出，曾参与百老汇的音乐剧《魔法坏女巫》（Wicked）的制作。

工作经验是大多数人开始职业生涯的方法，广告上很少登载支付薪酬的工作职位。查看mandy.com和usitt.org网站，了解临时发出的戏服设计方面的贴子很有用，但是更为有用的做法是阅读诸如*Variety Magazine*和*Backstage Magazine*这样的行业杂志、看看哪些演出或者电影处于制作前期，然后与他们的戏服设计师取得联系，看看有没有做实习生和助手的机会，或者看看是否能获得剧组着装师的职位空缺。着装师按工作日收取报酬，帮助演员准备拍摄工作，特别是在有大场面拍摄的时候会聘请着装师师。这个职业不需要专业技术，不过这是学习戏服设计行业和建立人脉关系的极佳途径。着装师可以成长为制作助理，在获得工会资格后，可以成为助理戏服设计师，然后晋升为戏服设计师。

戏服设计师会给助理设计师一个概要说明作为其工作的基础，如“我需要200件18世纪法国农妇的戏服”。

最大优势

· 戏服设计师职业的最佳优势是可以参与戏服设计的全过程和接触戏服设计中所使用的资源；

· 戏服设计师是创意团队的一份子，有机会汲取信息、建立人脉关系并有助于节目的成功。这个职位并非必须拥有戏服工会资格。

最大劣势

· 工会规定，助理戏服设计师不能真正设计戏服或者直接从事戏服工作；

· 长时间离家在外景拍摄场地从事电影布景工作（不过有些学生认为这是此工作的最大优势）。

所需技巧

· 组织能力；

· 足智多谋；

· 积极辅助设计师或者服装监理完成分配的各种任务；

· 认识到自己身为团队的一份子，需积极提供支持并同时吸取团队设计过程中的经验；

· 乐意无怨无悔地努力工作。

戏服监理负责整个戏服设计过程，从服装理念一直到服装的洗熨，并确保一切以正确的价格和正确的方式在正确的时间内进行。

戏服监理

戏服监理与戏服设计师和助理戏服设计师紧密合作，确保设计师的理念得以实现。确切地说何人从事何种工作完全取决于戏服团队的规模、为演员准备服装的数量以及团队成员的特别偏好。但是，总体而言，设计师会提出设计理念，设计监理负责找到服装。可以通过多种方式找到所需服装，但通常是要么购买，要么租借，要么定制。

除了寻找戏服，戏服监理通常也负责预算，主管所有戏服员工，这些员工负责保管戏服并帮助演员换装。现场的戏服后勤工作相当复杂。戏服监理需负责确定所有演员在所有拍摄场景都拥有合身且合适的服装，甚至需要订购卡车和衣架来将戏服运到不同场景的不同拍摄地点。所采用的工作体系必须万无一失。

监理可以为电视、电影、剧院和歌剧院工作，不过在不同领域，监理的工作职责大体相似。有一些职位是聘用全职戏服监理，大多数是剧院或者歌剧院的工作，多数戏服监理从事自由职业。

入职渠道

这个圈子较小，工作职位几乎都是留给有关系的人，所以，从一开始就必须结识对的人。相关学位非常有用，一些无报酬的工作经验通常是敲门砖。

最大优势

· 工作成果非常真实实际。目睹复杂的制作变为现实，让人拥有成就感；

· 这是时尚、电影和历史的极佳组合。

最大劣势

· 工作时间相当长——需要很大的耐力和体力；

戏服团队常常需要进行调查研究来确保历史和文化的准确性

·此工作多半为自由职业，必须能够接受职业生涯缺乏安全感和稳定性的特点，也要擅长自我推销。

所需技巧

·组织能力；

·团队合作十分重要，必须与设计师和服装管理人员紧密合作；

·创造性地解决问题的能力。与设计师的职业相比，这不是在美学上那么有创意的工作，但是必须拥有创意头脑，能够为出现的众多问题想出不同的解决方案

戏服监理确保设计师的理念得以实现。

案例分析

玛丽恩担任剧场、电影和电视的戏服监理。

玛丽恩在定制家庭中长大。她的祖母、母亲和姐姐都是出色的女定制师，父亲从事服装制作工作。她热爱服装，但高中毕业的时候决定攻读艺术学位。她非常享受在艺术学校的学习时光，但是发现自己并不希望从事艺术工作，所以她在一家剧院找到了戏服助理的职位。

玛丽恩无比热爱剧院的环境，但是工作几个月之后，她认为自己再也无法忍受继续缝服装褶边的工作，于是她辞职了，开始为实验性质的剧场从事戏服方面的工作。这里的工资不高，有时候根本就不付工资，不过她获益良多，也结识了一些十分重要的人。

后来她在英国伦敦皇家宫廷剧院从事了数年服装管理员的工作。她非常喜欢这份工作，但却感觉自己已无法取得更大进展。与此同时，有人找到她，问她是否愿意从事一部电影的戏服监理工作。

这让玛丽恩感觉进退两难，因为她认为自己会一直从事衷心热爱的剧院工作，但是接受电影的戏服监理工作对她而言又是绝佳良机。很快，她被戏服设计的高预算所打动，因为有足够的时间和财力制作真正美丽的服装是一大幸事。当然，不是所有的电影制作都有巨额预算资金。不过，现在玛丽恩非常愉快地从事剧场、电影和电视方面的不同工作。

需学习的内容

·服装史
·纺织品
·服装设计
·制作演出服

链接

幕后工作资源：http://backstagejobs.com
戏服设计师工会：www.costume-designersguild.com
美国戏服协会：www.costume-societyamerica.com

评分等级

平均薪资： ●●●
入职难度： ●●●

如何脱颖而出

利用自己曾经参与的项目制作一个精彩的作品集，展示你对戏服设计过程的理解以及领导力。

这些工作涉及戏服管理，确保戏服准备就绪，协助演员换装及进行表演前的准备。

服装管理员/服装管理助理

服装管理员负责看管戏服，其职责为确保演员换装前所有戏服已经清洗熨烫完毕；如果导演决定中途打断某个场景的拍摄时，再次拍摄需要保证与之前场景的连续性，例如，如果一个角色在谈话开始戴黄色的领带，那么在谈话结束时应依然打着黄色的领带。演员们在剧场每晚的演出中将穿着同样的戏服，因此服装管理员需每日清洗戏服，如有必要，还要修补裂口或者给鞋子重新染色。

服装管理助理

服装管理助理通常被称为“服装员”。称呼的改变是为了反映其工作职责范围的扩大，不过服装管理助理这个名称依然足以表明他们花大量时间所做的工作。服装管理助理的职责是为演员演出的不同场景换装。在电影和电视制作中，大型人群场景或者古装戏服为挑战所在。为一个舞会场景里的100名演员穿紧身胸衣得费不少时间！在剧场，工作上的挑战通常都在于时间的掌握。如果某个演员需要快速换装，服装员就得在舞台两侧等候暗示，随时准备为演员换装进行下个场景的出演。

为了加快为演员换装的效率，服装管理助理必须确定正确的戏服已准备就绪，随时恭候演员并进行服装的微调整和修改工作。

服装管理员/服装管理助理通常从事自由职业工作，但剧场和歌剧院也有不少稳定的工作机会。服装管理助理会在零散的地方从事单日受雇工作(例如，一部战争片在拍摄战争场景的当天可能需要增加服装管理助理)，或者从事较长时间的合约工作。

服装管理员负责看管戏服并确保演员换装前所有戏服已经准备就绪。

需学习的内容

- 时装史
- 纺织品
- 时装设计
- 制作演出服装

链接

行业内的工作计划：为电视和商业广告专业人士提供业内工作机会的链接。www.media-match.com/usa

剧场技术协会是表演艺术和娱乐专业人士的协会。http://www.usitt.org

工作经验和自由职业戏服职位。www.mandy.com

评分等级

平均薪资： ●●●

入职难度： ●●●

如何脱颖而出

出色的结构设计技能会成为你的优势。携带作品集样本展示你对细节的关注。

案例分析

葛温德琳是电视节目的戏服助理。

葛温德琳从小就希望有朝一日能够上电视节目。她和朋友们经常为父母们表演，她总是为大家装扮并坚持要担当主持人的角色。长大一点后，出现在镜头前的渴望逐渐消失，但装扮人们的兴趣却与日俱增。她惊奇地发现有演出服的专业学位课程，而那在她看来刚好契合心意，于是结合自己的兴趣开始了专业学习。

她在大学度过了一段美好的时光，参与了戏剧专业学生的作品展演和新闻媒体专业学生的电影和电视作品的戏服工作。虽然她获得了大量非常有趣的工作经历，却没有一样经历能让她结识到重要人脉来获得首份工作。

毕业后，她去大学就业服务中心，花了几天的时间完善自己的简历，阅读了大量行业刊物了解行业动态。“我大概投递了50多份简历，进行了非常深入的研究并为自己投递申请信的特定戏服设计师、监理或者制片人量身定制简历。我真的认为自己的努力得到了回报。”在发出的50份简历中，葛温德琳收到了30多份回复，其中大多数是拒绝信，但语言肯定并表示支持，如：“我们此刻没有空缺，但新年的时候不妨跟我们联系……”不过有两份回复邀请她前去面试，其中有一份给了她英国电视台第四频道系列节目的戏服助理职位。

入职渠道

学习相关的大学课程（以时装或纺织品为基础），然后积累一些工作经验。工作机会常常因为好的口碑而获得。

最大优势

· 这些职位是从事戏服工作出色的第一步，也是了解该工作和建立人脉关系的最佳方式；

· 工作环境相当有意思。

最大劣势

· 剧场里戏服的更换时间极为紧凑，错误会昭然入目。虽然工作非常有意思，同时，压力也非常大；

· 对你所从事的工作，演员们通常都表现得非常专业、热心且善解人意。不过，也有例外的情况。

所需技巧

· 对细节的关注——错误会显而易见。如果戏服洗熨不当，或者纽扣未按时更换，你会耽搁全剧组人员的工作，等待问题得到解决；

· 团队合作和人际交往技巧——必须与戏服和服装管理同事、剧组其他人员和演员们通力协作；

· 必须非常有条理性——在演员需要戏服时必须将所需戏服准备就绪。

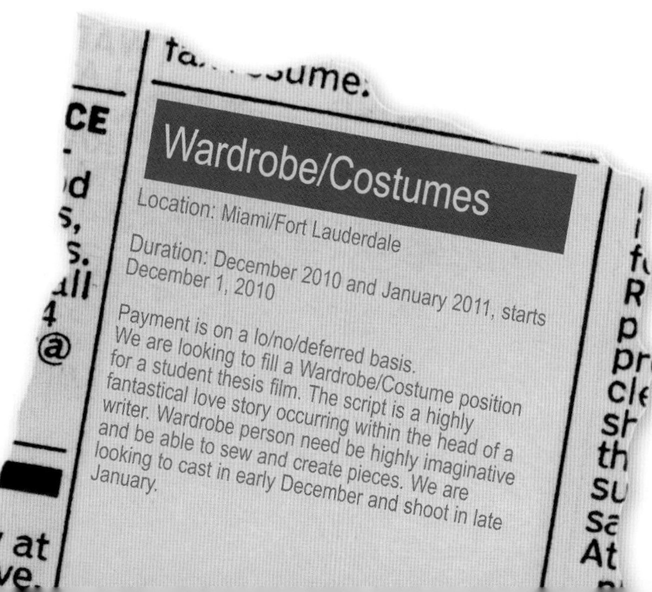

第六章

零售

零售业规模大，竞争性强，变化速度快。美国零售业囊括了一百多万家批发商店，年收入高达4万亿美元。美国有2500万零售业从业人员，时装业约占美国零售总数的10%。

商场类型

时装零售业包含多种不同的商场类型，取决于最后的工作场所，各种职位和日常工作的内容变化非常大。在典型的购物中心，购物场所包括百货商场（梅西百货公司）、一些大众市场连锁商店（杰西潘尼）、一些独立精品店和一两家折扣店。在乡下，购物场所包括超大型自助商场（沃尔玛超市）、仓储量贩店（好市多）和工厂店（如名牌大卖场），还有对商场购物进行补充的邮购商品广告目录（克鲁邮购公司）或者独立的邮购商品公司（如Boden U.S.A或者Spiegel），当然还有网络（美捷步）。还有一些规模较小的专业商店满足忠实常客对特殊产品和独立名牌产品的要求。

时尚趋势

时尚趋势影响人们的购物方式，而这些方式又转而影响业内的工作种类。

道德零售

尽管人们对便宜的快时尚表现出如饥似渴的态度，但显得自相矛盾的是，他们对道德购买行为的兴趣也与日俱增。大型零售商必须紧密关注海外生产厂家的工作条件和工资状况，需要负责任地寻求供货来源并关注其雇员和工作环境。很多公司都有相应的政策劝阻人们对塑料袋的使用，也有迹象表明，消费者对当地生产的产品开始重新关注。

引人注目的橱窗展示是出色零售业绩的核心所在，这也是为何大型商场会聘用专门团队负责橱窗陈列

都柏林的哈维·尼克斯百货公司。橱窗展示经过精心布置，一切显得那么完美

职业：时装零售业从业人员的工作内容如何？

绝大多数零售行业的从业人员为一线销售人员，这一点也不足为奇。售货员和客户服务人员占员工总数近1/2。销售经理占18%，初级职位占13%，包括无需特殊技能的职位，如收集整理购物车和货架整理。因此，在商场中你所见到的工作人员占了全体从业人员约80%。剩下约20%主要是总公司的工作人员，包括设计师（设计师会效力于零售商、供货商或者制作公司——详情见时装设计章节）；采购员和跟单员，他们共同负责进入商场的货物；安全和存货检验员，他们确保正确的货物放置在正确的位置上，以及其他在大型企业中常见的后台工作，如财务、人力资源和营销职位。

工作人员的结构构成

总体上，工作人员年纪轻，来自不同背景，适应性强。25岁以下的人口占全部工作人员的1/3，如果年龄介于16～19岁之间，在零售业从业的机会要比其他的高出三倍。相对而言，这个行业的从业人员来自于不同的背景，流动人口比例高，超过半数的员工是女性。几乎半数的人从事兼职工作，这使得工作人员的组成具有相当的灵活性，能够轻易高效地适应不停变化的潮流趋势。据预测，到2017年，零售业的从业人员数量将增加6%。

互联网和价值零售

在过去的10年里，互联网成为零售业最重要的革命，对购物者和商场业主产生了巨大的冲击。几乎所有主要的连锁商场如今都使用互联网作为吸引客户的附加方式。也有一些大型网络零售商取得巨大成功，而这些零售商根本没有实体店，如美捷步（Zappos）和易趣（eBay）。互联网对希望推广自己的品牌但没有资金开设实体店的人士也是一个极好的工具。价值零售商如沃尔玛和塔吉特风靡时尚零售世界。他们的商品价格极为低廉，服装的周转变化速率惊人。人们可能会怀疑在这个运转链中有的人也许未能得到相应的回报，但是因为热爱价格低廉的时尚，人们都对这种疑虑置若罔闻。

上图：伦敦塞尔福里奇百货公司的幕后景致，展示了情绪板和为展览做准备的服装

下图：迷人的展示和出色的服务吸引购物者来消费，图为顾客在收银台排队买单

市场差异

零售市场之间存在极大的差异性。例如，在香奈儿精品店，员工须保留客户档案，与每个购物者进行个体交流。而H&M的分店每个周末会迎来1000多名客户，所以员工和客户之间的交流互动则大相径庭。

取决于最后的工作场所，各种职位和日常工作的内容变化非常大。

入职渠道

销售助理的工作可能是进入整个时装业最直接的工作。印上几份简历，然后去当地的商场走一趟，要么看看商场橱窗里的广告或者直接走进心仪的店铺，问问他们是否有职位空缺以及他们希望你如何提交申请。向零售商展示你对行业的热情，获得工作职位的可能性会更大，所以务必确定所选择的零售商有自己欣赏的服装系列或者是自己愿意前往购物的地方。猎头公司是应聘管理和总公司职位的良好选择，查看当地报纸和网站寻找机会也很不错。

出色的橱窗展示是吸引顾客的重要因素

最大优势

· 零售业的重点在于为人们提供真实的产品。不论你是买手整合产品系列，考虑何种色彩较为畅销，还是与店里的人交流，时装业的这部分工作内容只与最终成品及其使用相关。如果你喜欢将产品与人联系起来，那么这个领域会适合于你；

· 这是时装业内职业生涯的出色起点。不论你的最终目标如何，了解客户、产品和销售过程都对你有利。

最大劣势

· 这并非时装业光鲜夺人的职业。要是你更喜欢T台走秀和时尚派对，那么建议你另择其他；

· 工作时间不太规律，因为常常需要晚上加班、周日上班和工作在24小时营业的商场。

所需技巧

· 商务意识；

· 对销售的兴趣；

· 人际交往技能。

链接

美国零售联合会(www.nrf.com)：为零售业进行宣传，并出版店铺杂志。www.stores.org

美国零售业领袖协会：www.rila.org

零售商杂志：www.retail-merchandiser.com

《女性时装日报》：设有零售专栏。www.wwd.com/retail-news

人们并不认为销售助理的工作有迷人之处，薪水不高，也不是怀有雄心壮志的时髦人士的终极目标，但这个工作却是整个时装业的基础所在。

销售助理

销售助理的职责是确保销售区看上去极具吸引力，令顾客满意于所受服务。助理需要查看库存货物，将货品正确摆放，服装挂在正确的衣架上，销售区里各种型号和颜色的货物库存充足。还要与经理们合作，在新品进店的时候搬迁存货并确保一切看上去整洁、干净、吸引人。

与客户打交道是每日工作中的重要内容。

销售助理也要花点时间处理货物登记。对有些人来说，这并不是这个工作中有意思的部分，他们更喜欢与顾客打交道。

与客户打交道是每日工作中的重要内容。客户可谓形形色色，体型、背景、种族、性格和心境都各不相同。你必须表现得热情、愉悦、善解人意，并努力满足他们的需求，面对不同的情形做出相应的反应。必须在为客户提供所需帮助、不让他们觉得有压力或者受到监视之间达到恰当的平衡。对存货的了解非常有帮助，这样你能及时找到客户所需或者为其不同选择提供有用建议。一些客户会希望你积极参与，帮助他们选择可能合适的服装，而有些客户只要你为某个问题提供一个言简意赅的回答。这个工作的另一方面涉及处理客户的投诉。你必须耐心地倾听客户的问题，然后运用自己的判断力做出处理。如果喜欢而且擅长与陌生人打交道，那么你就有可能做好这份工作。

这份工作对体力的要求相当大，几乎要求整天站立。由于直接面对客户，不论内心感觉如何，你必须时刻保持彬彬有礼并表现职业精神。有些人认为这份工作具有足够的多样性和刺激性，能让他们数年内感觉满意，但有些人认为这是实现业内其他职业目标的真正有用的跳板而已。如果对采购、商品企划和设计感兴趣，在销售行业获得的经验对你有利；如果你对商场管理感兴趣，这种经验更加不可或缺。

需学习的内容

- 零售趋势和结构
- 零售管理工具
- 产品管理
- 零售数学

链接

网上零售业工作清单：www.allretail-jobs.com

零售商：www.retail-merchandiser.com

全国零售联合会：举办零售界大型展会。www.nrf.com

评分等级

平均薪资： ●●●

入职难度： ●●●

如何脱颖而出

在面试之前，花点时间去了解销售前线的工作，了解库存，看看顾客希望购买什么产品。如果能在面试的时候谈谈你的见解将对你获得职位非常有帮助。

入职渠道

这是业内对学位没有要求的领域，没有任何工作经验也可以获得工作机会。可以查看网络或者利用职业中介，但最佳方式是印制个人简历，直接走进希望为之效力的商场并请求与经理直接面谈。

最大优势

· 与服装相关的工作，服装新品可以一睹为快；
· 帮助客户找到所需货品；
· 获得产品畅销的第一手资料及其畅销原因。

最大劣势

· 工作令人疲倦，工作时间过长；
· 有些客户可能会比较刁蛮，不好处理。

所需技巧

· 享受与不同人的交流互动；
· 对所售服装极其感兴趣。

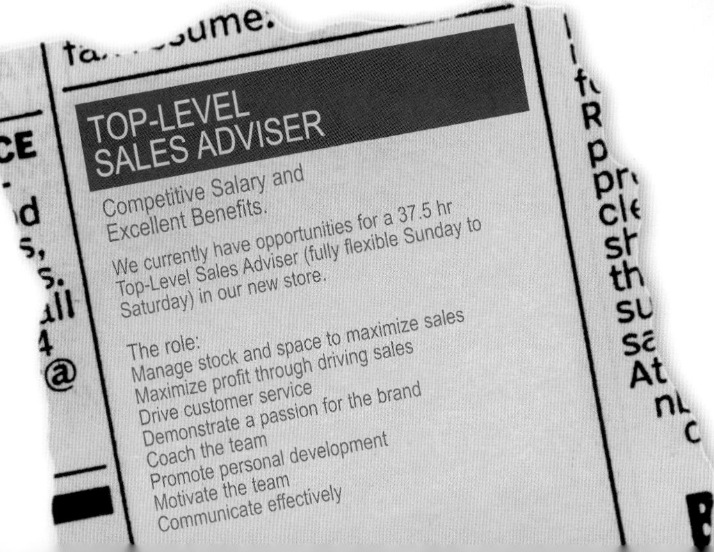

TOP-LEVEL
SALES ADVISER
Competitive Salary and
Excellent Benefits.
We currently have opportunities for a 37.5 hr
Top-Level Sales Adviser (fully flexible Sunday to
Saturday) in our new store.
The role:
Manage stock and space to maximize sales
Maximize profit through driving sales
Drive customer service
Demonstrate a passion for the brand
Coach the team
Promote personal development
Motivate the team
Communicate effectively

一日工作：销售助理

珍妮是一家出售欧洲品牌时装的商场售货员。客户服务是她工作的重中之重。商场的高价位要求零售展示也必须高端。

上午9:00——准备工作

珍妮早早地到达工作地点，查看存货清单，确保所有服装按风格、大小均匀整齐地悬挂在货架上。她用库存添补货架上缺少的服装，将其弄松弄平整，为配饰货架除尘。

上午10:00——商场开门

珍妮招呼布里塔尼，她是一位常客。她将参加一次游轮巡游，前来问询适合旅行的服装。珍妮了解她的风格并提出了几个建议。

上午10:20——新顾客进店

与新顾客打招呼后，珍妮向她介绍了商场的布局安排、相关尺码信息以及不同设计师产品的所在位置。珍妮不仅向她展示了打折商品，而且为她介绍了春季新品。

上午10:30——查看

珍妮去试衣间看布里塔尼，并为她取来一件小号服装。

上午11:30——购买

布里塔尼做出了最后选择，珍妮将服装带到台子上为结账做准备。

中午12:00——休息时间

在休息时间，珍妮开始为春季新品拆包，根据订单进行检查，查看吊牌并用商场专用衣架将其挂起。

下午1:00——为顾客服务

大量顾客进店，下午的时间飞逝而过。

下午5:00——即将打烊

珍妮帮助店长给人台穿上春装新品。然后，向商场递交一份最终评估报告，重新整理货品，调整货架。

Assistant Manager
Footwear retailer
We currently have opportunities for a 37.5 hr Assistant Manager (fully flexible Sunday to Saturday) in our new store.
Salary: $28,000–$36,000 per annum plus
Benefits: Would you like to work for a business where the passion is shoes?
Our client is the number one footwear provider in the U.S. and trades in over 50 countries worldwide and the key to our success is our people and the high levels of customer service that they deliver.
You will be responsible for driving the sales team on the shopfloor.

作为商场、部门或者百货商场租借地的经理人，店铺经理的职责就是对存货、人员和售货过程进行管理，以期达到销售额最大化和成本最小化。

店铺经理

店铺经理需要花相当多的时间进行人员管理，这也是这份工作的刺激和挑战所在。员工由形形色色的人构成，有把销售工作当成零售业职业长梯第一步的人，有一边读大学一边工作的人，有急于获得一份随便什么工作的人。总而言之，有热爱这份工作的人，也有不爱这份工作的人。跟这些人打交道并确保他们个个明白自己的职责、拥有技术和知识出色地完成自己的任务、保持积极性，这是店铺经理日复一日所面临的挑战。店铺经理需要拟定计划、培训和监控员工（在零售业，员工的离职率通常相当高，因此培训新员工常常是工作中很大的一部分），并确保有人负责货品登记，有人往货架上补货，有人招呼顾客，并同时要让所有员工有午餐时间、喝咖啡的时间，上早班的员工能在4点下班。

销售区的存货也由店铺经理负责。你需要管理发货，确保销售区陈列正确的服装；要定时进行盘点来监控存货失窃问题；也要参与销售区的重组，搬移货品为新品腾出空间，突出展示特定系列产品或者为特价促销活动摆放货品。

一般来说，在商场管理层中的位置越高，每日与客户直接接触的概率越低，但是作为店铺经理，可能需要处理客户投诉，因此，你的良好判断能力、协商谈判能力和客户服务技巧非常重要。店铺经理可以供职于百货商场、连锁店或者独立商店。百货商场或者其他较大型商场有时候会更具亲和力，拥有诸如店内休息厅之类的福利，但为较小型独立商店效力时，店铺经理有可能需担负更多职责。会期待你如同为自己的事业一样努力工作并独立作出诸多决定。

确保人人明白自己的职责并保持积极性，这是店铺经理日复一日所面临的挑战。

需学习的内容

· 零售趋势和结构
· 零售管理工具
· 产品管理
· 商场陈列
· 在公开场合讲话
· 交际
· 顾客心理学

链接

网上零售业工作清单：www.allretailjobs.com

美国零售联合会：对零售业进行宣传，举办零售界大型展会(www.nrf.com)，并出版店铺杂志。www.stores.org

美国零售业领袖协会：www.rila.org

零售商杂志：www.retailmerchandiser.com

《女性时装日报》：设有零售专栏。www.wwd.com/retail-news

评分等级

平均薪资： ●●●

入职难度： ●●●

如何脱颖而出

考虑商务端的问题：什么激发人们的购买欲望？也要对公司和公司的竞争对手进行研究。接受面试时应能够就此类主题进行讨论，特别是与自己希望为之效力的商场直接相关的主题。

零售业的管理职位差异性相当大，这取决于不同的客户群体。其工作重心在于了解特定客户的预期以及如何让他们感觉满意

入职渠道

大多数大型百货商场和连锁店都有管理培训计划。这些计划列出成为高级经理的所需技巧，并让受训人快速进行系列销售职位的轮岗练习，期望他们能在五年左右的时间成长为高级经理。这部分人员仅占零售经理中很小的比例。另一种入职渠道是从销售区域开始工作，慢慢获得晋升，也许先担负周六监理的责任，然后升至助理经理职位。学位对毕业生培训计划而言必不可少，但从其他渠道入职则无此要求。销售管理方面的学位会很有帮助，但通常商场聘用人手时对专业学科并没有要求。

在零售业内，职位发展的层次等级之分相当明确。从部门经理可以晋升为店铺经理和区域经理。也有人另辟蹊径，转而从事在总部的工作如买手或者商品企划师。

最大优势

· 从事时装业的工作。如果你热爱服装，那么每日与之相处会获得真正的乐趣；

· 与人打交道，包括员工、经理、总部的同事以及客户。

最大劣势

· 有的客户不易相处；

· 工作时间较长且不稳定。因为得整日站立，这在体力上也是非常繁重的工作。

· 假期反而是你最忙碌、最辛苦的时间段；

· 没有周末时光。

所需技巧

· 对服装的热爱；

· 客户的信任；

· 精力充沛；

· 对细节的关注；

· 商业头脑；

· 多任务处理能力。

伦敦塞尔福里奇百货公司二楼的“超级品牌”区，图为巴黎世家的特许经营店

买手是设计师和零售商的纽带。这是一个以团队为基础的职位，必须跟设计师、生产商和商品企划师紧密合作，他们决定采购的数量及所购物品的去向。

买手

取决于零售商的规模和业务范围，各个商场里买手的职责有很大不同。小型商场的买手通常购买大量不同品牌的商标产品来吸引特定客户的注意力，而大型连锁商场买手可能会参与规划、设计和开发过程。通常，买手的专长是产品的某个范畴，如休闲运动衫。但供职于小型零售商的买手可能需要采购较大范围的货物，如包括运动衫、运动短裤、运动裤和短裙的所有休闲运动服。不论采购的职责如何，其工作目标十分一致，即为商场提供货物，这些货物对客户具有不可抗拒的魅力、定价合理，进入销售区的时间把握非常精准。

买手工作的必备要素是对最新流行时尚进行调查研究。他们会参加纽约的时装秀，查看T台潮流趋势并查看潮流趋势预测网站。他们需对正在销售的货品和全球商场中最热门的产品进行调查。不同的城市以不同的时尚领域著称（如巴黎和纽约的女装，佛罗伦萨的童装，米兰的男装）。买手去这些以某个时尚领域著称的最佳城市旅行，参加时装秀，在商场购物，采购样品，拍摄街头人物并就即将出现的潮流收集尽可能多的信息。

旅行归来后，买手会聚在一起，对自己的调研进行“展示和说明”，查看照片、色彩、廓型、面料和主题，然后开始着手将这些缩小为一个故事。接着，让设计团队开始绘制出色彩板并为关键廓型绘制草图。等草图获得认可后，设计师会应要求填充自己的草图，添加配饰和面料的理念。

设计方案得到认可之后，买手开始做出决定向哪些供应商询问制作费用和样品。不同的供应商拥有不同类型的服装或者面料方面的专业知识，通常买手会要求至少两家不同供货商制作样品进行比对。美国本土还有一些制造

需学习的内容

- 零售营销管理
- 供应链管理
- 产品开发
- 市场背景
- 商业价值
- 交流
- 协商谈判

链接

全国零售买手协会：通过教育进行推进职业发展的机构。www. narbuyers. com

网上零售业工作清单：www.altretailjobs.com

美国零售联合会：对零售业进行宣传，举办零售界大型展会(www.nrf.com)，并出版商店杂志。www.stores.org

《女性时装日报》：设有零售专栏。www.wwd.com/retail-news

评分等级

平均薪资：●●●

入职难度：●●●

如何脱颖而出

在参加面试之前，对申请就职的公司进行相关研究。去商场实地走走，看看系列服装，观察来往的客户并考虑其竞争对手。

商，但绝大多数服装都在海外制作。随着对海外工厂工作条件的了解，很多零售商都非常关注服装生产的员工，采购员常常对工厂进行抽样检查，查看是否有糟糕工作条件的迹象。

采购员会向制造商递交大量细节要求来确保样品符合自己的要求。他们参加面料展如巴黎第一视觉面料展（Premiere Vision）和纺织品世界展（Tex World），会在展会上购买面料或者向制造商递交布料样片和草图，并提供诸如纱线色彩和缝线大小之类的细节内容要求。

案例分析

杰基是一名自由职业买手，为很多零售商效力。

杰基本科学的是食品、纺织品和消费者研究，这个专业本质上就是零售业的商务研究学位。她专攻纺织品，首个工作职位是一家全国性连锁店的分配员。她非常讨厌这份工作，因为她觉得工作非常呆板，毫无创意可言。不过这是非常重要的开始。

然后，杰基在一家大型时尚零售集团获得女式衬衫助理买手的职位，然后转入定制业和童装。她发现在这家公司内部不同领域之间的转换非常便捷，她最终选定了男装，从事了七年采购工作。后来，她担心自己会因此固步自封，如果再不调整的话就会一辈子困于男装。于是她在另一家零售商那里找了份新工作，负责童装的采购，然后又去别处负责少女装的采购。

如今，杰基从事自由职业工作，为大量不同零售商进行采购，也从事教学、写作和咨询工作。她非常喜欢自己职业生涯中的多样性。能够学习许多不同领域的工作非常不错，但在她看来，最有意思的就是到处旅行。她有机会去世界各地的时尚之都了解各种在售时尚产品，也有机会为了监管生产过程去一些游客不太踏足的有趣国家，在那里度过一段时光。

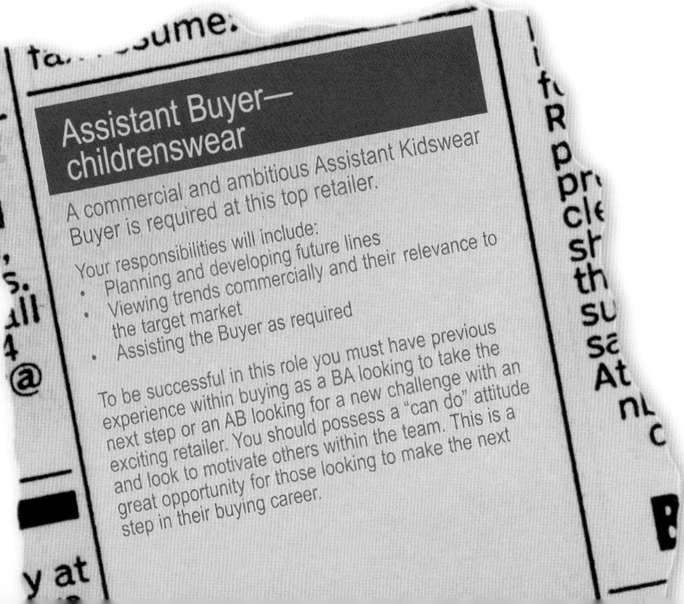

Assistant Buyer—childrenswear

A commercial and ambitious Assistant Kidswear Buyer is required at this top retailer.

Your responsibilities will include:
- Planning and developing future lines
- Viewing trends commercially and their relevance to the target market
- Assisting the Buyer as required

To be successful in this role you must have previous experience within buying as a BA looking to take the next step or an AB looking for a new challenge with an exciting retailer. You should possess a "can do" attitude and look to motivate others within the team. This is a great opportunity for those looking to make the next step in their buying career.

在两到三周的时间内会寄回样品。然后开始系列设计的计划工作。他们将不同的服装放在一起，决定哪些放在一起的效果更佳。在此阶段，采购员与商品企划师紧密合作。商品企划师会利用销售历史来确保某个系列风险低，有可能卖得好，而采购员更关注于某个系列产品更时尚、新颖且迷人，因而此时常常会进行大量辩论。

接着，考虑制作成本、消费者的消费意愿、季末减价、是否有“亏本出售的商品”（人们会决定出售某件价格低廉无法盈利的基本T恤，希望这件低价的精美T恤能够带动客户购买与之配搭的昂贵外套）等因素后，买手要作出定价决定。最后，要跟高级经理们开一系列的展示会，设计团队展示当季主题的色彩，商品企划团队谈论上个季节最畅销和最不畅销的产品，买手展示下季节的产品系列。

下一个阶段为试装过程。制造商提供各种型号的样品，然后买手和技术设计团队共同工作，用人台或者真人模特试穿服装获取正确尺寸。也需要对色彩进行检查和确认。买手应该已经向制作商提供潘通色号，但制作商需要提供不同色彩方案的样品供选择，不同的面料可能需要不同的“配色秘诀”才能看上去一模一样。然后会对这些色彩进行检查，确保它们在日光和商场灯光照明下具有良好的效果。

服装样品完美无缺后，买手会取两个完全相同的样品，封存起来，自己保留一个并将另一个送回给制作商供他们用作质量控制。然后进行服装的制作、打包、装箱并将其装运到商场。

商场买手从各种时装品牌（如妮可·米勒）购买商品，与品牌销售团队在制造商的陈列室里开会。他们会审查服装系列，选择与自己采购的当季产品配搭的设计，脑中会时刻考虑发货期间商场的整体形象。他们会就价格和发货选择进行协商，对销售人员提供的服装款式表内容进行标记，然后才会下订单。如果大量买进，买手常常会对款式、面料或者色彩做出特别要求，批发商会按照要求进行定制。这称为“自有品牌”，是零售商为了增加利润与顾客忠诚度而委托代工生产的产品。设计作品持有生产厂家的标签，但是品牌仅在零售商的商场出售。可能为这种特定品牌设有“店中店”来打响首选制作商的名声。

大型连锁商店的买手扮演的角色有所不同。他们参与繁复的产品开发以及与设计师、商品企划师和制作商之间的合作。他们是设计师和零售商的中间环节。

入职渠道

采购是非常有竞争性的职位，因为它结合了创意与商务，极具吸引力。拥有商务或者时装相关的学位非常有用，也需要获得一些无报酬工作经验，在成为买手助理之前担任一段时间的买手行政助理来熟悉这个行业，最终慢慢晋升到买手的位置。

买手需要对时尚和色彩的鉴赏力、对购物的热爱以及具有商业悟性和数字头脑。

买手需要对时装和色彩的鉴赏力、对购物的热爱以及具有商业感觉和数字头脑。

最大优势

· 购物；

· 全球旅行和建立人脉关系。

最大劣势

· 压力很大，因为工作涉及大量繁杂的过程，如果弄糟的话会极大地影响成本；

· 与难于对付的人共事，因此要脸皮厚。

所需技巧

· 对时装和色彩的鉴赏力；

· 对购物的热爱；

· 商业头脑和数字头脑；

· 与各种不同的人共事的能力；

· 多任务处理能力；

· 对细节的关注力。

取决于所供职公司的规模，买手每日实际工作内容各不相同，但一般来说，一位买手拥有至少一个助理或者常常拥有助理和行政助理两级支持。

买手助理/买手行政助理

本质上，买手助理（BA）和买手行政助理(BAA)的职责为在学习买手工作的同时，免除买手的行政工作负担。采购工作涉及大量的行政工作内容。需要计划旅行、安排会议、记录和补写笔记以及整理、标记和储存样品。然后还要处理大量邮件。采购工作严格程序化，即按照特定顺序完成具有明确最后期限的标准化任务清单。通常，BA或者BAA的职责是确定所有人对所需从事的工作及其完成时间一清二楚。

助理们也会参与更有趣味性和创意性的工作，如参加行业展览，旅行前往制作商和供应商所在地，以及参与制作决策的多种会议。热心帮忙的买手会让自己的助理有良好的机会学习工作流程并拓展技能，但助理自身也需要留心注意此类良机。

入职渠道

这是非常有竞争性的工作领域，因此通常需要以无偿实习工作开始，然后撰写求职信件或者在行业出版物上找寻工作机会。商务或者时装相关专业的学位十分重要。

最大优势

· 与服装打交道；
· 学习工作流程；
· 旅行，结识有趣的人。

最大劣势

· 大量行政工作；
· 没有你就无法继续任何工作，但是你的工作很多时候不能获得应有的认可。

所需技巧

· 组织技巧；
· 脸皮厚；
· 对服装的热情；
· 数字头脑。

需学习的内容

· 零售业销售管理
· 供应链管理
· 产品开发
· 市场背景
· 商业价值
· 交流
· 协商谈判

链接

网上零售业工作清单：www.allretailjobs.com
美国零售联合会：对零售业进行宣传，举办零售界大型展会(www.nrf.com)，并出版店铺杂志。www.stores.org
《女性时装日报》：设有零售专栏。www.wwd.com/retail-news

评分等级

平均薪资： ●●●
入职难度： ●●●

如何脱颖而出

在商场获得一些相关的工作经验，确保你能理解工作流程和顾客。

为零售商效力的商品企划师通常在连锁店的总公司工作，决定各种系列、各类服装的购买数量及将其发往哪些商场。

商品企划师

商品企划师的工作目标在于为每家商场获取正确数量的服装，让有购买意愿的客户有衣可买，在季末的时候没有服装剩余，或者至少尽可能接近这个数量。商品企划师的工作是以商业为重的时装职位，其根本在于实现销售和利润的最大化。商品企划师通过大量数字处理完成工作任务。他们将分析上个季节的销售情况，清楚了解什么产品畅销以及什么产品不畅销，什么赚钱以及什么不赚钱，还有销售额中必须扣除多少。他们要非常了解自己的客户才能知晓什么货物的销路会好。而且如果在总公司为多家连锁店工作的话，他们也需要了解各家商场里可能好卖的产品。这可能取决于商场所在地区的人口、典型客户的平均年龄和相对富裕程度或者诸如天气之类的因素。例如，相比圣地亚哥的商场，西雅图的商场里应该多放点羊毛衫。

商品企划师也非常依赖于团队工作，但是该职位的工作内容取决于他们所效力的商场类型。小型连锁店或者独立零售商可能只有一个人来完成采购和商品企划两项任务。有些零售商在机构内部设计系列产品，他们的角色非常有创造性。在产品开发过程中，他们与设计师、供应商、生产团队和买手共事。他们也负责分析性的工作，从事存货控制和上层管理，进行销售预测和评估之前季节的销售业绩，并设定利润额，创造一个“线性规划”来引导买手和设计师。有的零售商与供应商紧密合作，他们会与采购团队紧密合作。有商品企划助理或者商品企划行政助理协助商品企划师（亦称分配员）的工作。

商品企划师参与系列产品的选择。买手和设计师考虑时装秀的影响和下季潮流时尚，而商品企划更关注于考虑上个季节什么赚钱，为采购可能畅销的廓型、色彩和面料提供建议。例如，买手可能热衷于将一些亮色调引入反映当季T台潮流的针织品系列，而商品企划会指出在过去三个季节中只有黑色和藏青色有盈利。

然后，商品企划师会参与服装的定价工作。他们会以某个系列的期望盈利额的某些指导原则开始，然后计算可能以原价售出的单件服装数量以及季末需要减价出售的服装数量。下一步工作是考虑客户乐意为各种服装支付的费用，然后据此计算定价。

下一部分的工作流程是基于上个季节销售额的分析决定特定商品进入各个商场的数量，并与分销商和商场联系确保了解大家的意愿和期望。在有些公司里，商品企划师会

需学习的内容

· 零售业务

· 计算机和通信技能，包括Excel

· 商务影响

· 交流

· 协商谈判

链接

网上零售业工作清单：www.allretail-jobs.com

国家零售营销服务协会：www.narms.com

美国零售联合会：www.nrf.com

零售商品企划师杂志：www.retail-merchandiser.com

《女性时装日报》：设有零售专栏。www.wwd.com/retail-news

评分等级

平均薪资： ●●●

入职难度： ●●●

如何脱颖而出

对零售业的动态应与时俱进，理解什么产品畅销，什么产品不畅销，以及其中的原因。

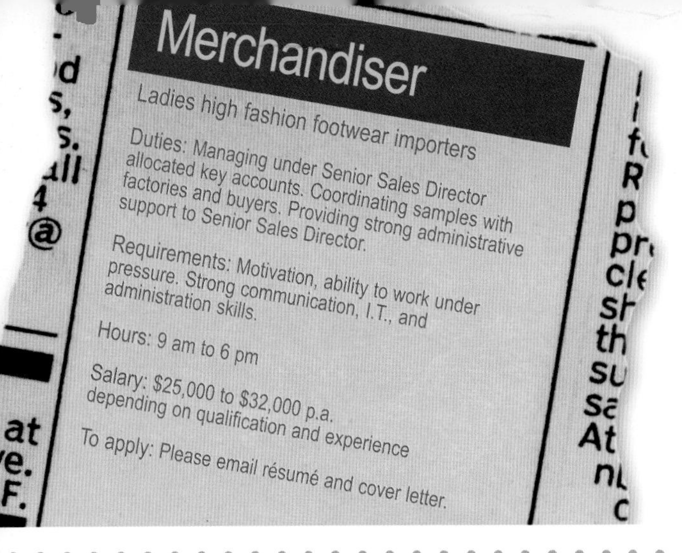

Merchandiser

Ladies high fashion footwear importers

Duties: Managing under Senior Sales Director allocated key accounts. Coordinating samples with factories and buyers. Providing strong administrative support to Senior Sales Director.

Requirements: Motivation, ability to work under pressure. Strong communication, I.T., and administration skills.

Hours: 9 am to 6 pm

Salary: $25,000 to $32,000 p.a. depending on qualification and experience

To apply: Please email résumé and cover letter.

与视觉陈列设计师合作，以最引人注目的方式展示服装，但是在别的地方，商品企划师的下一个任务是在季末参与减价出售的决定。最后，季节结束后，商品企划会进行深入的分析研究。不同类型的零售商工作速率大不相同，一些前卫的公司在两个月之内就让新服装系列进驻商场。通常情况是，商品企划师会提前9~12个月开始工作，这意味着在任何时间的不同阶段，他们都在处理三到四个季节的服装。

入职渠道

在零售业内，有一些针对毕业班学生的商品企划师培训活动，但是最为常见的开始方式是获得无报酬工作经验，迈出第一步，然后开始从事职位较低的工作（商品企划行政助理或者分配员）并在职学习。学位非常有用，但行业内公司特别感兴趣的是与数字相关的专业，如数学、经济学或者商务研究。

最大优势

· 商务和创意的结合；

· 积极参与商务的多个方面。

最大劣势

· 永远无法尽善尽美。

所需技巧

· 出色的数字头脑；

· 良好的计算机技术，尤其擅长使用Excel；

· 组织能力和多任务处理能力；

· 对客户习惯和时尚潮流的精确了解；

· 对时尚的兴趣并非必要条件，但非常有用；

· 与人打交道的能力。

一日工作：商品企划师

梅勒迪斯是一家时尚零售连锁店的高级商品企划师，该连锁店制作大部分自售服装并从多家供应商购买私有品牌产品。她的工作将分析性和创意性结合在一起。

上午9:00——初步策划阶段

这个阶段开始是与库存管理团队创造财务体系，为下个秋季销售预测进行规划并估计产品的需求量以及购买库存货物的可用资金量。

上午10:30——线性规划

梅勒迪斯提供将财务信息转换为设计师和买手可以遵循的“线路图”。“线路图”展示秋季各个发货阶段所需服装风格的数量以及廓型的分布。基于销售历史（过往季节成功的潮流产品）、品类增长和新潮流，规划每家商场服装的搭配策略。

中午12:00——与买手团队开会

梅勒迪斯展示销售预测和买手为满足目标需要采购的产品数量。她将与买手和供应商配合开发自有品牌产品。

下午1:30——与设计团队开会

梅勒迪斯向设计师交付秋季服装线性规划，附有每月发货期所需服装风格的数量。他们一起讨论秋季潮流、廓型、色彩和价格点。

下午2:00——首次采纳会议

设计开发数周后，设计师用概念板、色彩板、面料和样品展示春季服装系列。就特定风格和廓型的平衡进行一番商议探讨之后，做出决定。

下午4:00——生产会议

梅勒迪斯与生产团队开会，计划采购货源（生产地）、发货计划和各种风格服装的目标定价。

下午6:00——编辑和计划

梅勒迪斯根据预期定价对服装系列进行编辑来实现销售目标和标高售价。她在头脑中设想商场产品的陈列，并规划在各家商场内的产品结构。

商品企划的职业之路十分清楚。首先，获得一份商品企划行政助理（MAA）的工作，有时候也称分配员，然后获得晋升，成为商品企划助理（MA），初级商品企划师，最后成为商品企划师。

商品企划助理和行政助理

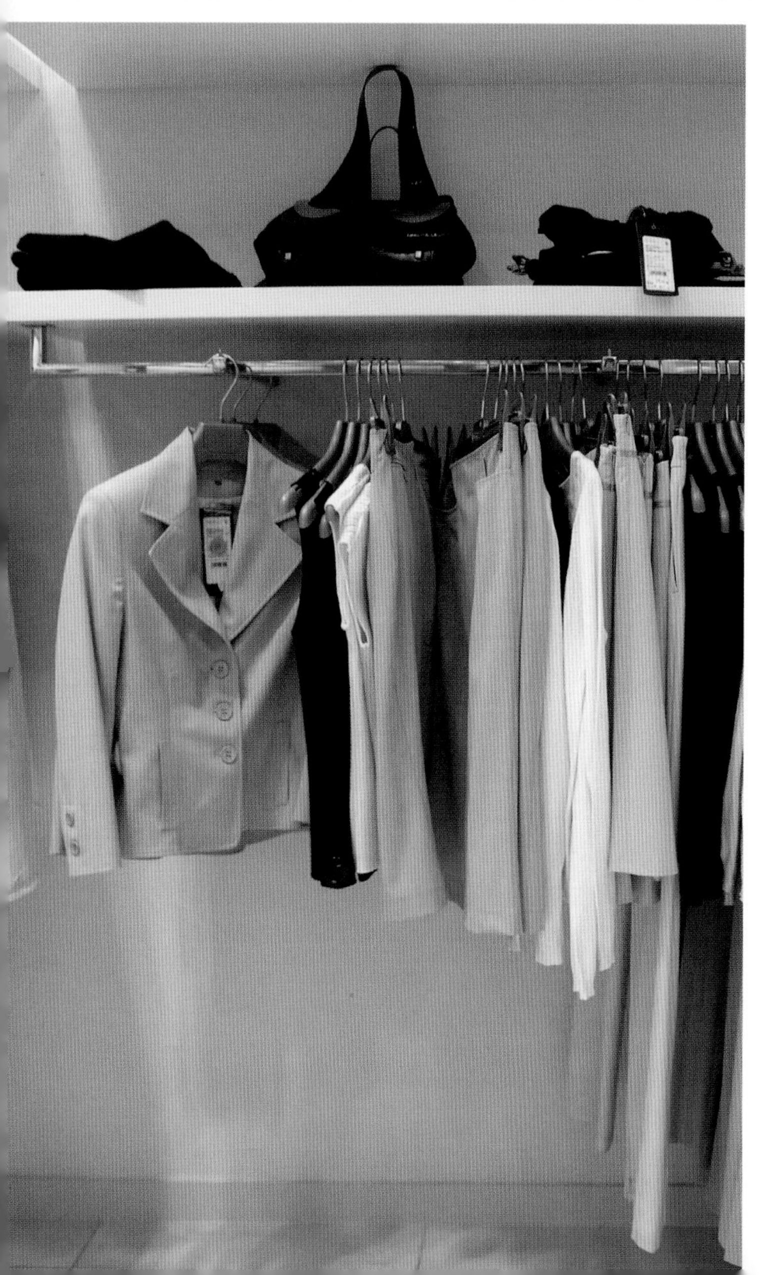

成为商品企划助理的职位通常相当快，只要你拥有基础技术并努力工作，5～8年的时间内就可以成为商品企划助理。商品企划行政助理（分配员）的职责是将正确的服装分发到正确的地点。一旦商品企划师决定了服装的去向，商品企划行政助理的职责就是确保这些服装准确无误地达到既定地点。你需要与后勤和分销团队联系，确保他们了解自己所需收取的服装及其去向，然后要与商场联系，告知发货内容，这样它们可以在销售区为新货腾出空间。行政助理每天要花很长时间坐在电脑前处理电子数据表，要参与输入销售数字的工作，并确保所有数据完整无缺并得到及时更新。同时，行政助理还需为商品企划师完成任何主题的报告，并回答数据方面的具体问题（如2009年12月第一周芝加哥商场出售了多少件黑色圆高翻领衫？这个数字与2008年明尼阿波利斯商场相比有何意义？）

入职渠道

虽然有一些毕业生培训活动，但绝大多数商品企划行政助理是通过职业中介、行业刊物登载的广告或者递交申请书找到工作。有些人运气比较好，应聘招聘广告就得到了工作机会。还有一些人必须获得无报酬工作经验才能迈出第一步。与数学相关的学位以及时尚方面的兴趣非常重要。

fa… …sume:

Merchandiser's Admin Assistant—Graduate

This is a great opportunity for a graduate looking to join a fun and vibrant retailer. This expanding business is looking for an ambitious candidate to join its merchandising team.

As a Merchandising Administrative Assistant you will be reporting in to the Assistant Merchandiser. Your responsibilities will include analyzing merchandise performance in order to maximize sales potential and liaising confidently across all areas of the business.

Ideal candidates will possess a degree in a business, numerical, or an analytical subject. You'll have a good commercial understanding of the retail industry and the merchandising function, as well as in-store or head-office retail experience. You should also respond well in a fast-paced, pressured environment.

自我陈述

克利现在担任一家百货商场的商品企划助理。

我本科专业是时装产品管理。我知道自己希望在时装业内工作，不过不想做设计。本来打算从事商业研究，我一边读书一边在一家时装设计公司实习，当时，有人告诉我说有时装业的专业商务课程，于是我开始寻找。我所选择的课程内容包括在企业实习一年，而这一年收获良多，所以衷心地建议考虑从事此类工作的人先从实习工作做起。

你无需拥有直接相关的学位，但我的学位的确成了我的优势，它说明我的兴趣所在并让我有机会获得极佳的实习经验。

学习商务课程的时候，我在一家连锁店和一家百货商场实习，还一边学习一边在Top Shop当销售助理赚点外快，因此，毕业时，不管是销售还是总公司的职能方面，我都有了一定程度的了解。毕业后，我受聘为商品企划行政助理，做了两年，学习了一些技能，然后觉得自己可以向下一个更高级别的职位努力了。在时装业，商品企划没有买手和设计领域那么充满竞争性，因此，与我的很多朋友相比，我的第一份工作来得容易得多。不过，建立一些人脉关系并培养对时装业的真正兴趣仍然极为重要。”

最大优势

· 快速学习的能力；

· 如果你对销售和商务感兴趣，这份工作极为有趣；

· 职业发展的潜力。

最大劣势

· 此阶段不会经常参与重大决定，这会让人感觉没有成就感。

所需技巧

· 计算机使用技巧，必须擅长使用Excel电子表格；

· 计算能力，即对数据进行阐释的能力；

· 组织技巧——物流工作非常复杂，如果货物不能在正确的时间送达正确的地点，将会造成资金和时间的浪费；

· 对时尚的兴趣。

需学习的内容

· 零售业务

· 计算机和通信交流，包括Excel

· 商业影响

· 交际能力

· 协商谈判能力

链接

服装橱窗：报道世界各地的商场橱窗。www.fashionwindows.com/visualmerchandising

商品展示设计和商场设计：为专业人士提供网络资源。http://vmsd.com

评分等级

平均薪资： ●●●（1/3）

入职难度： ●●●（2/3）

如何脱颖而出

对零售业的动态一定要与时俱进。

大型百货商场和连锁店聘用团队为商场进行外观、氛围、布局和展示效果的设计。目的是让每个门店拥有一致的展示风格，得体地推广服装并吸引顾客进店，提高进店率。

零售设计师

时装零售商的设计工作室一般都包含团队工作人员，分别负责包装（如袜子的卡纸包装）、纸板箱标记（“泳装两件套”）、道具（圣诞节的装饰品或者夏季烧烤用具）。这些团队的规模取决于商场的性质，不过在大型连锁店，项目经理、设计师、道具采购人员和视觉陈列师们会通力合作。

店铺每年会进行六次左右不同的设计，最为重要的总是圣诞节。设计师提前一年时间开始圣诞节的准备工作。他们从大量研究开始，需要了解纽约和伦敦上一年的圣诞展示，并从预测员那里了解下个圣诞节的潮流趋势（例如，红色的天鹅绒还是银色微微发亮的色彩）。然后，设计师们与买手和商品企划师联系，将这些理念与当季规划中的服装系列整合在一起。他们将一些想法在纸上呈现出来，他们会绘制草图，如红色垂坠的帘幕，悬挂的饰物和地板上闪烁的微光。接着，将这些想法向营销团队展示。

视觉陈列设计师与买手和商品企划师合作，充分了解每个系列的核心款式，然后需要决定每个店铺内每个橱窗里所有人模的服装选择。这会包括店内所有区域的产品，海滩场景需要家居部门的毛巾、杂货部门的野餐篮、配饰部门的太阳镜和帽子，以及男装、女装和童装部门的泳装和鞋靴部门的人字拖。设计团队需要确定各个部门的买手和商品企划师对最终的展示感到满意，而且展示效果吸引人，有品位且能够吸引消费者。

下个步骤为仿制一些实际的橱窗和店内陈设预览效果。如果获得高级经理的认可，团队会进入生产阶段，开始寻找供应商，寻找那些能够提供红色天鹅绒幕布和制作悬挂饰品的公司。

团队需制作一个宣传册，为每个店铺提供详细的指示说明，目的是让商场橱窗和店内陈列看上去与自己所预想的一模一样，并在需要时焕发生命力。

最后是让店内的陈列展示团队来确保展示效果的一致性和风格特点，并解决意外出现的问题（如悬挂的饰物对天花板来说过重，躺椅过大放不进狭窄的橱窗等）。

零售业发展迅速，常常无法预测，橱窗展示应快速响应行业的变化。阴雨潮湿的周末可能会导致太阳镜卖不动，因此陈列设计团队会应要求改变店内陈列，在下周强调太阳镜。展示中的主打产品销路会非常好，可能会在一周之内销售一空，所以店内陈列需及时进行改变，来突出

需学习的内容

- 零售品牌
- 信息技术
- 金融
- 消费行为心理学

链接

服装橱窗：报道世界各地的商场橱窗。www.fashionwindows.com/visualmerchandising

商品展示设计和商场设计：为专业人士提供网络资源。http://vmsd.com

评分等级

平均薪资： ●●●

入职难度： ●●●

如何脱颖而出

对零售业的动态一定要与时俱进

上图： 过去十年间，优秀的店内陈列效果，其商业潜力受到广泛认可

展示其他商品。设计团队应与公司的商务部门紧密联系，应对创意解决方案作出快速反应。

如今，橱窗展示在商业上的重要性比十年前要显著得多。销售经理和买手都认识到客户会受到橱窗陈列的吸引，因此陈列设计团队应具有商业头脑，而且需反应灵敏。

入职渠道

· 来自生产工厂、平面设计、代理机构和广告等不同背景的人从事此类工作。

最大优势

· 与店内店外大量不同人士共事，包括视觉陈列设计师、营销人员、印刷商和销售助理。

自我陈述

克莱尔是一家英国主要零售连锁店的装饰项目经理。

“我专业学的是营销和法语，因为一项直营的毕业生培训计划获，我获得首份工作。几年后，我以自由职业者的身份开始为一家大型综合类商场的包装部门效力。他们启用广告代理商进行实际的设计，所以我的职责主要是与代理机构联系，与客户和品牌进行沟通。随后我又以自由职业者的身份获得了一家连锁店的工作，起初是在包装团队，随后转至装饰部门。我的工作合约经过数次延期，最终成为常驻员工。

我非常享受在店内的工作，对我来说这就是鱼和熊掌兼得，既能拥有与设计师共事的创意性的时尚氛围，又能享有工作的稳定性。我热爱自己的工作，因为这份工作与各种有趣的人士打交道，而且每天都有不同。现在我是国内上下多家商场装饰的项目经理，我喜欢走进商场，看到自己的想法和设计出现在商场之中的那种感觉。目前我的工作重心不是设计，而是与人们的协调联系。不过我个人认为，必须拥有出色的鉴赏力和对设计的理解力才能做好这份工作。

这种工作并没有什么非常明确的职业路径，因此，我建议对此感兴趣的人士：获取广泛经验，保持开放思想。拥有出色的可转换技巧，这样你就能够在多种不同环境中运用自己的经验，所以不要仅仅因为工作对你来说并非完美就加以拒绝。”

最大劣势

· 直到最后一刻还会产生变数，虽然保持警觉性大有益处，但是不得不处理突发的问题会让人感觉十分沮丧。

所需技巧

· 沟通能力和协商谈判技巧；

· 组织技巧；

· 创造力。

视觉陈列设计师为零售商工作，进行橱窗陈列设计，展示服装配搭效果，吸引顾客进店。

视觉陈列设计师

视觉陈列设计师（VM）创造的展示效果通常出现在商场橱窗和店内。在较小型的商场里，VM的工作常由销售助理或者负责五到六家商场的区域VM完成。较大型的商场会有整个VM团队，团队人员分别负责不同区域、不同楼层或者橱窗、店内展示。

大型大众市场连锁店的总公司通常需确保国内各地每家店铺的橱窗看上去统一，所以会发放详细说明的资料包以及希望VM使用的所有装饰品。在有些商场里，VM们会拥有摆放服装和展示商品的一定创意自由。

在过去10年左右的时间里，零售业逐渐认识到视觉陈列的重要性，正确的商品陈列对销售有重大影响。VM们在商场商务端的重要作用日益增长，因此他们会应要求向高级买手和经理人提供信息。

陈列通常受到时尚潮流的引领，会反映当前服装系列的情绪和感觉，并突出展示一些关键货品。VM团队为人形模特穿衣打扮，融合所有适合的道具，并以最出彩的方式将它们进行安排摆放。这是对体力有要求的实际工作，尽管工作涉及一些漂亮的高级服装，你本人却要花大量时间趴着、跪着，绘图、张贴或者制作辅助道具。

上图：出色橱窗陈列的商业影响力如今受到广泛认可，但如图中伦敦塞尔福里奇百货公司橱窗展示所示，与其说正确展示橱窗陈列是一门科学，不如说是一门艺术

入职渠道

与时装相关的学位很有用，然后在VM团队中实习获取一些工作经验。购买大量杂志并经常逛商店，并开始分析为何某个商场具有特定感觉的原因。招聘广告通常在公司的官网上登出。

最大优势

· 很有创意性，也有商业性；

需学习的内容

· 零售品牌
· 信息技术
· 金融
· 消费者心理学

链接

信息与资源链接：定期展示纽约大商场的橱窗照片。www.another-normal.com

零售环境协会：关注视觉陈列设计和室内设计。www.retailenvironments.org

Stylecareers：一个时装业职业网站。www. stylecareers. com

评分等级

平均薪资： ●●●

入职难度： ●●●

如何脱颖而出

有时间的话尽可能多地参与一些有关的创意工作。为何不和你的朋友一起，制作一个时装写真呢？

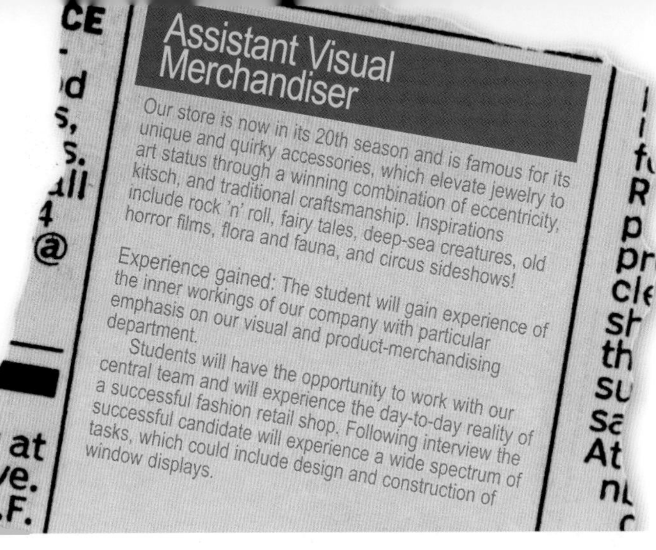

Assistant Visual Merchandiser

Our store is now in its 20th season and is famous for its unique and quirky accessories, which elevate jewelry to art status through a winning combination of eccentricity, kitsch, and traditional craftsmanship. Inspirations include rock 'n' roll, fairy tales, deep-sea creatures, old horror films, flora and fauna, and circus sideshows!

Experience gained: The student will gain experience of the inner workings of our company with particular emphasis on our visual and product-merchandising department.

Students will have the opportunity to work with our central team and will experience the day-to-day reality of a successful fashion retail shop. Following interview the successful candidate will experience a wide spectrum of tasks, which could include design and construction of window displays.

· 看到自己的劳动成果，会很有成就感。

最大劣势

· 尽管对这个领域的认可度日益增长，就工资或者地位而言，此职位并非特别有吸引力。

所需技巧

· 出色的鉴赏力；

· 解决实际问题的能力；

· 对服装的极大热情；

· 对艺术或流行文化的兴趣；

· 良好的立体设计技术。

自我陈述

凯瑟琳是伦敦塞尔福里奇百货商店的视觉陈列设计师。

“塞尔福里奇百货商店是视觉陈列设计师就职的好地方，因为我们的工作具有相对自主性。公司会为我们提供一个理念概要，然后鼓励我们对其进行解读，使其适应各个不同的空间。”

“我们刚刚推出了世界上最大的鞋子销售部，整个商场都在宣传鞋子。一个理念能够用于所有部门是非常不错的事情，鞋子的视觉陈列效果特别好，因为它们也适合男装、女装和配饰部门。”

对于自己的工作，她最喜欢的事情之一就是感觉自己身处商务的中心地带：

“我们跟各个部门的高级买手和经理人在商场中巡视，他们对我们提供的反馈表示认同。”

塞尔福里奇百货商店的陈列因其创意性在国际上享有盛誉，视觉陈列设计师团队与艺术家、设计师和音乐家通力合作，表现极具冲击力的视觉效果。

大型百货商场的橱窗陈列有时像是富于幻想的艺术作品，像是围绕商场的理念和品牌创造的一幅出类拔萃的画作

零售商或者商场聘用私人导购帮助客户寻找好看的服装，鼓励购物者购买。

私人导购

顾客出于多种原因征求私人购物顾问的意见。这些顾客中的很多人是因为特别场合前来购物，如婚礼、重大生日或者正装晚会。有些人都是因为新工作的缘故需要少量重要的衣物和配饰品，或者只是给自己一个奖赏。还有一些人是因为工作过于繁忙，没有时间亲自逛商场挑选。

配备导购的目的是让顾客感觉自己是座上宾。通常将顾客领入单独的房间，呈上一杯咖啡，而同时导购会尝试了解他们的购物意向。导购要弄明白场合、顾客所青睐的服装风格，当然也包括他们的预算。明白顾客需要寻找的服装并对适合顾客的廓型和色彩作出判断后，导购会去销售区为顾客取来一些货品试穿，并取来可供混搭的不同系列服装，也会带来一些配饰来展示最终套装的效果。然后让顾客试穿服装，看看哪些合适，最终让顾客满意。

私人导购的工作目的在于为商场增加收益，但是这种收益以多种方式体现，并非以当日成交量为主要衡量标准。如果一家商场拥有出色私人导购服务的好名声，这家商场就更有可能吸引顾客来接受这种服务，如果顾客感觉良好，就更有可能成为回头客。当然，如果私人导购的工作做得非常出色，顾客多数时候会当场付钱购买而非继续四处寻找。

上图：高级私人导购应拥有多年为不同年龄、体型和身材的男女顾客装扮的经验

需学习的内容

成为私人购物顾问无需学习特别的课程，但有很多私教课程很有帮助：

· 色彩分析
· 服装搭配
· 了解客户需求
· 识别不同体型
· 配饰搭配

链接

英国零售业顶尖的招聘机构：www.retailhumanresources.com

英国零售业集团：www.brc.org.uk

毕业生职位招聘：www.prospects.ac.uk

评分等级

平均薪资： ●●●

入职难度： ●●●

如何脱颖而出

在零售部门获得大量与顾客相处的经验。

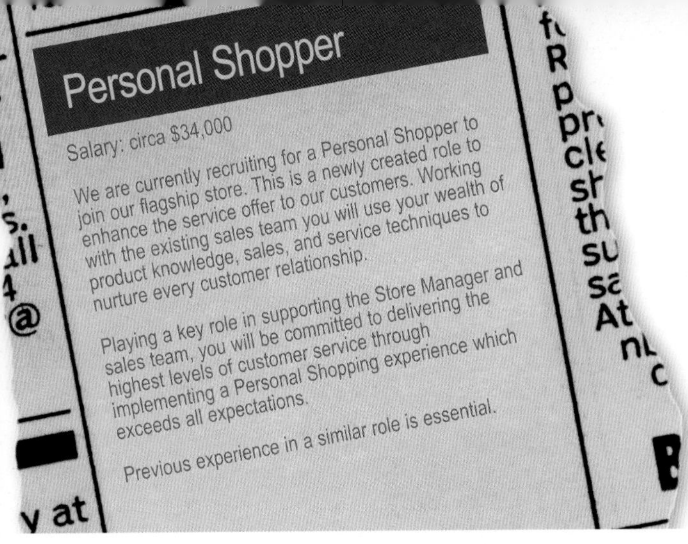

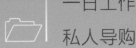

Personal Shopper

Salary: circa $34,000

We are currently recruiting for a Personal Shopper to join our flagship store. This is a newly created role to enhance the service offer to our customers. Working with the existing sales team you will use your wealth of product knowledge, sales, and service techniques to nurture every customer relationship.

Playing a key role in supporting the Store Manager and sales team, you will be committed to delivering the highest levels of customer service through implementing a Personal Shopping experience which exceeds all expectations.

Previous experience in a similar role is essential.

美国大多数私人导购受雇于零售商，也有少数为私人客户从事自由职业工作，他们的职责是去购买客户所需的商品，通常是服装，也可以是礼物、室内装饰品或者其他任何东西。

入职渠道

这通常不是首份销售工作，因此可能开始是当销售助理，然后尝试在那个职位上夯实自己的技巧。或者，也可以当一段时间的造型设计师，然后以此为起点转向零售业的工作。

最大优势

· 可以靠购物为生！

· 见证客户的满足是极棒的感觉；

· 可能很赚钱。

最大劣势

· 大多数时候，客户会满怀感激之情，但有时候他们的期望过高，最后会感觉无比失望。

所需技巧

· 了解商品库存；

· 了解当前的潮流风格；

· 时尚感和高品位；

· 了解如何配搭一套服装；

· 出色的人际交往能力相当重要，需要让人敞开心扉，与你相处愉快。

一日工作：私人导购

马克是萨克斯第五大道（Saks Fifth Avenue）的私人导购。他为各类客户提供个性化的服务和极致的购物经验。

上午8:30——存货检查

在萨克斯百货商场的各个部门之间穿行，熟悉新款产品和降价出售的商品。他为客户记笔记，并向他们通知特别的产品，尤其是降价出售的商品。组织能力和条理性非常重要，因为他必须了解众多客户的需求和喜好。

上午10:00——约会

常客凯特需要一件华丽惊艳的礼服参加慈善晚会。马克选择了几件礼服和配饰，将它们放在试衣间等候凯特的到来，还为她准备了她最喜欢的印度红茶。凯特充分信任马克，认为他了解如何凸显自己的身材并为晚会创造魅力四射的效果。凯特进店后试穿了四件礼服，选中了其中的两件。

中午12:30——会面

新客户苏珊刚刚找到一份新工作。马克去她家和她一起讨论了她的特别需求、风格、喜好和预算。马克查看了她的衣橱，记录商标、色彩和服装廓型，这成为他选择适合其新职业的服装的基础，同时能捕捉她的时尚品味。他建议了一些新服装来和谐配地搭她的现有服装。

下午2:30——“搜寻和收集”

回到萨克斯商场，为苏珊购买能为其现有服装增添时尚感和活力色彩的服装。他与一位销售助理合作，为苏珊保留极简夹克衫、短裙和丝质上衣，供苏珊第二天试穿。

下午4:30——网络调查

上网查看最新的设计师系列服装。他为几位客户记录能配搭的服装单件。

下午7:00——慈善活动

身着晚礼服参加慈善活动，与来宾们谈天说地，尝试建立人脉联系，同时借机观察大家的着装风格。

第七章

时尚传播

让大众了解各季新款服装是时装业非常重要的内容，也是极具经济价值的领域。设计师和零售商要让人们了解所售产品，也要展现正确的形象。时装业充满竞争，客户的喜好变幻莫测，所以必须准备充足的资金，并全面地传达自己的信息。

下图：T台走秀标志着设计过程的终结和宣传报道过程的开始

如今，传媒业最关注的就是收益，而收益主要来自广告，因此纸质报刊和杂志不遗余力地寻求为广告空间支付大笔资金的公司。除此之外，记者和编辑们都深谙此道，明白自己的读者热爱对时尚服装和穿着时尚大牌服装的名流们的相关报道，因此时尚专题报道能增加发行量，这又会带来更多广告机会和收益。不难看出，时装业和传媒业彼此需要，互相促进也彼此破坏。

时尚传播同样也是和设计或者生产一样的大产业。

设计师和零售商使用各种方法和技巧让世界了解自己的系列产品。市场营销人员往门缝里塞传单；时装秀制作人与舞台设计师和灯光设计师合作，让服装系列展现合适的风貌和感觉；摄影师通过模特经纪人找到模特，造型师、发型师和化妆师为其化妆、造型，然后摄影师为其拍摄照片，最后模特照片由编辑出版并配发记者撰写的文字。然后如此循环往复……

行业的两大块——时装设计和时尚传播彼此需要，互相促进，也彼此破坏。

行业传播方面的工作可以分成两大类：营销和宣传报道。营销团队代表销售人员的工作，包括设计师、供应商或者零售商。其主要目的在于确保消费者和潜在客户了解各个季节的在售产品以及品牌的宣传，基本上这意味着服装吸引目标人群的注意力。

他们会创建网站、制作产品目录册和广告，所有一切都经过精心安排，能给品牌塑造“恰到好处”的印象。这些工作所涉及的调查研究工作量相当惊人。市场营销人员知晓什么顾客进入了他们的店铺，谁购买了他们的产品，也非常了解他们的期望值。广告主要是针对你希望成为什

时装秀幕后的
工作压力极大

么样的人以及你是什么样的人，广告宣传攻势中有用的是那些对顾客进行积极乐观描绘的内容。因此营销专业人士需要对顾客进行深刻了解才能把事情做到恰到好处。这种方法对广告攻势中的所有细节都产生影响，包括所采用的媒体手段（是电视剧《美国偶像》《犯罪现场调查》或者“视野乐团”当中插播的广告？）、所选择的模特（可望而不可及的光彩夺目的美女还是秀丽的邻家女孩？）、代言的明星（维多利亚·贝克汉姆、金·卡戴珊或是劳伦·赫顿？）和明星们参加的活动（魅力四射的红毯活动，还是在公园里跟孩子玩耍？）。

媒体讽刺性夸张

与其他领域相比，时尚传播这个领域有更多充当媒体讽刺性夸张的主题。这包括《穿普拉达的女王》中的无情挖苦、《丑女贝蒂》中的喜感臃肿，以及*Vogue*时尚杂志魅力时尚的页面所展示的人人向往但鲜有人实现的生活方式。

营销部门的公关团队会使出浑身解数让合适的人代言自己的产品，不论是首映式穿着自家品牌服装的凯特·温斯莱特，还是“早安美国”节目的时尚编辑大肆吹捧你的最新款麂皮靴。

下图：红毯是时装业的绝佳展示机会，它能给摄影师们一个主题，给记者们一个故事，也给设计师们一些宣传曝光的机会

做发型和化妆会花上数小时，需要坐等良久

营销团队也负责安排时装秀，让服装系列参加纽约时装周的展示活动。这些活动会涉及大批其他专业人士，包括场景设计师、音乐人、发型师、化妆师和造型师，当然还有模特。

传播工作的另一个方面涉及宣传报道。其主要重心在于时装杂志（仍然是大型企业，非常有影响力），但也包括各种各样的报纸、无线电台、电视和网络上的新闻广播。传播过程中核心工作人员是作家、摄影师、编辑和创意总监，他们就向外发布的信息内容等作出决定。他们会审查T台服装系列，决定将留意哪些设计师，选择他们将进行推荐的大众市场服装。对设计师来说，这是决定命运的时刻，对杂志工作人员来说也是把工作做好的时刻。如果他们热捧的设计师结果并非大受欢迎，或者他们支持的美容产品并没有所宣称的美容功效，这会让他们的名声受挫。

核心的工作人员包括作家、摄影师、编辑和创意总监，由他们决定向外发布的讯息。

这些领域的专业人士可能是公司内部设置的全职人员，也有可能是通过代理中介，他们从事自由职业工作或者合同承包制，也有可能自己揽活或者由经纪人代为接活。

入职渠道

通常需要相关学位和大量无报酬的实习工作经历。要始终保持满腔热情，积极进取，活泼开朗。要让自己成为不可缺少的人物，要与结识的所有人成为朋友，或者尽力与大家保持良好的关系。

最大优势

· 身处行业的正中心，工作环境非常激动人心；

· 能够亲眼目睹自己的劳动成果，有实体作品（不论是照片、文章还是一场宣传活动）和最终效益（不论是销售额还是发行量）；

· 工作非常有创意，你将与大量有创意、有激情的人士共事。

最大劣势

· 入门实为不易；

· 在工作和生活之间获得合理的平衡非常不易。这不是朝九晚五的普通固定工作。如果从事自由职业，会发现接受的每一份工作都意味着巨大的压力，即便你是有度假计划或者一个星期都没能好好睡觉，你依然别无选择，只能接受。

所需技巧

· 所有职位都要求出色的人际交往能力。人脉关系非常重要。成为人们趋之若鹜的完美专业人士，让他们急于给你更多的工作，或者将人脉关系转变成能为自己帮忙出

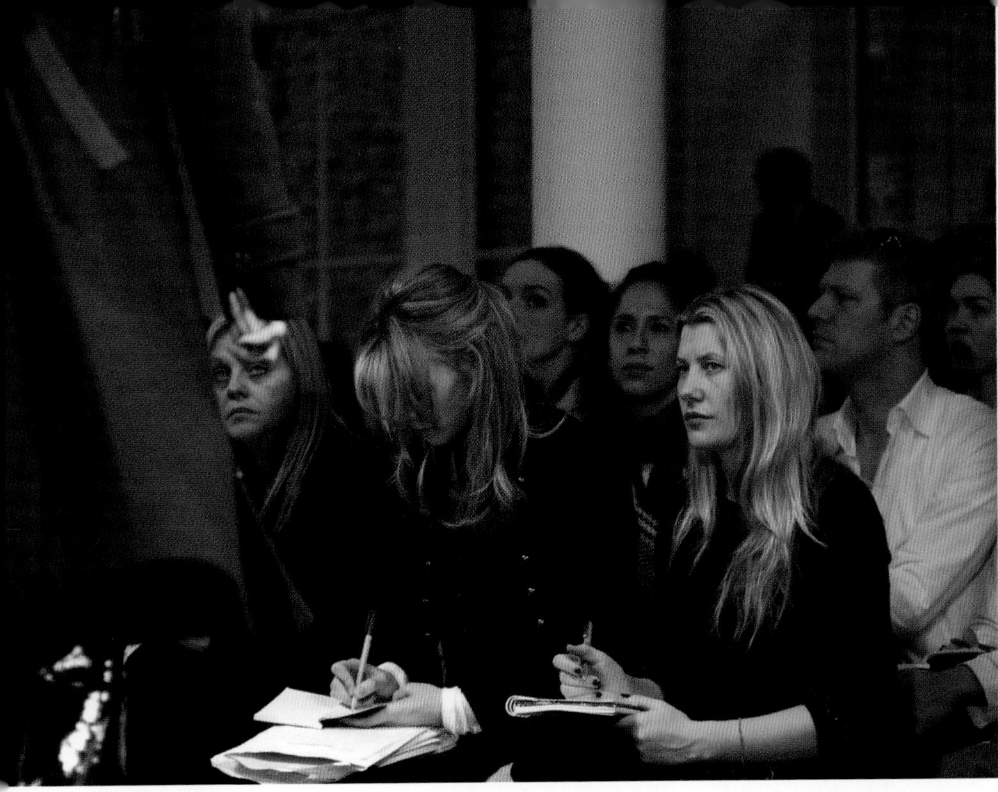

记者和编辑在时装秀场做笔记，他们利用这个机会了解下个季节主要的潮流风格

力的朋友，这对你极为有利。若是没有出色的人际交往能力，你就无法取得成功。

·才华——才华本身尚不够，但这是一个必备条件，你的文字作品、影像、鉴赏力或者理念必须新颖、有创造力，应优于几乎所有其他人；

·必须很有效率。如果你承诺将完成某项工作，那么你必须按时、按预算完成，作品比自己承诺的更加让人印象深刻；

·坚持不懈——这个领域的竞争性之强令人难以置信，在成功之前你会遭受各种各样的挫折。你可能需要从事一段时间无薪酬的实习工作；在某些阶段，别人对你会缺乏尊重；某些时刻，你肯定会自问还能坚持多久。但基本上，取得成功的都是那些从不放弃的人。

链接

新闻与大众传播教育协会：为追求新闻职业的人士提供帮助。www.aejmc.com

美国营销协会：提供有关销售的行业信息。www.marketingpower.com

美国公关协会：将职业发展和职业道德标准与公关职业人士聚在一起。www.prsa.org

新闻设计协会：促进媒体视觉设计。www.snd.org

PR或者公关的实质在于获取正确的宣传报道。尽管事关服装销售，但公关比做广告要稍稍微妙，主要目的是让公众相信自己的品牌符合他们所期望的形象。

时尚公关

设计师和零售商可能拥有企业内部的公关团队，也有可能将公关工作外包给代理机构。

时尚公关有两大主要推动力。取决于产品、品牌和目标客户，公关会偏重于二者之一。第一个是名流。名人效应是一个相当重要的影响因素，记者极为细致地报道他们的服装和品味，明星代言会让销售额发生巨大变化。

公关团队尽力让合适的明星穿着自己的服装出镜，这样他们要跟明星的经纪人、造型师和公关建立联系，让他们对服装发表意见。这个对高端时尚设计师和快速时尚零售商来说最为重要。

公关团队的另一个工作重点在于让记者的文字美化自己的产品。据估计，就销售额而言，编辑报道的价值是广告空间的四倍；考虑到*Vogue*时尚杂志的整版广告费用超过26,000美元，那么毫不夸张地说，良好的公关几乎价值千金。公关团队要与记者建立良好的关系，这些记者在电台和电视台工作，为时尚、美容和名流相关杂志和网站撰写文章，他们的文章的读者和节目的观众就是公关团队的客户。

让时尚杂志编辑为夏季系列撰写文章或者在“五件最佳礼服裙”中重点介绍你的小黑裙，这一定是增加销售量的制胜法宝，因为读者信任记者的客观性。

就销售额而言，编辑报道的价值是广告空间的四倍。

为了达到这个目的，公关团队应考虑多种不同方式让记者了解自己的产品。撰写新闻简报和制作新闻包是公关的起点，但时尚记者每天都收到很多这样的东西，公关人员必须更加努力才能突出自己的特定产品。个人关系在此领域极为重要。公关会花时间培养与记者和编辑的友好关系。他们会向其寄送带有当季系列详细内容的产品目录册

需学习的内容

- 传播/新闻
- 公共关系
- 广告/营销
- 时尚商品推销
- 时尚活动策划
- 时装史

链接

公关服装设计探索时装业内不断发展的公关角色，包括实习职位清单和职位清单。www.prcouture.com

公关新闻是公关世界为学习者和专业人士设置的网站，包括最近新闻、工作职位和实习职位。www.prnews-online.com

时装技术学院设有专门针对时装业的专有公关课程，包括时尚活动规划课程。www.fit.edu

评分等级

平均薪资： ●●●

入职难度： ●●●

如何脱颖而出

利用具有创意公关的元素制作条理清楚的作品集。在慈善时尚活动中当志愿者。这是进入此领域的上佳门路，是建立人脉联系的出色之处，也是展示自我激情的完美机会。

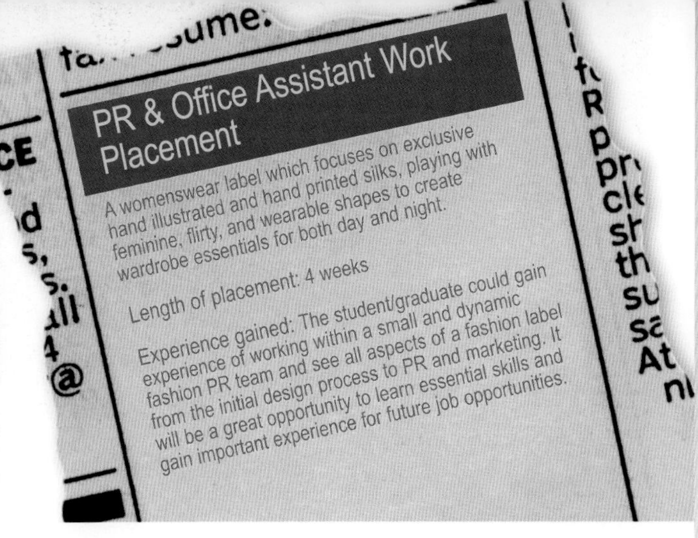

PR & Office Assistant Work Placement
A womenswear label which focuses on exclusive hand illustrated and hand printed silks, playing with feminine, flirty, and wearable shapes to create wardrobe essentials for both day and night.
Length of placement: 4 weeks
Experience gained: The student/graduate could gain experience of working within a small and dynamic fashion PR team and see all aspects of a fashion label from the initial design process to PR and marketing. It will be a great opportunity to learn essential skills and gain important experience for future job opportunities.

或者画册，会向杂志编辑寄送样衣，供照片拍摄或者安排记者采访日及其他活动，以此来确定记者们能优先考虑自己的产品而非竞争对手的产品。

除了这种积极进取的媒体管理，公关团队还需对媒体领域里发生的事件做出反应。代言自家产品的明星出了负面新闻、服装制作工厂受到媒体的曝光，或者重要杂志中一篇不好的评论，这些都会造成销售量下降，损害来之不易的好名声。此时，公关团队需要快速做出决定并对事件作出回应。

入职渠道

这是非常有竞争性的领域，而且期待无报酬的实习工作经验。通常需要相关学位，时装专业、商业或者文学专业都可以。

最大优势

· 在报上读到自己的文章或者见到名人穿着自己的服装；

· 与出色的人交往。

最大劣势

· 无法控制媒体的报道方式；

· 工作时间不确定。

所需技巧

· 创造性；

· 出色的人际交往能力；

· 扎实的写作技巧；

· 组织技巧；

· 正确的态度；

· 韧性。

案例分析

佐伊在一家专攻女式内衣的大型零售商担任公关。

佐伊本科学习的专业是时尚传播。通过一段时间无报酬的实习工作后，她获得了首份工作，供职于开展时尚制作和活动的一家公关公司。这家公司正处在蓬勃发展之中，作为公关助理，佐伊有机会与很有前途的设计师合作，其中包括加勒斯 · 普（Gareth Pugh）。

佐伊早期的职责包括撰写新闻简报，她因此学会了如何自我表达和用文字描述公司所开展的各种不同活动。为一家代理机构工作的时候，佐伊要接待大量客户，因为她与代理机构的客户和记者共事。他们的工作时间相当之长。工作繁忙的时候，她会早上五点开工，一直忙到夜里十一点钟。不过，她如此辛勤的劳动才有了对行业商业运转的彻底了解。六个月之后，在那里的两个实习生都申请了带薪的职位，另一个女孩得到了那份工作。佐伊感觉非常难过，但是总监告诉她说他实际非常欣赏她的能力，然后他代她四处打听其他的工作机会。

因为有总监的推荐，佐伊应邀参加了一家内衣批发公司机构内部的公关助理职位的面试，她获得了那份工作。三年之后，她申请一家零售店机构内部团队的公关经理职位，并成功应聘，她非常热爱这份工作。她给予那些考虑从事时尚职业的人们的建议是不要害怕：“这跟你认识谁并无关联，你并不需要结交正确的人。相信自己的价值。寻找机会，利用机会，并相信你能独当一面。”

营销的目的是让顾客购买你的服装。营销部门通常预算充足，营销活动的目的通常十分明确：看看这些漂亮的服装，来我们商场购买吧。

市场营销人员

营销团队会与买手和设计师合作，确保他们了解当季服装系列的理念和想法，并让他们了解服装。然后，他们会决定当季的营销策略，包括预算、媒体（广播、印刷品、海报、邮寄或者综合运用）、主题和目标。广告通常是营销活动的关键部分，但营销也包括目录册、直投邮件、时装秀、包装和优惠活动。

如果为设计师而非零售商工作，那么职责的较大部分涉及商场工作。你务必尝试并确定零售商真正了解服装系列和品牌，来保证他们能用适当的方式对服装进行促销。

了解顾客是营销非常重要的一个部分，团队对市场调研极为依赖，这样才能发现顾客心仪的产品和喜欢某种产品的意愿，何种包装能够吸引他们的注意力，以及他们对何种促销活动的反应最为积极。

营销经理通常拥有一个团队，但取决于部门的规模，团队的性质各不相同。大型零售商通常拥有较大的机构内部团队，包括摄影制片人和设计师。小型企业会聘用很多

Marketing Assistant

We provide a unique environment, with exclusive womenswear, menswear, gifts, and homewares. We have 21 stores offering a personalized boutique experience, with cutting-edge fashion and lifestyle products.

Duties: We currently have an opportunity for a progressive, creative, and talented marketing professional to take up the post of Marketing Assistant. This role is pivotal in ensuring the brand values are maintained across the marketing mix and the wider business through visual and written communication. Reporting directly to the Marketing Manager, a key objective is to create powerful, compelling, and unique marketing campaigns that drive brand differentiation and maximum profitability.

自由职业者，很多企业会利用代理机构（广告、设计或者营销活动），将活动外包。

营销专业人士可以专职服务于一家企业，也可以为代理机构工作。为代理机构工作更具多样性，你将为各种不同的客户工作，这会令人非常兴奋，但因为你提供的是收费工作，所有一切都受到十分严格的管制（你必须严格按照顾客的要求，在商定的时间期限内工作）。除此之外，有些人喜欢专攻自己喜欢的某个品牌，而不是接受代理机构分派的任何任务。

了解顾客是营销非常重要的一个部分；团队对调查研究极为依赖，这样才能发现顾客对产品的期待。

入职渠道

市场营销或者与商务相关的专业非常理想，但时尚专业背景同样非常有用。申请带薪职位的时候，工作经验对你非常有利，尽管这并非必要条件，大多数市场营销人员都以此方式开始自己的职业生涯。

最大优势

· 见到自己主创并努力的营销活动顺利进行并影响销售结果；

· 营销是出色的职业生涯。你处于商务活动的中心，营销经理常常最终成长为总监。

最大劣势

· 很难在工作和生活之间取得平衡，工作时间很长；

· 商务环境的内部因素意味着你常常需要对预算进行说明，并证明自己策划的活动在商业上取得了成功。

所需技巧

· 既需创造力又需实际操作能力；

· 出色的人际交往能力；

· 组织能力和应付最后期限和按照预算行事的能力；

· 脸皮厚很有用，学会认为批评并非针对自己的自我调节方式；

· 对时尚潮流的理解。

案例分析

莎拉是一家大型时尚零售商的市场营销人员。

一直以来，莎拉都对时尚特别感兴趣。但因为来自传统学校和更加保守的父母的压力，她觉得在大学只能学习他们心目中所认定的“学术”型专业。她的专业是历史，因为这是她最擅长的科目，她也非常喜欢这个专业，但是一直以来她非常清楚自己不可能从事与历史相关的职业。大四的时候，她的很多朋友都申请参加毕业生培训项目，莎拉也决定依样行事。她申请了很多专业，包括零售管理和销售，但发现自己更加适合营销方面的工作，因为这些工作允许她展示自己的创造力、商业悟性和人际交往能力。

莎拉在一家制药公司获得了营销实习生的工作，这为她的营销技术和技巧打下了出色的基础。对莎拉来说，这份工作唯一的缺点是不够有启发性。她坚持了两年，培训项目结束的时候，她开始寻找其他工作机会。她在一家大型时装零售商找到了一份工作，非常兴奋能够从事时装业的工作。她的学习背景并不受到公司青睐，但她让公司相信自己对产品的巨大热情并说服他们给自己一次试用机会。如今，她已经在那儿工作了五年多的时间，而且完全热爱自己的工作。“我花了很长时间才明白自己想做什么，如今身在此处，我感到没有比这更开心的事情了。”

需学习的内容

· 时装业务
· 金融
· 时装业分析
· 时尚管理
· 公共关系
· 新媒体企划
· 传播
· 消费者行为/心理学
· 社会学

链接

广告时代杂志：包括市场营销方面的信息。www.adage. com

营销职位网站：提供职位清单。www.marketingjobs.com

美国营销协会：提供营销相关信息。www.marketingpower.com

评分等级

平均薪资： ●●●

入职难度： ●●●

如何脱颖而出

为公司的客户拟定一个创意营销项目，以显示你对整个过程的热情，对公司和他们的营销活动进行调研。

时尚摄影师的工作包括编辑、广告或者目录册。在此领域中，创造性和薪金报酬之间存在负相关。

时尚摄影师

目录册制作的工作有严格的参数要求，报酬通常很高。编辑工作的创意投入可能较多，但报酬相对来说较少。

摄影师这一职位通常融合了不同的工作性质，有些赋予他们创意上的满足感，有些只是为了支付生活成本。

时尚摄影师的工作是展示服装的最佳状态。这需要各种技巧，摄影师有时候说按下快门是其工作中最小的部分，也许最为重要的是人际交往能力。摄影师必须能够极为高效地与客户进行交流，不论是与设计师本人、营销团队还是摄影或者目录册制作人。他们务必了解客户的要求，并让客户对其完成任务的能力有充分的信心。他们还要向共事的人，特别是模特们阐释说明自己的想法和指示。最为重要的技巧之一是让模特们表现最佳状态，要让他们感觉自在，并找到方法让他们的举止和身体的摆动完全按照适宜的方式。

摄影师还需要拥有出色的鉴赏力和良好的视觉感，必须明白什么样子好看以及如何实现这个目的。他们拥有众多独特的创意想法，但同时必须虚心接受别人的意见，并能够将理念和想法转化为美丽的图像。

对服装的热爱也很重要。作为摄影师，你应能够运用自己的技巧拍摄任何主题图像，但对时尚的热爱让你带有积极性、更加理解自己的客户，也能让你拍摄出最佳图像，因为你会本能地知道如何最佳表现服装的风貌。

摄影师必须明白什么好看以及如何实现这个目的。

如今，时尚摄影师几乎都拍摄数字图像，尽管有些高端的编辑工作可能会需要使用胶卷。摄影师通常应能拍摄数字图像和胶卷图像，也要能使用Photoshop处理

需学习的内容

- 数字图像的制作和处理
- 实景拍摄和工作室拍摄
- 暗房操作
- 影像法
- 视觉语言
- 标志性风格

链接

该网站提供此领域的建议和见解：www.fashionphotographyblog

职业摄影师杂志：美国职业摄影师协会创办的杂志，登载的文章有利于摄影师的职业发展。www.ppmag.com

Stylecareers：提供时尚摄影相关的职业清单。www.stylecareers.com

评分等级

平均薪资：不等

入职难度：● ● ●

如何脱颖而出

掌握电影艺术。很多摄影师看重电影中需要使用到的学科，因此，努力找一个相关的助理职位。

High Fashion Photographer
A promotions company aimed at merging music together with fashion.
Duties: We need a highly skilled, highly experienced photographer who deals with high-end fashion publications. To be part of a fantastic opportunity to raise their status and brand awareness to help launch the photo shoot of an artist signed to a major record label.
Requirements: The applicant must have a proven track record in fashion, have a high level of understanding when it comes to retouching, and be able to work with graphics, CGI if need be.

图像。

大多数摄影师从事自由职业，通过经纪人或者人脉关系获得工作。摄影工作会在摄影工作室或者实景地进行，或者前往世界各地参加各种新奇的拍摄活动。

入职渠道

从事摄影并没有唯一万能的方法，你必须有决心、韧性和热情，让自己能够面对挫折和失败，而这几乎是无法避免的经历。去参加面试的时候准备一份出色的简历和一份有说服力的作品集。找机会担任某位摄影师的助理。

最大优势

· 多样性；
· 创造性；
· 广结人脉。

最大劣势

· 获得入职机会非常难；
· 大多数摄影师从事自由职业，有些摄影师并不喜欢自由职业所意味的生活方式；
· 一些工作具有重复性。

所需技巧

· 视觉创造力；
· 出色的人际交往能力；
· 良好的组织技巧；
· 出色的摄影技术；
· 出色的CAD技术。

案例分析

杰米的职业生涯以担任摄影师助理开始。

杰米感觉自己花了很长时间才成为一名摄影师，但是他的经历不足为奇，因为很多成功摄影师职业生涯的开始要么非常不顺利，要么时好时坏。他从一开始就非常清楚自己的未来会在时尚摄影领域，所以他上大学时决定攻读能让自己专攻摄影的专业。回首往事，他认为这是非常明智的选择：“这意味着大学毕业的时候，我的作品集已经非常具有专业性，而且我所结识的人都跟我在同一领域。”杰米大学时非常积极进取，和同学参加了各种各样的项目，获得了大量工作经验，但是找到带薪工作的职位依然是一个非常缓慢的过程。毕业后，他在一家建筑工地上找了一份能赚钱的工作，把晚上和周末的时间用来找与专业相关的工作。他记得自己在最初的几个月里向时尚摄影师寄出了100多份简历。事后看来，他认为自己当时应该更有进取心：“我一直比较谨慎不敢烦扰别人，我觉得自己可能错过了不少机会，因为有些人忙得根本无暇顾及回复我的简历。”

最后，他与一位同事聚会，这位同事和他讲起自己之前效力的一位摄影师正在寻找助理，从事为期两周的海外工作。杰米跟这位摄影师取得联系，向她展示了自己的一些作品，然后获得了这份工作。他这两周时间过得十分精彩。虽然是体力和精神上的繁重工作，但他却积极地展示了自己的能力，并很快让摄影师发现自己不可或缺。回国后，摄影师请他参与了一些后续的其他工作，很快她一有工作就会想到他。

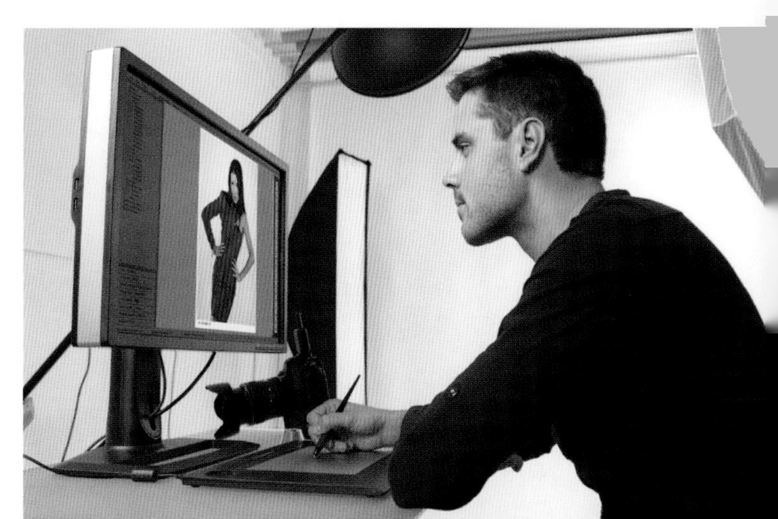

数字图像的制作和处理是摄影师工作的重要内容

摄影业有三种常见的初级职位工作。一开始从事这些工作时常常不计报酬，但很快就可以赚点钱。

时尚摄影助理

工作室摄影助理

摄影师通常会租借一个工作室或者在工作室里的房间进行拍摄工作。工作室经理让摄影助理帮忙，确定所有客户的需求得到满足并确保工作室正常运行。助理基本上就是干跑腿的工作，做所有要求他们做的事情。大部分工作是确保客户受到良好对待，如端茶送咖啡、准备午餐和满足其他需求。这个工作可能也会涉及大量体力劳动，如帮助客户搬动器材或者工作室的事先准备和事后清理。一天结束的时候，他们通常是粉刷工作室，为第二天的客户做准备。工作时间很长，常常是早晨第一个进场，晚上最后一个离开，但这是在业内建立人脉关系的快捷方法。

摄影师助理

摄影的数字化极大地改变了助理的职责，但情况依然却是大多数摄影师工作的时候希望有助理跟随在身边。助理的职责为体力和技术两方面的结合。摄影师常常使用很多重型器材，有闪光灯和照明设备、柔光罩、摄影伞、道具、便携式电脑、显示器等。通常助理需装卸摄影车并为实景拍摄准备所有器械。助手也会参与拍摄更为技术性和创意性方面的工作，管理亮度数据，在拍摄过程中与摄影师沟通。在使用胶片拍摄时，助理需负责确保布景准备得完美无缺，因为在拍摄过程中不会注意到背景里的垃圾桶或者模特一缕翘起的头发，只有在胶卷冲洗完成后才能显现出来，但像这样的场景再次拍摄也很难找到最初的感觉。应该感谢数字影像技术，所拍摄的图像即时在显示器上显现，摄影师和客户能仔细检查，然后决定是否需要重新拍摄或者随后再对图像进行处理。助理负责将闪存卡中的文件导入电脑并准备电脑进行

需学习的内容

- 数字化图像制作和处理
- 实景拍摄和工作室拍摄
- 暗房操作
- 影像法
- 视觉语言
- 标志性风格

链接

该网站提供此领域的建议和见解：www.fashionphotographyblog

职业摄影师杂志：美国职业摄影师协会创办的杂志，登载的文章有利于摄影师的职业发展。www.ppmag.com

Stylecareers：提供时尚摄影相关的职业清单。www.stylecareers.com

评分等级

平均薪资： ●●●

入职难度： ●●●

如何脱颖而出

学会如何表现强势的同时又不会惹恼他人。

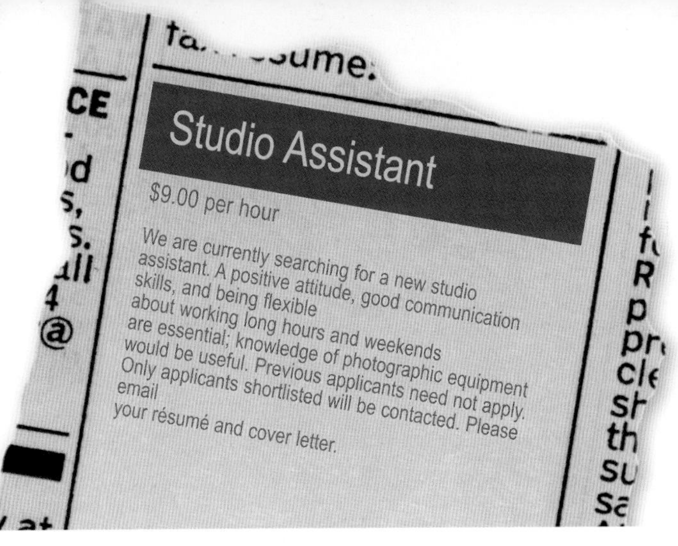

数字图像捕捉。

助理也参与图像的后期制作，用Photoshopto制作客户要求的图像。助理也需完成摄影师或者客户交付的工作，因此如果要人去买午餐或者咖啡，通常情况下都是助理去跑腿。

第二助理

在大型或者需要超大量器械的拍摄活动中，摄影师需要带上两位助理。第二助理的工作职责范围与第一助理大致相同，但更多的是取物和搬东西的体力活。有需要的话，第二助理会搬移照明设备、服装、电脑和道具，也要完成各种跑腿任务。

助理的工作时间很长，最佳方法为学好技术并在业内建立人脉联系。

入职渠道

建立人脉联系，建立人脉联系，还是建立人脉联系。多打电话，寄送大量简历。坚持不懈。

最大优势

· 每天的工作都很新鲜；
· 得以了解行业和工作过程；
· 能够建立有价值的人脉联系。

最大劣势

· 助理的工作涉及大量体力劳动，工作时间很长；
· 在创造性上感觉令人沮丧。

案例分析

克里斯是位摄影师助理。

他本科学的是摄影专业。在此阶段，他知道自己希望以摄影为生，但尚未决定从事何种摄影，因此他决定真正享受大学时光，实验各种不同风格的摄影。他非常幸运，在毕业作品展上，一位时尚摄影师相中了他的作品。她告诉克里斯目前手头上没有活给他干，但她很乐意将来请他当助理。

克里斯毕业后回家跟父母住在一起，开始联系时尚摄影师，向成百上千位时尚摄影师寄发简历和作品集。绝大多数人完全无视他，有些人非常肯定，对他鼓励有加，但没有人给他活干。几个月后，他联系了毕业作品展上遇到的摄影师，她还是没有工作交给他，但她知道自己经常借用的一家工作室的经理在寻找工作室助理。克里斯立即带着作品集去面试。他获得了录用，主要工作却是搬动器材、为大家倒咖啡、订比萨，充满热情地努力工作了几个月。他不喜欢这样的工作，但非常喜欢客户，喜欢那种工作环境。

四个月后有位摄影师问他是否有兴趣担任自己的助理，他抓住了这次机会。

所需技巧

· 要准备长时间的体力劳动；
· 热爱工作，求知若渴；
· 可靠性和大量常识；
· 与同事和客户愉快相处的能力；
· 对摄影过程和器材的了解。

时尚插画师并无单一的既定职业发展路线。他们会从事全职工作或者自由职业，可能会从事时装业中几乎所有领域的工作。

时尚插画师

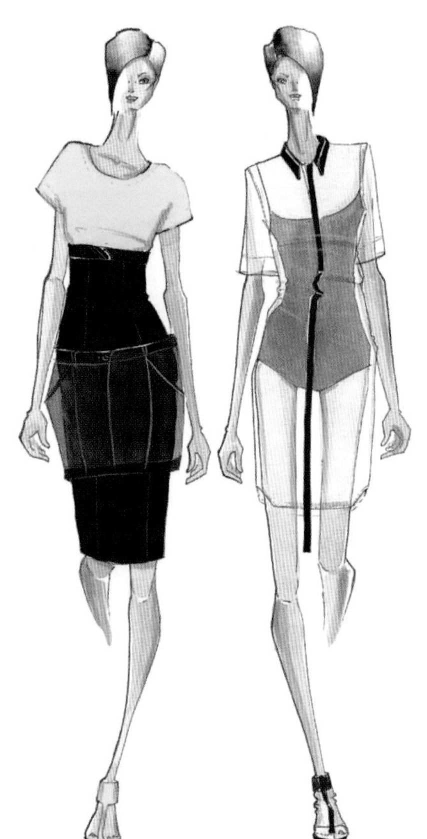

插画师需要出色的绘图技巧，同时，要正确理解服装与人体的关系

时尚插画师会为大众市场店铺或者T台制作效果图展示作品，为杂志画时尚插画，效力于广告代理机构、公关公司，或者为设计师的服装新系列制作平面或者3D效果图。

大体上，时尚插画师是根据某人的想法创造一个形象。形象的类型取决于产品本身以及图像的使用方式，但图像的目的几乎都是引起潜在顾客对服装的兴趣，因而图像必须具有创造力、艺术性，且引人注目。

除了绘图，插画师需要完成多种任务，包括选择色彩、声音或者动画来搭配某个特定服装系列，为服装的制作确定面料图案和设计，或者为杂志、宣传海报和宣传册进行版式设计。图稿通常用电脑或者手绘完成，也可用综合媒介，包括彩色马克笔、炭笔、模板、涂色或者拼贴。

典型的雇主包括：时装设计师、广告或者公共关系代理机构、杂志艺术总监、直接营销代理处或者网络设计师，多半工作为自由职业外包型而非终生聘用。

女装系列的三张CAD平面图

入职渠道

虽然资格证书并非该职位的必备条件，但大多数时尚插画师都需要某个领域的正式资格证书，如时装设计、插图绘制或者制图。这些课程教授所需的CAD技术，提高手绘技能，并进行大量的真人模特写生练习。

胸怀抱负的插画时需要出色的作品集来展示作品的深度和广度（见32～35页）。制作网上作品集或者个人网站也很有帮助。与许多时装业的自由职业工作一样，建立人脉关系的技巧也非常重要，所以要尽快开始建立和极力维持自己的人脉关系网。

无报酬的工作经验通常为制作作品集和建立人脉关系的方法。由于大量工作可以在家完成，将这个与带薪兼职工作结合起来相对比较简单。

时尚插画师的职业生涯能让人终生充满热情，但对那些渴望旅行的人来说，插画师以改行从事时装设计行业的其他工作或者专攻平面设计和插图绘制。

最大优势

· 可以将对时装的兴趣与艺术技巧结合起来；

· 处于时装业的中心位置，无需承担责任或承受作为单独设计师的压力；

· 职业生涯具有极大的多样性。

Illustrator

New style and personal shopping consultancy seeks illustrator to showcase our company.

Duties: To provide illustrations for the company website, and other marketing material in the future. Illustrations will be fashion related but are not to look obviously "fashion." They will ideally convey images of ordinary people, not leggy, beautiful, elongated model shapes.

Requirements: Artistic skill, as well as the ability to think outside the box. The ideal candidate is someone who takes the concepts of fashion and style a step further and creates images with their own identity.

Salary: Negotiable

案例分析

杰西卡是一家大牌国际设计公司的的设计助理。

杰西卡的本科专业是时尚插画。该课程主要学习数字平面设计和传统绘画技巧。她从事过两次实习工作，先是为伦敦塞尔福里奇百货公司制作一些橱窗设计效果图，然后在巴宝莉公司实习。毕业后，通过在巴宝莉公司认识的朋友介绍，在大型国际设计公司获得了设计助理的工作。当时她的工作职责兼顾服装的效果图绘制和平面设计。在此就业的两年中，她去过世界各地，参与在纽约、米兰和巴黎的时装秀工作。除此之外，她向人展示自己的作品集，利用杂志上发表过的作品进行补充。

最大劣势

· 很难进入这个行业，必须努力工作才能让事业取得进展；

· 制作出色的效果图并不能保证你能取得成功，要想成功，必须认识对的人，同时，也要让他们认识你；

· 如果你渴望稳定性，这个职业将不能满足你，因为大多数工作是以自由职业者身份进行或者通过短期签约。

所需技巧

· 必须擅长徒手绘制和CAD作图（普遍使用Photoshop和Illustrator）；

· 对时装设计和服装制作过程的认识；

· 对服装内人体运动方式的了解；

· 对服装时尚潮流充满激情；

· 与他人共事和准确了解同事理念的能力；

· 各种商务技巧，如自我推销、报告和商务规划。

需学习的内容

· 效果图绘制

· 技术规范

· CAD

· 一手调研、绘图和设计开发

链接

插画师协会：通过展览、讲座和教育促进插画艺术。www.societyillustrators.org

《女性时装日报》：美国时尚杂志，提供与插画相关的时装信息和灵感。www.wwd.com

评分等级

平均薪资： ●●●

入职难度： ●●●

如何脱颖而出

创造具有个性的图像，形成一种风格，既不矫揉造作，也无需完美无缺，既能笃定地运用黑白色彩，又能使用彩色的媒介，最后，应该有负责任的态度、高效，能够按时完成任务。

编辑对杂志全面负责并享有控制权。他们决定杂志的专题、包含的故事内容和报道的事件。

杂志编辑

除了负责出版物的文字，编辑也对图片有决定权，如封面用什么，每期的杂志要拍摄什么。他们会委派记者和摄影师制作作品，但对每期杂志的样貌和感觉拥有最终决定权。每期杂志的工作在出版日期之前很久就已经开始。例如，圣诞特辑可能在初夏就已经开始准备，这意味着编辑会一次同时处理六个或者更多期杂志，既要顾全大局，要让全年12期能形成一个整体，还要兼顾某期杂志中的单个图片等这样的细节。

优秀的杂志编辑要同时处理很多不同的事务。编辑要关注杂志销售的商务端，因为其职责是出版人们乐意购买、商家乐意在上面登载广告的杂志，所以必须极为充分地了解读者群，也要极其敏锐地预测读者喜闻乐见的内容。当然，还要紧跟时尚业的发展动态，与其保持良好的关系（如果杂志以时尚内容为主）。你需要强烈的时尚感，明白哪些新潮流会大行其道，哪些设计师需要关注。

杂志编辑的职责是出版人们乐意购买、商家乐意在上面登载广告的杂志。

这个工作的前提是以人为本。杂志的成功与否归结于团队的协同合作，与创意总监、作家、摄影师和营销经理的紧密合作至关重要。

入职渠道

编辑的职业生涯以新闻工作者开始，因此入职渠道是获得新闻专业学位、从事无报酬的实习工作和担任初级记者，然后再一步步地获得晋升。

最大优势

· 处于时装业的核心；

· 在很多书架上看到自己所创作杂志时的满足感。

需学习的内容

· 新闻报道、专题特写、设计和版式安排

· 媒体法规

· 速记

· 调查方法

· 商务研究

链接

Vogue：为全球发行的著名时尚杂志。www.vogue.com

新闻业职位：为寻找工作机会和学习机会的人提供资源或者常规职业信息。www.journalismjobs.com

《女性时装日报》：网上时尚杂志。www.wwd.com

评分等级

平均薪资：●●●

入职难度：●●●

如何脱颖而出

关键的不在于你知晓什么，而是你对时尚界人物的认识。你需要强大的交际网、天分以及精力，来持久地培养和维护你的人脉。

最大劣势

· 这份工作将占有你的人生，所以必须热爱它。

所需技巧

· 对时装业的激情和敏感；
· 出色的人际交往能力至关重要；
· 让人们各尽所能的能力；
· 干劲；
· 良好的组织技能；
· 大量的业内人脉联系。

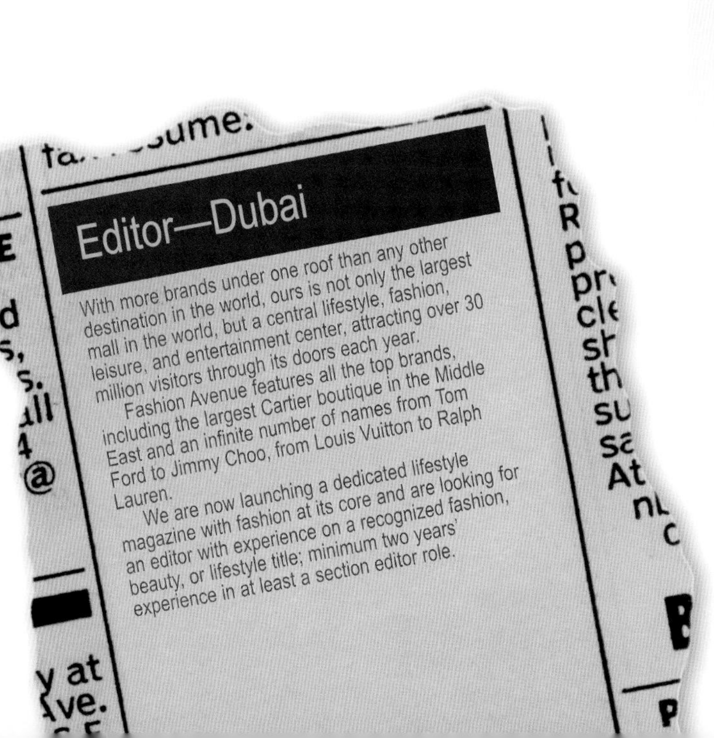

Editor—Dubai

With more brands under one roof than any other destination in the world, ours is not only the largest mall in the world, but a central lifestyle, fashion, leisure, and entertainment center, attracting over 30 million visitors through its doors each year.

Fashion Avenue features all the top brands, including the largest Cartier boutique in the Middle East and an infinite number of names from Tom Ford to Jimmy Choo, from Louis Vuitton to Ralph Lauren.

We are now launching a dedicated lifestyle magazine with fashion at its core and are looking for an editor with experience on a recognized fashion, beauty, or lifestyle title; minimum two years' experience in at least a section editor role.

案例分析

安娜是一家音乐和生活杂志的编辑。

她刚刚获得的首份编辑工作，是效力于一个大型音乐和生活电视节目的附属杂志。她进入新闻业的渠道非常不同寻常，因为她并未完成学位学习，一开始无意成为撰稿人。“我一直都知道自己想从事时尚商务工作，但不清楚是业内的何种工作，所以就糊里糊涂去攻读时装设计专业的学位课程了。”

第一年结束的时候，安娜和她的导师们都明白设计并非她的最佳职业之路。她非常善于分析别人的作品，但要亲自想出有创意的想法理念就非常困难。大学的时候，她参与校报的工作，报道学生的年终时装秀等相关工作。后来她决定放弃自己的学业，咨询就业顾问了解下一步该如何做。他们谈论了她为校报所做的工作，然后她明白新闻业应是她未来可以攻克的领域。

做出这个决定之后，安娜立即采取行动。她继续为校报撰稿，并向地方报纸寄发一些自己撰写的文章，最终成功地说服他们发表了几篇文章。出版的文章越来越多后，她在一家青少年杂志社工作了几个月，没有薪酬。之后，她受雇为初级时尚专题作家。并继续在这条路上拼搏，五年之后，她获得了一家小型出版物的编辑职位，尽管工作非常繁忙，要学习的内容特别多，但她非常享受自己的工作。

艺术总监与广告文案和新闻记者紧密合作。他们通常受雇于零售商进行推广促销工作，或者受雇于杂志来讲述关于服装系列产品、设计师和时尚潮流的故事。

艺术/创意总监

艺术总监来自各种不同的背景，他们可以是平面设计师、艺术家、时装设计师或者摄影师，可能以广告开始自己的职业生涯或者直接进入时装业。他们可能会从事自由职业工作，或者通过经纪人获得工作合约，或者受到终生聘用。

艺术总监开始工作的时候需要弄明白客户或者编辑要用特定档期的杂志、目录册或者广告宣传活动达到何种目的。然后，制作情绪板展示自己的想法。情绪板（用电脑制作但真实使用展示板进行展示）包括各种不同类型的图像，这些图像整合在一起综合表现特定的感觉和情绪。艺术总监可能已经十分明白要聘请的摄影师、造型师和模特，所以会在情绪板上展示几幅这些人的作品图像。

这个工作过程需要与客户或者编辑协力合作，他们会交换意见、商讨理念、激烈论战。艺术总监应了解客户的理念并运用自己的专业知识推进这个理念，或者对其稍作改动。

实际的拍摄工作通常压力重重，而且代价高昂，5天的时间很容易就花掉200,000美元，所以必须分秒必争。艺术总监应十分清楚自己下一步工作的打算、何时何地需要何人出场、每次拍摄的场地。不过拍摄总是不可预测的，如天气可能突变，导致海滩布景会在三小时内浓雾密布；你安排拍摄的房屋主人临时改变主意；摄影师食物中毒等。解决各种突发问题是拍摄时艺术总监工作职责的很大一部分内容。

入职渠道

迈出第一步非常不易。需要经历很多次面试并向他们展示自己的作品集。如果业内有你敬佩的人，与他们取得

需学习的内容

成为艺术总监并无固定路径，但可以学习一些对你有利的课程：

· 摄影
· 美术
· 造型

链接

摄影师协会：提供行业新闻和信息，并设有学生会员的栏目，为欲成为摄影师的学生提供支持，包括定期职业会谈和所需的资料。www.the-aop.org

《女性时装日报》：提供一般的时尚信息和时尚插画灵感。www.wwd.com

评分等级

平均薪资：●●●

入职难度：●●●

如何脱颖而出

不用害怕批评。学会清楚地表达自己的作品，同时，对自己和他人的作品能进行批判性评定。

左图：杂志的艺术总监是时装业内很有影响力的职位，也是最有竞争性的工作领域之一

联系。他们很有可能对你满意，将你招至麾下，启发你，即便是最糟糕的情况，也只不过是遭到拒绝而已。

职位名称各不相同，但可以从艺术助理开始职业生涯，依次成为设计师、艺术编辑，然后是设计总监，最终胜任艺术/创意总监。这些职位具有等级差异，随着职位的升高，决策的责任更重，会参与从理念到完工这个过程中的大部分内容。

最大优势

· 创造性地解决问题；
· 工作的多样性；
· 结识优秀的人并与之共事；
· 这是真正光鲜亮丽的工作；
· 与客户建立关系。

最大劣势

· 工作时间很长；
· 工作很辛苦；
· 创造力方面得做出妥协；

所需技巧

· 想法，想法，更多的想法。艺术总监工作之外的大多数时间都在寻找新的素材。他们会关注电影、时尚、建筑，旅游、人文以及任何可能有帮助的内容；

· 创意地解决问题的能力：事情出错，客户不满意，规则改变，找出更佳的新解决方案是你的责任所在；

· 人际交往能力也很重要——这主要涉及协同合作：要将客户、摄影师、模特、造型师和舞台设计师组织起来，形成良好的关系。你还要在高压情况下保持平静心态；

· 能够在危机时刻高效应对。工作中会有很多困难，会有最后期限的限制，因此总是要面临重重压力。

自我陈述

马特担任法国时尚品牌艾丽（Elle）的创意总监，也是自由职业艺术总监。

“我一直热爱绘画。十几岁的时候，我开始为认识的人制作海报和传单。这些工作都是免费的，但重要的是我十四岁的时候就在客户关系的处理上获得了一些良好的经验，这对我真地非常有利。我大学专攻平面设计，曾带着自己的作品集沿街向人们展示。在最初的几个月里，我获得了大约50次面试约见，遇到了一些真正愿意帮忙并给予我鼓励的人们。最后，我在i-D杂志担任无报酬艺术助理，获得了一些工作经验，随后我受聘为设计师。这是建立人脉联系的绝佳时期。那家杂志的工作人员热爱社交，虽然工作非常辛苦，但我们经常一起外出工作，因此在那里我结交了一些好朋友，他们对我的整个职业生涯产生了难以估量的影响。当然，对他们自己的职业生涯也大有用处。后来，我在伦敦和纽约的多家不同杂志担任各种不同的职位，这些杂志包括老牌英国男性时尚杂志*Arena*、法国时尚杂志艾丽和美心时尚杂志。在此期间，我一直坚持为零售商进行目录册和广告活动方面的自由职业工作。我拥有一些长期客户，如英国男装奢侈品牌君皇仕（GIEVES & HAWKES）和英伦原创的BODEN时装品牌。零售商多年启用同一位艺术总监，这一点非同寻常，不过我衷心热爱建立那样的客户关系，喜欢深入了解某个品牌。

我最喜欢的是知道自己随时会接到一通电话，去做一些让人出其不意的工作。这对我而言真是特别激动人心的事情，就是这个让我对这份工作长久以来兴奋不已。

这份工作是否真的光鲜亮丽？的确如此。我去世界各地游历、与优秀的人共事、接触名流、参加晚宴，而且收入颇丰。虽然工作辛苦，有时感到疲倦，但我无法想象自己还会喜欢别的什么工作。”

时装公司需要用自己的品牌服装照片制作目录册、广告和杂志。为了确保照片能够正确地传达服装和品牌信息，需要大量的工作投入，摄影监制的职责是进行拍摄，并确保拍摄工作按时、按预算完成，而且各方都感到满意。

时装摄影监制

第一阶段是获取概要介绍，这是拍摄理念的大体框架。概要通常由买手、商品企划师或者创意总监提供，可能基于他们对服装系列的灵感和理念。举例来说，如果夏季系列要体现水手的感觉，那么他们可能决定拍摄在海港进行，会拍摄一些游艇上的照片。

与拍摄相关的全部工作的所有细节都需要进行事先规划。拍摄活动花费巨大，所以监制要确保面面俱到并预测所有可能出现的问题。

拍摄活动通常在新品服装推出前大约半年内的时间进行，所以寻找合适的拍摄地点非常关键。夏季服装系列的图片将在隆冬季节拍摄，因此，如果打算拍摄海滩的照片，那么只能使用世界上特定区域的海滩。而冬季服装系列的雪景拍摄常常在高海拔地区进行，这样才能在七月份完成有雪地场景的拍摄。监制可能利用现有的人脉或者网站来确定一些可能使用的地点，也可能会亲自前往摄影地点查看一些可供选择的场景。下一步是集合团队。监制通常使用代理机构寻找合适的艺术导演、摄影师、化妆师和发型专业人士。监制与代理机构联系模特，也可能会跟买手合作来确保所选择模特具有适合产品的面貌。代理机构会递交多达400张模特的图片，监制将从中选择20位。

开始拍摄工作之前最后要办的一件事是选择服装并与造型师一起决定各个模特的着装。

拍摄活动花费巨大，所以监制要确保面面俱到并预测所有可能出现的问题。

拍摄时，监制全权负责所有工作。监制需要出色的把控能力和协调能力，包括从大局理念到微小细节的方方面面，应确保所有人准时到场、早餐准备完毕、模特知道何时去造型师那里试穿服装。

回到办公室后，需向买手团队展示所拍摄的图片，并进行挑选，使用Photoshop进行处理（他们可能要修掉纹身或者奇怪的阴影），然后将图片交给设计团队。

拍摄监制可以从事机构内部工作或者从事自由职业工作。机构内部的监制倾向于参与从理念到成品的整个过程，而自由职业的监制更有可能仅参与实际的拍摄活动。

拍摄工作非常复杂，而监制的职责为确保这些工作尽可能顺利进行

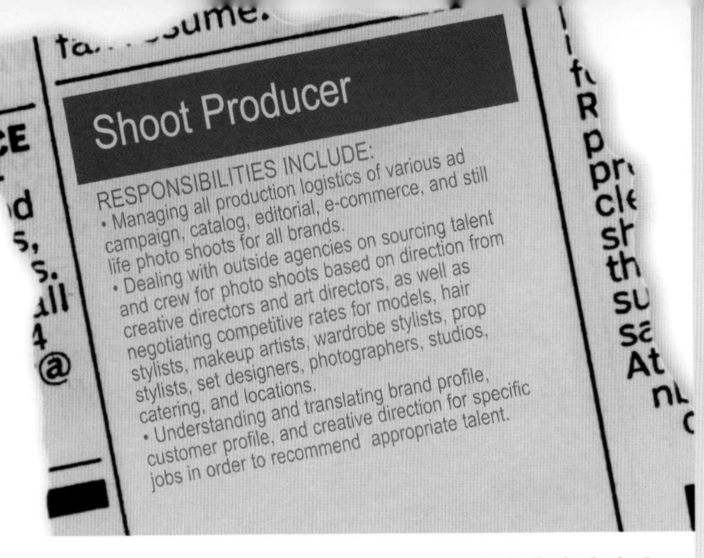

Shoot Producer
RESPONSIBILITIES INCLUDE:
• Managing all production logistics of various ad campaign, catalog, editorial, e-commerce, and still life photo shoots for all brands.
• Dealing with outside agencies on sourcing talent and crew for photo shoots based on direction from creative directors and art directors, as well as negotiating competitive rates for models, hair stylists, makeup artists, wardrobe stylists, prop stylists, set designers, photographers, studios, catering, and locations.
• Understanding and translating brand profile, customer profile, and creative direction for specific jobs in order to recommend appropriate talent.

入职渠道

如果表现出色并准备好长时间从事无报酬实习工作，这会带来带薪工作的机会。相关学科如摄影或时装方面的学位有帮助，但并非必要条件。

最大优势

· 旅行；
· 与出色的人共事；
· 参与从初期直到完工成品所有阶段的工作。

最大劣势

· 大家都认为你了解所有一切并能够解决所有问题！

所需技巧

· 出色的组织能力；
· 强有力的意志力和坚强的个性；
· 能够与各种各样的人共事。

自我陈述

海莉是Boden品牌的时装摄影监制。

“我认为从事这个领域的工作需要拥有两个真正重要的个性特征。首先必须能够创意性地解决问题，其次是有点儿心理学家的特质。作为监制，在某种方式上你是整个拍摄顺利进展的核心人物。人们期待你了解所发生的一切，解决所遇到的全部问题，而且，信不信由你，问题总是一箩筐！从弄清楚人们的咖啡癖好，到确保他们入住的宾馆房间温度适合，一直到下了三天阴雨后解决海滩拍摄问题或者把拍摄地点的预定时间弄错后想出另一个解决方案。你的职责是保证一切工作有序进行。另一个很有帮助的是能够读懂他人。你得应付如此之大的资金预算和如此之紧的时间安排，要确保人人表现最佳。你得知道向谁说好听的话，跟谁开玩笑，冲谁大喊大叫，还要能够预测人们的情绪变化并对其做出反应。

在此领域获得首份工作可能比较艰难。我给你的建议是卷起袖管，自下而上积累一些经验。可以在各种领域获得有用经验，结识不同的人：零售总部办公室、制作公司或者摄影师代理机构，但不论身处哪个领域，一定要让自己成为不可或缺的那个人。如果你的工作是打包服装，那么把打包的工作做到极致；如果任务是接听电话，那么接听电话的时候展示亲和力；如果任务是复印文件，那么学学怎么修理复印机。”

需学习的内容

没有什么学习内容是从事此行业的必要条件，但以下任何一点都具有相关性：

· 营销
· 广告
· 摄影
· 媒体研究

链接

该网址为摄影师、照相洗影印员和零售商提供信息：www.imaginginfo.com
提供模特、模特经纪公司和摄影师的清单：http://models.com
Stylecareers：提供时尚摄影相关职位的清单。www.stylecareers.com

评分等级

平均薪资： ●●●（1/3）
入职难度： ●●●（2/3）

如何脱颖而出

你要让人们知道你乐于吃苦，愿意从基层做起。

不论是谁的着装风格如何，对下个季节的影响因素如何，或者哪些大众市场零售商成功或者失败，很多人都愿意了解时装业的某些元素。

时尚记者

时尚记者的职责是为杂志和报纸撰写有关时尚界新闻、大事件、人物和服装的文章。你可能效力于以时尚为主的某家杂志，如*Vogue*或者*Elle*；或者是重点关注明星和流行文化的杂志，如*People*杂志或者*Us*杂志；或者更为传统的报纸如《纽约时报》。杂志和报纸显然拥有不同的读者群，他们希望了解不同的东西，但只有少数出版物声称自己的读者对时装业的任何方面都毫无兴趣可言。

时尚记者撰写的文章类型因报纸或者杂志的类型不同而不同，但很有可能需要撰写专题报道、新闻报告、大事件、撰写评论照片的文案以及采访名人。专题报道是篇幅较长的文章，会对特定问题进行较为深入的研究，其主题不限，可以关注过瘦身材的模特或者海外工厂的工作条件，也可以关注名流对时尚潮流的持久影响。新闻和大事件的报道是对时装业所发生事件的反应。可以关于谁穿什么服装参加奥斯卡颁奖典礼，对纽约时装周T台新时尚的一个评论，或者是对梅西百货公司本季度打破所有利润记录的新闻的反应。

很多大型杂志会用照片图像作为头条报道，然后要求记者撰写一些文字作为补充并对图像进行解释。这些可能是比较短的文章，叙述手法常常受到图片的限制。最后就是采访工作。可能会要求记者采访设计师、商界领袖或者名流，问询他们对时装业的观点。

记者也可能受雇于杂志或者报纸，但常常从事自由职业。自由职业记者会花大部分的工作时间为一两家特定出版物撰稿，也有可能利用自己的自由职业身份为大量出版物撰稿。

最近几年，网站和博客的迅猛发展为时尚撰稿人开辟了新渠道，因为他们能为现存网站供稿或者开写自己的个人博客。这是刚刚崭露头角的记者获取写作经验的出色方法，也是热爱写作的设计师获得一定关注的好方法。

时尚记者的生活真正具有独特魅力。设计师和零售商们总是在寻找出色的报道文字，因此为了让记者了解自己的服装系列会做出极大的努力，也会尽力让记者们了解自己产品的独特之处。这常涉及新闻发布和电话会谈，也会受邀参加时装秀、午餐会和招待性预展。这些并非工作的全部。大多数时间里，记者会独自坐在电脑边，努力寻觅一些鼓舞人心的话语来赶上下午五点的最后交稿期限，或者尝试说服某处的某位编辑，自己对夏季新时尚的视角非常独特，值得代为执笔。

入职渠道

成功的时尚记者采取了很多不同的入职路径，但有两个最为常见。一是接受作为普通记者的学习，然后专攻时尚，另一个是在某家杂志从事如造型师或者摄影师这样的其他职位来获取一些工作经验，然后转向新闻工作。

记者不必非要新闻专业资格，但专业资格在建立人脉关系和学习如速记和相关法规等一些基础技能方面很有用处。

外面有很多新闻课程可供学习；如果你打算攻读新闻专业，必须确保那是正式认可的学位。不论是否拥有资格证书，都必须获得一些无报酬的实习工作经验。一般来说，实习时最初的职责都是跟复印机和咖啡机打交道。但你务必表现得积极进取、随机应变、闯劲十足，尝试并说服某人给你机会写点什么。

记者也许更愿意以不同专业开始早期的职业生涯，如造型设计。如果你深度参与照片拍摄，参与决定图片所讲述的故事内容，那么开始写点东西配图也不算是极大的跨越。

最大优势

· 看到自己的文章登载在报纸或者杂志上；

· 有人付钱让自己了解时尚。

最大劣势

· 入职和保住职位都十分艰难；

· 作为自由职业者的特定的生活方式——缺乏稳定性或者确定性，没有固定同事；

· 有最后交稿期限的限制，或者不得不撰写自己不是很喜欢的东西，这样很难保证创意性。

所需技巧

· 你必须善于写作，这意味着能够高效地表达个人观点、用吸引人的方式写作，并能将自己的写作风格适应特定的读者群（为*People*杂志撰稿的语气并不适合《纽约时报》）；

· 必须对时尚特别感兴趣并有能力分析时尚，了解什么新颖，什么精彩，什么经典；

· 有组织和条理性，能够按照规定字数在规定时间内完成任务；

· 出色的人际交往能力。首先，必须理解自己的读者，他们对什么感兴趣，应如何与之交流。其次，要和你报道领域内的所有人建立良好的关系。你需要采访设计师、给公关打电话让他们递送样品，或者获得名人的独家专访机会。再者，新闻业非常讲究人脉，喜欢你的编辑才更有可能委托你工作；

· 评论时尚的时候能够保持客观的态度。

需学习的内容

· 新闻报道、专栏、设计和版式安排

· 在线新闻、在线视频

· 新闻法规

· 文化趋势和时尚预测

· 网站和博客设计

链接

新闻与大众交流联合会：推进新闻业的职业生涯。www.imaginginfo.com

《女性时装日报》：有关时尚业的资讯。www.wwd.com

评分等级

平均薪资： ●●●

入职难度： ●●●

如何脱颖而出

创立一个博客，撰写自己感兴趣的有关时尚的内容，它让你有机会展示自己的写作技巧和风格，同时也是建立人脉的好方法。

设计师一年两次向买手和新闻媒体展示自己的服装系列。时装秀监制完成此项任务，他们的职责是生动地展现时装系列的故事。

时装秀监制

工作的起点总是与摄影师对话，查看他们的情绪板和色彩选择，了解服装系列的灵感所在。这能让你真正了解系列的来源以及作品对设计师的意义。

时装秀监制的一个重要职责为集合合适的团队。监制要觅得正确的舞台设计师、灯光设计师、摄影师、导演、音响师和模特负责人。这些创意职业人士个个都要按照特定要求与监制合作，而监制要确保所有一切在正确的时间、以正确的方式整合在一起。

时装秀监制要确保所有一切在正确的时间、以正确的方式整合在一起。

时装秀必须遵循严格的预算和时间安排，企业必须落实到最小的细节。耗费巨大，对错误零容忍。其中最为重要的任务是找到秀场，监制必须确定秀场符合设计师的形象和风格，而且场地不仅为时装秀提供恰当的空间，而且为后台和宾客区提供合适的附属空间来确保整场秀流畅进行。

接着，监制会查看服装的面料和色彩设计并选择最佳的照明方法。他们可能需要考虑音乐以及最适合哪一类型的配乐。

模特选择总是整个过程中非常重要的部分。监制与负责挑选模特的导演和模特经纪人合作，为服装秀寻找合适的模特。举办时装周期间，很多设计师都同时需要模特，这时候模特工作的安排会让人特别头疼。

入职渠道

这份工作与激情息息相关，因此展示对时尚的敬业精神和浓厚兴趣是工作的起点所在。与时装相关的学位非常有用，但并非必要。在摄影机构获得一些实习工作经验是踏入这个这个行业的最佳方式。

最大优势

· 与其他创意人士共事——与创意人士协同合作是令人难以置信的精彩工作过程；

· 每场秀都各不相同，每次都能学到新的东西，这是业内非常有活力的领域。

根据服装上场顺序将服装悬挂于架子上，模特对整个服装的面貌影响很大

最大劣势

· 出现差错的时候。在时装周的预备阶段工作压力特别大，尽管你会尽力预先考虑可能出现的问题，但你常常会大为惊讶，因为总有很多意料之外的问题会出现，而你不得不解决这些问题。

所需技巧

· 创造力——你必须拥有出色的鉴赏力，能够进行视觉甄别（看出什么可以而什么不可以，并了解如何进行改动使其更佳）以及出色的想象力；

· 人际交往能力极为关键——这关乎理解和交流，与他人的合作以及在较高层面上对团队人员的领导；

· 必须具有非常出色的组织技巧——如果音乐未能在恰当的时间响起或者没有预先通知模特提前到达场地化妆，那么创造力再高超都无法挽救这一局面。

案例分析

夏洛特是一位从事自由职业的时装秀监制。

夏洛特的职业生涯以艺术和哲学史的本科开始，这听起来很符合传统的学术背景。她在一个非常有创意的家庭长大，习惯跻身于创意人群之中，谈论有创造力的想法。她为康泰纳仕集团（Conde Nast）当了几年造型师，获得了一些很棒的经验，也与一些才华横溢的人建立了联系，然后在25岁的时候创办了自己的制作公司。

2010年伦敦时装周上，夏洛特为埃米利奥·德·拉·莫勒那（Emilio de la Morena）监制的秀是其最为成功的秀之一。

这个秀的场景设计至关重要。埃米利奥希望自己的秀在20世纪50年代的“Soho”停车场内举行。这是非常不同寻常的场地，要找到这样的秀场挑战巨大（诸如如何接通电源！），结果表明这个地方对时装秀来说是完美的选择。这个场景非常诗意，受艺术家卢奇欧·封塔纳（Lucio Fontana）的灵感启发，到处都是破损拉扯的画布。他们在不同的区域利用白色棉纱布制作成半透明的层次，模特从四面八方上场。

她个人职业生涯最糟糕的时刻之一或者可以说她所面对的最大职业挑战之一，是盛夏时分在米兰一个黑色的帐篷里举办时装秀，而在举办前日空调发生了故障。夏洛特设法与200英里之外的一个意大利人取得联系借来了空调，由人连夜送达并在举办之前安装完毕。

需学习的内容

· 剧场设计
· 电视/戏剧导演
· 美术
· 时装设计

链接

梅赛德斯–奔驰时装周：在纽约一年举行两次。www.mbfashionweek.com

美国时装设计师委员会：提供有关美国设计师的信息和新闻。www.cfda.com

评分等级

平均薪资：● ● ●

入职难度：● ● ●

如何脱颖而出

在你联系摄影机构之前获得大量广泛的工作经验，如果你了解杂志、设计和商品企划，他们会刮目相看。

这个领域的专业人士可以专攻化妆、发型或者将两者结合。聘请化妆和发型专业人士的造型师和监制越来越喜欢两者都会的专业人士，因为这样能让他们降低成本费用。

化妆师和发型师

化妆和发型专业人士为杂志、沙龙、工作室、照片拍摄或者时装秀工作。在时尚圈之外，他们也为电影、戏剧和电视工作，通常都是术业有专攻，擅长某个特定的风格和风貌，如有的专有人士可能因其“自然”风貌出名或者因复古发型出名，他们也可以专攻妆容修补技术（如让某人的鼻子显得特别大）或者如伤口和烧伤等的特效化妆。

大多数化妆和发型艺术家从事自由职业工作，有经纪人为其揽活和议价谈判。为沙龙工作的艺术家们更有可能受到聘用，但仍有专业人士会将稳定收入的安全保证和自由职业的多样性结合起来。

为沙龙工作与为秀场、拍摄和电影工作是截然不同的工作经历。其中一个主要区别是，在于沙龙或者商店中，你是为普普通通的人服务，他们喜欢普普通通的样子，而为秀场、拍摄和电影工作的人与设计师或者导演合作，目的是为了达到强化其想象的戏剧性效果。你在为明星们服务，不论他们是演员、模特还是其他的知名人士。你得信心十足、善解人意地对待他们，有时候还得应付他们出名的自负心理。在沙龙和商店中，你的部分职责通常为销售。你得为某个化妆品品牌效力，在百货商场的租借地内工作或者在MAC这样的专卖店工作，或者你与独营某个品牌如倩碧或者宝美奇（Paul Mitchell）的美发沙龙工作，但不论如何，他们都希望你不仅提供美容或者美发服务，而且要说服自己的客户购买一些你展示的产品。基本工资相当微薄，大部分收入靠小费和销售佣金。在完成这些职责的同时，你可能会参加美容、讲课以及标准的剪发、染发、做发型和化妆工作。

需学习的内容

- 皮肤和皮肤护理
- 修护性化妆技巧
- 美容化妆技巧
- 流行美容潮流
- 美发的准备工作
- 吹干头发的技巧
- 马尾辫和发辫的编法
- 接发

链接

行业的信息和资源：http://makeup-mag.com

化妆与美发资源网站：www.gumtree.co.uk

媒体和时尚方面的技能咨询：www.skillset.org.uk

评分等级

平均薪资： ●●●

入职难度： ●●●

如何脱颖而出

为慈善时装秀做美发与妆容的志愿者，或者与摄影师合作，这样你们都可以充实自己的履历。

入职渠道

有很多课程可供选择，包括学位课程、短期课程、私立学校和当学徒。不论是在职还是通过正式学习课程学手艺，都需要建立大量的人脉关系和从事无报酬的实习工作来树立自己的名声。在职业中介登记注册是个不错的途径，但通常只有在这个领域拥有一定经验之后，他们才会聘用你。所有化妆和发型专业人士都拥有展示自己系列作品的作品集。

最大优势

· 实际工作过程非常悠闲自在；

· 你能清楚快速地看到自己的工作成果；

· 与各种各样的人共处。

化妆和发型专业人士通常术业有专攻，擅长某个特定的风格和风貌，如“自然”妆容或者复古发型。

最大劣势

· 有些工作需要坐等很长时间；

· 这个行业很难进入；

· 这个行业的职位分高低贵贱，获得成功之前，薪水极少。但是如果你起点很低，就很难打破职业瓶颈，上升到最高职位。

所需技巧

· 坚定的决心；

· 人际交往能力，特别是倾听别人的能力；

· 艺术能力和创意能力；

· 在压力下工作的能力。

案例分析

劳拉是从事自由职业的化妆艺术家，也在一家美容店做兼职。

劳拉一直热爱化妆和时尚，尽管最初她想当私人导购顾问，后来才决定把化妆作为以后追求的职业道路。上大学的时候，她专攻时尚化妆，学习了各种美容技巧以及化妆在时尚、社交场合和日常中的应用。

大学毕业后，劳拉的首份工作是在化妆品商店出售化妆品。教授化妆课程和举办化妆聚会。这对她来说是非常不错的职位，但过了不久，商店关张。她颇费周折，最后在美容沙龙找到了新工作。在此，她获得了各种各样的工作经验，真正享受与人们一起工作的经历，不过她觉得自己有点像整个赚钱机器中的齿轮，一直忙忙碌碌，不断地尝试向客户兜售化妆用品。

劳拉非常勇敢地决定单飞。她决定从事自由职业，也通过朋友、认识的人和应聘广告从事了多种多样的工作。她曾为电视台工作，为接受路透社采访的美国著名音乐人Lou Reed化妆，也为婚礼设计发型和化妆。为了获得一定的稳定性，她现在受聘于一家提供美发、化妆、手部护理和足部护理的美容沙龙。

她的最佳建议：“不要放弃，这类工作真的非常艰难，但是你务必坚持不懈。”

这个领域的工作不仅仅关乎你的技能，与客户建立良好的关系是成功的关键

模特可能是行业内最光鲜亮丽的职业。来自世界各地超酷的人士聚集在此，因为人们愿意支付数百万元让自己变得更漂亮。而且模特的各种事宜都由经纪人负责。

模特经纪人

模特经纪人的职责是为自己的模特找到工作。这涉及很多不同的因素。最突出的是与客户的关系。不论客户是监制、摄影师还是设计师，经纪人需要与客户建立真正融洽的关系来深切理解他们需要模特完成的工作。不同的设计师有自己心仪的“风貌”，而经纪人的职责就是确切识别该风貌并提供合适的精确模特名单。任何时尚摄影的模特选择对品牌的成功至关重要，因此监制需要花时间把工作做好。经纪人代理公司起初会给客户提供高达400名模特的照片，然后根据客户的选择，模特名单人数减少（这可能有大约100名模特），再安排角色分配，然后会花上两到三天观看模特们在T台上、录像里和照片上的样子。他们也会与模特进行交流，来确定适合该项目的模特。接着，经纪人会与客户商谈，为模特争取最佳报酬。

经纪人也与模特紧密合作，充分利用模特们的才能并对其事业进行管理。他们要确保模特的最佳表现，如有必要会改变发型和服装的风格。经纪人会监督照片试拍活动来确保模特拥有出色的作品集。模特们的活动选择或者拍摄都由经纪人负责安排，包括其他必要事宜，例如订票和确定模特们在正确的时间出现在正确的地点。

模特经纪人会抽取模特多达30%的报酬，因此确保模特拥有长久多金的职业生涯也完全符合他们自己的利益。

模特经纪人可以专注于男装、女装、童装、戏服或者超大码服装，既可以与成功的模特合作，也可以与新入行的模特共事。

在过去的十多年里，模特的工作领域发生了巨大的变化，竞争性越来越强也越来越复杂。互联网将本地市场变成了全球性市场，结果是代理机构在全球范围内进行竞争。例如，产品目录册的监制可能会让纽约、巴黎和伦敦的代理机构提供模特名单。如今，代理机构日益增多，当然业务量也在增加，特别是男装市场在过去的十年里得到大大扩展。

入职渠道

很多代理人、经纪人和星探也是模特出身，这是开始职业生涯的好方法，能了解这个行业和客户，但不是唯一途径。正规的资格证书并非特别受用，只有你个人的热情、工作效率和“鉴赏力”才能将无报酬的实习岗位变成带薪的职位。

需学习的内容

· 没有特定的课程需要学习

链接

模特寻找经纪公司：http://models.com

为模特和模特代理机构提供相关资源：www.modelscouts.com

评分等级

平均薪资： ●●●

入职难度： ●●●

如何脱颖而出

学一门语言，市场越来越国际化，因此，具有语言天赋将是你的宝贵财产。

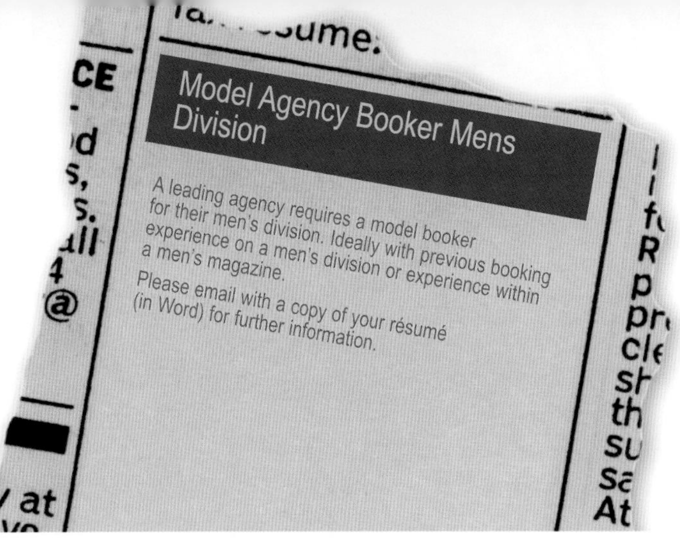

Model Agency Booker Mens Division

A leading agency requires a model booker for their men's division. Ideally with previous booking experience on a men's division or experience within a men's magazine.

Please email with a copy of your résumé (in Word) for further information.

最大优势

· 经纪人都认为他们的成功离不开模特、同事和客户。

最大劣势

· 要经常拒绝他人——不管是胸怀抱负但资质欠缺的模特，还是参加选角但未被选中的模特；

· 时装周的工作压力。

所需技巧

· 诚实非常重要，要让模特和客户知道他们可以信任你；

· 保持积极乐观、热情洋溢和有条有理非常重要。工作环境非常有压力，因此拥有相互扶持的团队非常重要；

· 个人魅力非常有用。

自我陈述

隆内克是一位模特经纪人。

隆内克已在Select Models工作25年，她无比热爱自己的工作。她十几岁的时候当模特出道，虽然并非十分享受当模特的实际工作过程，但这使她爱上了这个行业。以下是她给对模特经纪人的职业生涯感兴趣人士的建议：

"时装业的竞争极为激烈，因此，如果你要在代理机构实习，就努力去做；如果你在实习的时候表现出色，他们会让你留下来继续工作。你必须充满热情（全心全意地接受平淡无奇和激动人心的工作）、不辞辛劳（我们常常工作到夜里十点钟，周末无休）、有条有理和专注投入。我们也会在国外工作，因此掌握其他外语很有帮助。

阅读所有时尚杂志和博客，了解摄影师、造型师和艺术总监的名号，弄明白谁在负责哪家刊物。

不论何时何地都要搜寻新模特，如果你拥有'出色的眼力'，这是获得代理机构认可的理想方法。如果你能挖到有潜力的超级明星，并为此树立好声誉，那么你已经成功了一半。"

模特经纪人的部分工作职责是准备宣传材料，展示模特们最佳、最典型的一面

在光鲜亮丽的时尚界的所有工作职位中，也许没有什么比模特工作更加令人称心如意了。新闻报道铺天盖地都是他们妙不可言的生活方式、赚得盆满钵满、衣着光鲜，当然，这些模特都拥有沉鱼落雁闭月羞花之美貌。

模特

真实情况当然与此有所出入。尽管有少数模特达到这样令人炫目的高度，但获得成功的几率还是非常微小的，因此将成为“超级名模”作为自己的职业目标几乎不可避免地让人以失望告终。然而，有很多模特以较为低调也没那么激动人心的方式从事一段时间的模特事业作为谋生的一部分。所以，也不必就此放弃！

模特可以参与少数几种不同的工作。最为出名也最具有竞争性的是担任T台模特或者平面模特。设计师在时装周和其他重大活动上聘用T台模特展示自己的服装系列。平面模特为杂志和报纸拍摄照片，展示其选定即将进行报道的服装。在这两个组合之外，还有一些较为边缘化、竞争性较弱的模特工作领域。商业模特指电视、报纸和广告牌在广告中启用的模特。产品目录册模特受雇为特定零售商的服装产品当模特。当客户寻找超大号的、不同寻常的甚至是“难看的”模特时，特色模特就开始工作了。还有艺术学校聘请真人模特供学生学习人体绘画。

大多数模特的工作都经过某个代理机构，所以为自己找个经纪人是必不可少的。不同经纪人专注于不同类型的模特、不同类型的工作，甚至不同类型的风貌，因此务必进行调查并寻觅最适合自己的代理机构。

入职渠道

假如你在放学回家的路上没有被星探相中的话，最佳的方法就是为自己找一位经纪人。你必须先准备一个作品集，让人为你拍摄一些造型作品。非常常见的方法是与摄影师合作。你免费当模特，而摄影师给你拍摄一些照片供你制作作品集。

某些方面一定要十分小心。几乎在所有情况下，你都不用向许诺你光辉灿烂模特生涯的那个人支付大量金钱，以防被骗。而且如果你不满十八岁的话，一定要与父亲、母亲或者监护人一起前往。

模特行业非常艰辛，但是对那些获得成功的人来说回报是极为丰厚的

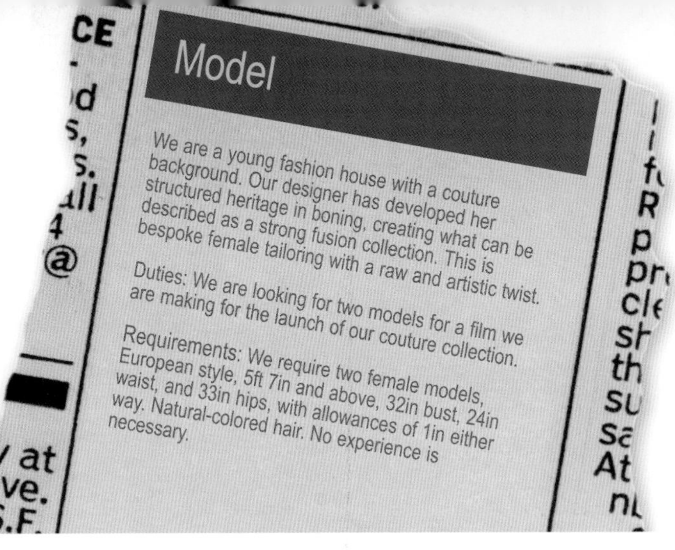
Model

We are a young fashion house with a couture background. Our designer has developed her structured heritage in boning, creating what can be described as a strong fusion collection. This is bespoke female tailoring with a raw and artistic twist.

Duties: We are looking for two models for a film we are making for the launch of our couture collection.

Requirements: We require two female models, European style, 5ft 7in and above, 32in bust, 24in waist, and 33in hips, with allowances of 1in either way. Natural-colored hair. No experience is necessary.

最大优势

· 环球旅行；

· 亮丽的服装、盛宴、魅力四射！

最大劣势

· 这是非常艰辛的工作——工作时间很长，有时候工作环境毫无“魅力”可言，常要站立等候很久；

· 进入这个行业极为艰难，即使你能努力以此为生，你的职业生涯不会长久。模特们二十五六岁以后就已经过了黄金时期；

· 只有成名成功之后模特才会赚钱，而且你得向代理机构支付费用才能参加试镜。

所需技巧

· 你的外表看上去要非常出色，包括身高、体重、身材比例、肤色、发型等；

· 个性要好，你得好相处，有耐心，愿意也能够按照摄影师和导演的要求作出反应；

· 要自然，不矫揉造作，拥有表演能力。

案例分析

珍妮特是刚刚起步的模特。

与很多小女孩一样，珍妮特总是希望有朝一日能够成为一名模特。她常常穿着睡衣在卧室里走来走去，仿佛自己正走在T台上，她也常常在镜子前面摆姿势，一弄就是几个小时。长大后，她非常理智而务实。学习非常优秀，考入大学学习时装设计。“我觉得当模特是个愚蠢的梦想，学习时装设计能让我进入正确的行业。”

珍妮特非常喜欢自己所学的课程，但是到目前为止，对她来说最棒的部分是她的同学在学期末需要服装秀模特的时候，珍妮特总是热心相助。她非常喜欢当模特，但是还是没有想过要以此为生。不过，在一场期末服装秀上为朋友的服装系列作模特的时候，观众中的一位模特星探问她是否愿意去代理处试拍照片。“我不敢相信自己。我真的不敢相信自己！”她去了，试拍非常成功，她受到代理处新人部门的聘用。

刚开始时工作并不多，但是有好几份工作她都在入选名单内。她为目录册当模特，赚了一点点钱，下周还有一场面试。珍妮特不知道自己在模特行业能走多远，也十分清楚模特的职业不会很长久。因此，她一直努力脚踏实地地努力工作，充分利用每一分钟的时间。

需学习的内容

· 没有特定的课程可供学习

链接

国际模特和人才协会：为新人才举办年会。www.imta.com

帮助模特寻找经纪公司：http://models.com

为模特和模特代理机构提供相关资源：www.modelscouts.com

杂志《超模无限》（*Supermodels Unlimited*）：聚焦于美容业。www.super-modelsunlimited.com

评分等级

平均薪资：不等

入职难度：●●●

如何脱颖而出

相信自己的直觉，问自己任何能启发你思维的问题。如果你未满18岁，在父母和监护人的陪同下去试镜。

造型师的工作要求出色的鉴赏力和对潮流时尚（商场在售产品和T台展示作品）的深入了解，但最为重要的是为别人、为不同的场合设计造型。

造型师

造型师并非将自己的观点强加于他人，而要与他人合作为特定的人和特定的场合表现正确的风貌。造型师通常效力于杂志、目录册或者广告拍摄，也为电视和个人工作。由于纪实电视节目以及人们对名流生活方式的进一步了解，造型师的工作开始为人所知，造型师职业如今被认为是时尚传播中最令人瞩目的职业之一。如果你既有品位，又擅于搭配服装，而且擅长找到适合别人的风格、个性和身材的服装，那么这可能是适合你的领域。当然，最后一点至关重要。

为杂志担任造型师

编辑或者创意总监会向造型师介绍基本情况，告诉他们为谁造型以及需要制作何种风貌。然后造型师会联系为特定设计师或者零售商工作的公关团队获取所需服装或者亲自去商场看看有些什么服装合适。这些服装通常会无偿借给造型师使用，因为设计师的服装在杂志中出现有非常好的宣传作用。造型师需配搭全套装备，因此也需要考虑配饰和鞋子。

造型师会参加拍摄，为模特或者名人装扮，会与摄影师及发型和化妆艺术家合作来表现正确的风貌。受杂志聘用的全职造型师，其职责范围比从事自由职业的造型师要宽泛得多，因为自由职业者可能仅参与服装和配饰工作，对于整体风貌和发型及化妆并没有什么发言权。

为电视节目担任造型师

拥有“明星”主持人的电视节目通常聘用造型师为名人们选择服装。电视监制决定所需风貌类型，然后向造型师介绍基本情况，整个系列节目的制作给他们15套左右服装的预算资金。通常造型师会花几天和主持人选购服装，然后将服装向监制展示，在开始试穿之前需获得监制的许可。这种造型工作要求造型师与所装扮的人之间关系非常

嘎嘎小姐出境的时尚摄影“无人能如此”，现场时尚造型师：GK Reid （图右）

紧密，造型师要热心支持又要令人安心。造型师所面临的一大挑战是必须确定监制团队和主持人都对自己的选择感到满意。

音乐造型师

音乐造型师的工作具有挑战性，这要求造型师要运用大量的创意。拍摄音乐视频和演出时造型师为音乐人造型，有时候造型师会发现自己深陷乐队经理、录像监制和音乐人的不同意见之中，人人都对最佳风貌和时尚拥有自己的观点。

产品目录册造型师

产品目录册的工作并不被视为最有创意的工作环境，但常常特别赚钱。目录册对于聘用造型师的机构来说是最为关键的宣传材料，因此展示服装的最佳效果至关重要。造型师与艺术总监和买手紧密合作，并需要密切关注细节内容以确保每次拍摄都获得完美效果。

入职渠道

通常，造型师以时尚助理的身份开始自己的职业生涯，在杂志或者目录册团队中工作，处理商业行政性事务，如有条理地收藏样品，安排人手包装样品并递送给设

Stylist internship
Celebrity Stylist and Personal Shopper currently has a handful of international clients that she works with on a daily basis. Building them new images and easing the everyday stresses that come with being in the limelight, by making sure they look good and feel confident!
Length of placement: 4 weeks
Experience gained: The student/graduate will have the opportunity to gain experience of Fashion Styling in all areas, from the fun fittings with clients, photo shoots and fashion shows, to the not-so-fun work that comes before and after the shoots.

计师。造型师通过经纪人，很多情况下通过之前工作认识的人脉介绍获得单次工作。有时候，造型师得自我推销，并为自己的理念想法制作情绪板。

最大优势

· 这份工作非常有意思，极富多样性，能够与很多优秀的人共事；

· 能够靠购物作为谋生的手段。

最大劣势

· 在获得首份带薪工作之前，通常不得不免费工作很长时间；

· 高端杂志如*Vogue*、*Elle*等常常支付较低的薪酬。

所需技巧

· 对时尚的热爱，对时尚界动态的出色了解（如果要求提供豹纹外套，你需了解哪些设计师或者零售商在这个季节出售此类商品）；

· 人际交往能力——为缺乏安全感的名人鼓气，与难于相处的艺术总监据理力争，或者与公关团队协商，争取获得必须有的设计师品牌产品；

· 充沛的热情，十足的经历。

案例分析

汉娜是从事自由职业的造型师。

汉娜在大学用了8个星期学习时尚新闻业。她获得一家青少年杂志时尚助理的工作邀约后中途辍学。也许，出人意料的是，她认为上大学对她来说是尤为重要的一步：“如果不是在名牌大学学习了一些相关知识，我根本没有可能获得自己的首份工作。”她非常实际地看待整件事情：她上大学的目的是获得一份为某家杂志效力的工作，因此迈出第一步之后，她就没有继续攻读学位的必要了。她为那家杂志工作了四年，起初是无薪酬的实习生，然后是时尚助理（多半是整理时装衣橱），最后才获得造型师这个梦寐以求的职位。在那段时间里，她进行了大量试拍：“这些是你亲自规划组织的拍摄活动，得让所有人免费继续工作，这样你才能为自己的作品集收集摄影作品。”人们根据造型师作品集中的图片做出判断，所以你得尽力把它弄得好看。

四年后，汉娜觉得自己可以从事自由职业，因此她把作品集带给几位经纪人看并受到了聘用。

如今她已经作为自由职业造型师工作一段时间了，有一阵她在不同的杂志社从事承包工作，也为一些周刊和月刊从事零碎的工作。汉娜觉得造型师这个职业从自己入职以来发生了很大的变化，如今到处都是受这一形象和该职业而吸引的“模仿者”。汉娜指出，作为造型师，你并非那个明星，而且以她的经验来看，成为优秀造型师的关键之一是脚踏实地工作。

需学习的内容

· 与客户合作

· 如何选择廓型、色彩和面料

· 如何表现时尚的风貌

· 造型技巧

· 潮流新动态

· 公共关系及其与造型的相关性

链接

造型师职位的基本信息和职位清单：www.stylecareers.com

造型师和协调员协会：设在纽约，为时装业不同的职位提供大致情况的介绍。www.stylistsasc.com

评分等级

平均薪资： ●●●

入职难度： ●●●

如何脱颖而出

面试的时候展示你的时尚个性，但是强调你的组织能力和广泛了解各种时尚风格的经历。

很难决定时装业的终点和其他行业的起点。特别是在“传播”行业，很多职业人士将时装业的工作和其他领域的工作结合在一起。

时尚传播方面的其他职业

本节内容旨在探讨似乎位于时装业边缘的一些职位，但是这些职位也能让你在时装业内谋生，而且重要的是，对时装业的兴趣和知识的掌握能让你处于优势地位。

广播记者/电视主持人

从事广播工作的人中间只有少数或者很少数人完全与时尚相关，更多人只是有时候与这个行业相关。有些较为“严肃”的时尚记者可能为广播、电视新闻或者纪录片工作，有些担当美容节目的主持人和日间电视节目的专家。工作渠道和独立制作公司在数量上的激增让这个领域发生了戏剧性的发展，但这依然是一个非常小的领域。

这些工作有不同的入职渠道，但都以稍稍不同的职位开始，一旦小有名气之后，再转而从事这些工作。如作为设计师或者造型师供职于时尚杂志，或者作为一般性的电视主持人或者纪录片监制。鉴于这一点，必须非常策略性地考虑从何开始职业生涯并能够接受此类工作为长期的职业理想，而非直接入职了事。在这个领域，很多人进行尝试但只有很少人取得了成功，因此如果并非对此充满激情，就不要考虑进入此行业。而且不论何时，考虑备选方案总是值得的。

广告

广告业与公关、营销和新闻紧密相连，但在本书中并未将其单列出来，因为并没有什么典型的“时尚广告”的职业道路。大多数广告代理机构都不愿将自己局限于服务单个行业，常常签订合约同意不为特定领域内两家竞争者工作。因此如果你受聘作为客户经理或者创意设计师的时候，雇主也会期待你乐于参与所有产品的广告工作——从莱沙尔牌消毒巾到香奈儿的香水。话虽这么说，如果你扬名立万，成为时尚广告的专家，业务会越来越多，与主要的时尚客户保持长期联系是你职业生涯中相当重要的一个部分。

音乐人

音乐人靠时尚谋生的情况极为少见，但他们会受聘从事业内大量工作，因为音乐和时尚都是以人脉关系为基础

需学习的内容

· 因所选职业而不同

链接

《广告年代》杂志：涵盖此方面的信息。http://adage.com

美国音乐人协会：为音乐行业的方方面面提供支持和信息。www.afm.org

提供娱乐业工作职位和实习工作的相关信息：www.entertainmentcareers.net

评分等级

平均薪资：不等

入职难度：不等

如何脱颖而出

如果你追求的职业与时尚相关，在面试的时候展示你对这方面的兴趣与热情。

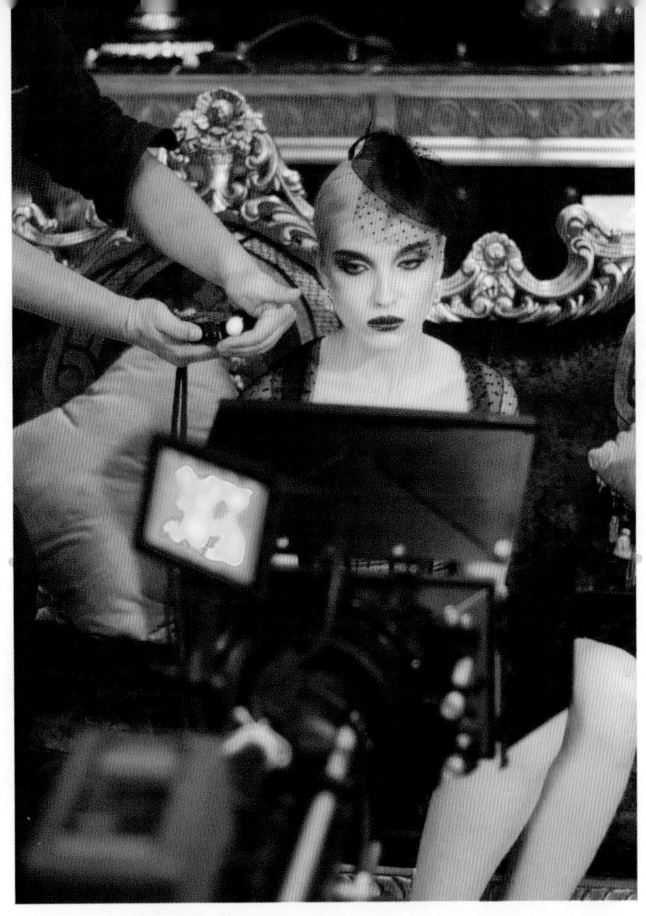

助理在检查拍摄现场的灯光。灯光效果足以决定照片的成败

的行业，如果一位音乐人在时装业内出了名，很有可能他们会反复启用他/她。音乐人主要受聘于广告和T台走秀。他们需与监制或者导演紧密合作，撰写、选择或者演奏能够提升节目形象、强化节目意义的音乐。

有很多属于时装业边缘的职位，从事此类职位工作时，对时尚的兴趣和了解特别有用。

舞台设计师和灯光师

T台走秀是大型的节目制作，依靠专业人士的设计获得完美效果的舞台风貌和氛围。舞台设计师和灯光师与节目制作人和设计师紧密合作，寻找完美的背景来展现服装系列的最佳状态，补充说明设计师的品牌和形象。他们也可能受聘于产品目录册的拍摄和广告摄影工作。

网页设计师

网络是经济潜力巨大的领域。不论是大型跨国零售商还是刚刚起步的独立时装品牌都需要自己的网站。在这些领域工作的大多数人都非常有创造性，能够在不同的工作之间转换，在工作的某个阶段他们通常都需要网页设计师的帮助。一般来说，网页设计师不会仅仅局限于时装网站的设计，但如果在此领域享有声誉而且也建立了一些人脉联系，那么就很有可能在此领域获得大量工作。

入职渠道

新闻和广告专业极少提供相关毕业生培训计划，除非你极为幸运，否则很有可能你得以开始结识业内人士开始工作，得恳求别人给你实习机会并常常不得不从事无偿工作。

最大优势

· 这些都是非常有创意性的工作，你会发现自己的某种创造力非常适合其中的一种；

· 可以将对时尚的兴趣与对不同领域的热情结合在一起；

· 你的职业生涯可能具有多变性，因为你可能在时装业时进时出。

最大劣势

· 大多数职位（除了广告）需要从事自由职业，这意味着特定的生活方式（你必须能够接受不确定性、不稳定性和随机性），并需要创造力之外的大量技巧（主要是记账、自我推销和组织能力），而这些技巧与创造性思维模式并非密切相关。

所需技巧

· 创造力；

· 人际交往能力；

· 决心。

第八章

教育

丝织锦缎花卉图案正式礼服，以蕾丝、羽毛、丝带和珠饰装饰。在1755～1760年法国织造，在英国手工完成，由伦敦维多利亚和阿尔伯特博物馆（V &A 博物馆）收藏

时尚是讲述故事的极佳媒介，而且极具多样性。因为人们都如此热爱故事，所以，每年成千上万的人们对时尚的研究那么兴致勃勃也不足为奇。故事的叙述多种多样，有助于阐明各式各样的主题。

时尚极为全面地揭示了社会的方方面面：态度、风俗、价值观和生活方式；通过时尚，我们能够分析当前的社会或者过去任何时代的社会。时尚也揭示了关于科技的信息，从4000年前古埃及珠宝首饰的制作技巧到最新的耐磨损紧身衣，我们可以把时尚用作了解科技历史和创造未来的方法。可以通过时尚获得制作此时你身上所穿服装的设计、形状、色彩和所有技巧、过程方面的相关信息。

时尚也是对人的研究。为何你会选择此时自己身上所穿的衣物呢？这对你的个人背景、价值观、职业、年龄和受教育程度有何说明呢？

“时尚”涵盖社会学、心理学、人类学、历史、地理、生物学、物理系、化学、设计、艺术、插画、电影、媒体研究和商业，当然还包括服装制作。时装业的学习者拥有如此之丰富的学习机会，也无怪乎时尚教育受到热捧。

教学是教育最为明显和直接的方式，但即便如此，教学也可谓形形色色，在此只需考虑学生的不同类型（各个年龄段的都有，从有学习障碍的一直到博士生，包括动手实践型的或者学术研究型的）和时装业的不同领域（从物理到艺术到定制）。除了教学，还有史学研究者、档案保管员、技术员和博物馆员工等，所有这些工作都是某种形式上的学习。

时尚教育方面的职位可谓五花八门。很多职位要求你站在听众面前讲述自己的主题，但如果教育的这方面工作并不能投你所好，你也不要打消自己的兴趣。有些教育工

开始使用面料进行工作之前，
学生进行三维立体造型研究

时装设计的学生在
聆听客座教授讲座

作主要涉及一对一的或者小组工作，再或者几乎完全处于幕后的职位（如博物馆策划、档案工作或者技术工作）。所有工作都需要创造故事，不过有的是视觉故事，有的是口头故事。取决于特定职业角色，工作的重心可以放在写作、言谈或者演示上。

所有这些职位在一定程度上都涉及行政工作，因为需要给作品评分、登记物品或者预定房间，不过可能只有一些职业涉及较大量的行政工作。

入职渠道

这取决于教学对象。正规学校的教职资格有严格的指导原则。小学到高中需要教师资格证书以及师范学校的正规教育。还取决于教学安排，需要教师拥有本科学位或者硕士学位。而在一些非正式教育单位（社区教学、技术员和图书馆工作等），要求可能没那么严，不过对正规资质的要求日益增加，而且正规的资质也增大了获得聘用的机会。

最大优势

· 非常有意思——这并非仅仅关乎服装这一行业，也关乎它们的意义所在以及它们所讲述的故事；

· 与人分享自己所热爱的相关知识并能见证人们掌握那些思想和理念；

· 与这个行业的其他领域相比，教育层面的竞争没有那么明显和残酷；

· 由于教育行业的收入较稳定，安全性较好，这让你在从事自由职业工作或者设计兼制作工作的时候，可以冒更大的风险。

最大劣势

· 如若沉迷时装业的光鲜亮丽，这个领域并不适合你；

· 如果你内心想成为一名设计师，但是出于现实的原因选择了教育。由于只能谈论那些设计工作而不能亲力亲为，最后一定会因此感觉无比沮丧；

· 尽管不太可能需要从事长时间的无薪酬工作（博物馆工作是个例外），但在教育行业内工作并不一定能为你带来丰厚的经济回报。

所需技巧

· 清晰阐述事物的能力，讲课生动，引人入胜；

· 对所教学主题的巨大热情；

· 喜欢并尊重自己的教学对象；

· 对分析的兴趣也是关键所在，并非仅仅关注人们的着装，更要关注他们为何如此着装、服装的制作方法以及所有这些带来的启示。

链接

美国博物馆协会（American Association of Museums）：提供关于博物馆工作的相关信息。www.aam-us.org

全美教学专业标准委员会（National Board for Professional Teaching Standards,简称NBPTS）：提供优秀教师的认证标准。www.nbpts.org

美国档案工作者协会（Society of American Archivists）：提供历史藏品保护的相关信息。www.archivists.org

时尚、纺织品和相关科目课程广受欢迎，这说明对教师的需求量一直存在。可以从事各种不同的教学工作。在大学和各级学校有很多机会。

教师

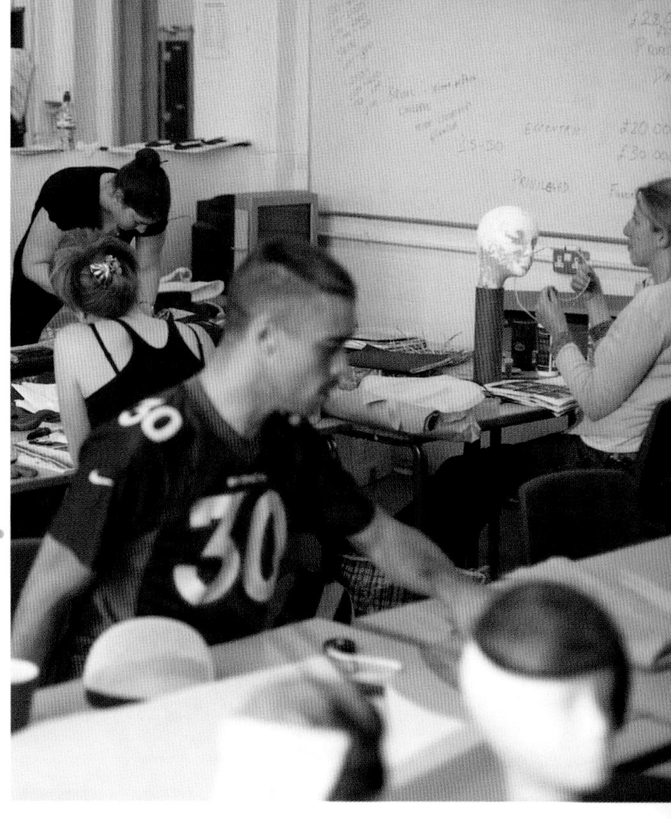

上图：时装专业的学生在工作室内进行实际的操作练习

学生的年龄从8岁到80岁不等，他们可能会利用这个课程获得自己心仪的职业、获得多样化的职业技能或者仅作为乐趣。教师的职业可以是全职的也可以是兼职的，或者偶尔客串一回，譬如在某个地方做个讲座或者较长一段工作时间。

学生参加一对一的专家指导课

很多教学工作者将教师与自由职业工作或者自己的业务结合起来，这是个好方法，既能获得稳定收入，又有时间继续自己的实践工作。

取决于学生的学习水平，教学内容包括一般性的也包括比较具体的。在高中阶段，教师可能会教授非常一般性的艺术和设计课程，也许该课程会倾向于时装。从基础水平到本科阶段到硕士阶段的课程，其专业性会越来越强。教师可以为当前的时尚从业者教授短期课程，讲授具体到钻石镶嵌或者帽饰之类的课程。每日的任务取决于最终工作的场所。当然，大部分时间会花在对着一群人讲述某个特定的主题，但是也要花时间备课、布置和批改作业、提供实用建议以及提供反馈意见。教师可能会参与一对一的指导课程、评论和撰写报告。也要阅读大量书籍、参观展览和参加会议来跟上所教授主题的发展步伐。

需学习的内容

在美国大多数州，中小学教师需要硕士文凭（或者正在攻读硕士学位并一定会获得该学位）。大学或者研究生教师通常需要持有终极学位（艺术硕士学位或者博士学位），或者必须拥有相应的职业资质。

链接

美国专业设计协会（AIGA）：关于设计教育方面的问题的网站。www.aiga.org

高等教育年鉴：http://chronicle.com/section/Home/5

正规教育课程网上资源：www.alledicationschool.com

科技娱乐设计会议：涵盖科技娱乐和设计方面的内容。www.ted.com

评分等级

平均薪资： ●●●

入职难度： ●●●

如何脱颖而出

获取一些相关经验，如当助教，或者跟着教师上几天课。

Lecturer in Fashion Textiles: Knit

Postion Type: Permanent—Full time
Salary: $54,000–$65,000

This college is one of the foremost centers of fashion education in the world. If you have substantial experience of working in knitwear design development for Womenswear, this is your chance to join a fast-paced and creative team, working alongside extremely talented students in a vibrant environment.

You will deliver our Fashion Textiles: Knit, design development courses at Foundation Degree and Honors levels. This will involve teaching, unit management, curriculum development, and research. We will also look to you to contribute to these courses through design development, presentation, and 3D realization.

入职渠道

教授小学和初中水平的学生只需本科学历和教师资质。教授大学本科阶段课程，职业经历为关键所在，因此必须拥有多年的实践经验，还需要美术、设计或者文科的本科（或者硕士）学位。大学更乐意聘用拥有教学经验的教师，但会平衡考虑你的经验水平和特别的资格证书（例如，如果需要时尚插画教师，那么作为时尚插画师的技巧和经验将是应聘者的优势）。在业内提供培训也需要广泛的职业经验，学位虽然也颇受青睐，但并非必不可少。

很多教学工作者将教师与自由职业工作或者自己的业务结合起来，以获得稳定收入。

最大优势

· 与别人分享知识的乐趣；

· 见证学生学习过程中“幡然醒悟”的时刻。

最大劣势

· 有时候会遇上令人头疼的学生；

· 有些职务涉及大量行政工作。

所需技巧

· 必须热爱自己所教授的方向和学生；

· 能够清楚明白地表达个人观点；

· 心灵共鸣。

案例分析

乔一边教授关于买手的课程一边从事买手工作。

乔的职业非常多样化。目前，她正在撰写一本关于服装买手的书，她也是一家小型大众市场连锁店的买手，还在时尚零售学院教授买手课程。

乔在女装方面打拼出了出色的职业生涯，但在工作大约十年后，她认为自己不想被永远如此定位，因此接受了英国沃尔沃斯连锁店童装买手的工作。从事这个职位工作几个月之后，沃尔沃斯破产倒闭了。结果乔在职业生涯中第一次经历了失业。当时，她年幼的孩子刚刚上学，正是仔细估计形势并考虑自己打算的好时机。让她能呆在国内，并在学校放寒暑假的时候能抽出一点空闲时间，这样的工作听起来非常有吸引力，因此她与时尚零售学院取得联系，看看那里的工作机会。学院对她最近的工作经历非常感兴趣，邀请她前去开设几门课程。学院也支持乔获得教师资格，后来有个全职讲师的工作机会，学院请乔为其授课。

工作七年后，乔觉得自己想要回到时尚前沿，因此她又回头从事全职买手工作，但同时继续教学，每个学期为买手课程做三到四场讲座。乔热爱学生们的朝气和热情，她说关于买手过程的教学让自己能够更加出色地从事实践工作。

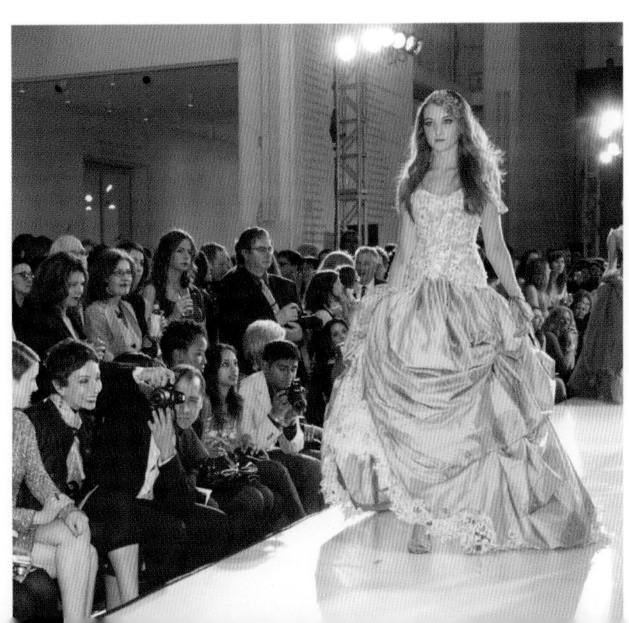

任何时装设计课程的高潮是毕业秀

时装博物馆策展人的工作具有两大关键因素，必须看管好藏品，同时又要向公众开放。存在巨大挑战……

时尚策展人

在白金汉宫的夏展开始时，一位策展人在整理女王伊丽莎白二世在1958年对荷兰进行国事访问所穿的晚装

时尚策展人的职责为寻找新颖、有趣并让人深受启迪的方法让藏品向参观者开放，同时要防止遭窃。该职责的一个重要内容是陈列藏品，这包括永久藏品和展览。永久藏品通常数目庞大，即便是小型的地区博物馆都拥有50,000~100,000件藏品，控制这样庞大数量的藏品极具挑战性，而要用系统的方法将他们登记编目则更甚之。在与捐赠者合作筹集资金和收购方面，策展人的作用相当大。

博物馆的陈列归根结底是故事的讲述。策展人需考虑打算吸引什么样的参观者以及什么最有可能令他们感兴趣。儿童、女性，还是男性？他们对时尚真正感兴趣还是为了有事可做才前来参观？他们知识渊博还是需要为他们提供信息？策展人要用展品、展览方式和文字解说讲述一个故事，必须确保语音讲解对文字解说进行补充，展品周围的辅助物有助于了解所展示的服装，而且展览让人感觉物有所值，不虚此行。

开办展览是非常复杂的工作，策展人需要考虑整体的理念，包括如何觅得展品，如何进行展示，所需空间及其展示方式。大多数博物馆的财力不是特别充沛，因此员工常常获得志愿者的支持，他们参与展览中的各种不同工作。根据博物馆的类型和展览的规模，一场展览的前期准备工作相差非常大，但通常来说在开展之前需要九个月左右的规划准备工作。在大型博物馆中设有展览部，他们与策展人亲密合作，但在小型博物馆里，策展人需参与各种大大小小的工作。

大多数策展人职责的一部分是完成公职。他们为咨询

需学习的内容

- 时尚
- 历史
- 艺术史
- 博物馆学

链接

美国博物馆协会：www.aam-us.org

美国戏服协会：支持服装的研究和收藏。www.costumesocietyamerica.com

博物馆专业人士：这是个在线资源，包括论坛、书籍、简历目录和文章。www.museumlprofessionals.org

评分等级

平均薪资： ●●●

入职难度： ●●●

如何脱颖而出

熟练掌握服装史的内容，了解服装是如何受到社会、经济和政治事件影响的。能够讨论艺术运动和特定历史时期服装的关系。

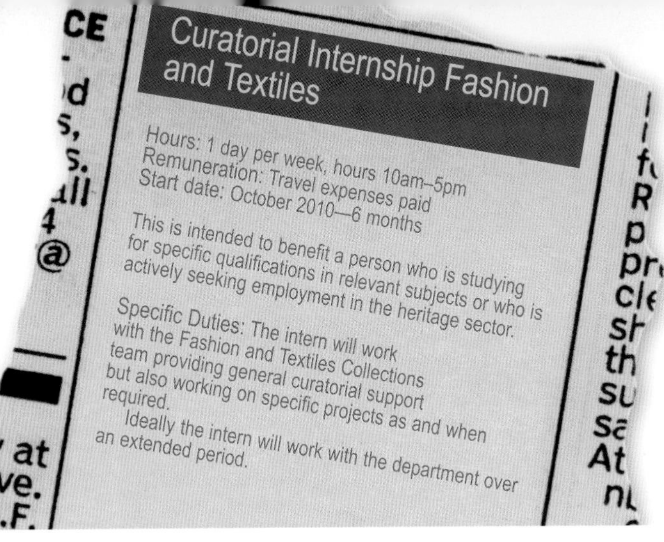

Curatorial Internship Fashion and Textiles

Hours: 1 day per week, hours 10am–5pm
Remuneration: Travel expenses paid
Start date: October 2010—6 months

This is intended to benefit a person who is studying for specific qualifications in relevant subjects or who is actively seeking employment in the heritage sector.

Specific Duties: The intern will work with the Fashion and Textiles Collections team providing general curatorial support but also working on specific projects as and when required.

Ideally the intern will work with the department over an extended period.

问题提供答案，为公众开办无须预约的讲座，与媒体合作，参与博物馆教育部门的工作并协助教育课程的开展。

策展人的日常职责多种多样，包括非常高水平的耗费脑力的工作和极为平凡的实际工作。例如，在某一天中，策展人肯定会打扫地板，制作人台来展示一件16世纪的皇室裙装，或者与一位现代设计师谈论新系列。

入职渠道

从事策展工作需要相关学位（如时尚、历史或者艺术史），最好是拥有博物馆研究方面的硕士学位；还需要从事大量相关的志愿者工作。

最大优势

· 可以接触到服装精品，让公众有机会看到这些精美的服装；

· 具有极大的多样性。

最大劣势

· 永远没有足够资金进行自己希冀的工作，因此这份工作永无大功告成的感觉。

所需技巧

· 出色的组织技巧；

· 多任务处理能力；

· 准备好从事各种项目的工作；

· 学术头脑和实践能力；

· 良好的沟通交流能力。

案例分析

罗兹玛丽在伦敦维多利亚与阿尔伯特博物馆担任策展人。

罗兹玛丽的本科专业是艺术史，在科尔陶德艺术学院攻读硕士学位。她最初在伦敦博物馆戏服部门从事志愿者工作。读书的时候，她致信这家博物馆，并获得了一个为期两周的实习机会，将一个幻灯片系列编入目录。

她建议希望获得工作经验的人士，要成为有价值、适应性强且高效率的人。通过展示这些技巧，罗兹玛丽的实习时间得到了延长，最后她从事了半年无报酬的工作。在这个工作领域，无报酬的实习经验或多或少是必不可少的。不过她发现自己的同事都非常通情达理、善解人意，他们乐意让她按照自己有报酬的工作时间安排实习工作时间。她在博物馆学到了一些真正有用的实践技术，包括如何为古装制作人台（因为裙装通常是依照主人的身材量身定制的，策展人无法使用现有的现代标准人台进行展示，所以得用聚酯纤维填料制作人台来展示单件裙装），她也发现自己的缝纫技术得到了提高。

半年后，罗兹玛丽获得了那家博物馆策展人助理的工作，最后慢慢成长为策展人。8年后，该博物馆有了一个工作机会，她加入了一个由17个策展人组成的团队，与服装和纺织部门合作。她热爱这份工作的多样性，并真正喜欢与博物馆专家们的合作经历。

伦敦维多利亚与阿尔伯特博物馆的展览“格蕾丝·凯丽：风格偶像”

博物馆教育专员的工作涉及博物馆藏品和展品，并将其生动地展示给孩子们。他们所开办的课程可以在博物馆内进行，也可以作为学校或者其他机构内社区延伸项目的一个部分。

时尚博物馆教育专员

教育机构的规模通常不会特别大，甚至在较大型的国家博物馆内也只有小型的驻馆团队，有时候由自由职业者或者志愿者对其进行补充。较小型的博物馆内只有一名教育专员也是非常常见的情况。这对那些有兴趣在时尚博物馆教育部门寻觅一席之地的人来说意味着两点：一是，很有可能你不会仅仅关注时尚，更有可能从事较大职责范围的工作。只有非常少数的博物馆仅专注于时尚，这意味着在大多情况下，教育专员需就博物馆所有方方面面的藏品设计安排教育活动，不论是历史（如华盛顿特区的史密森尼博物馆）或者其他的艺术（如库珀·休伊特博物馆和国家设计博物馆）。二是，因为教育团队里只有你一个人，你将要完成所有的工作。你必须负责教育项目中所有方面的工作内容，从高层策略到为孩子们复印学习单等细小的琐事。如果有人需要装扮成法国大革命期间的农妇或者穿上盔甲，那个人也只能是你。

教育专员与策展人合作，确定教育活动安排的主题，然后举办一些特定的专题讨论会、讲座和演示来帮助说明系列藏品，吸引孩子们的兴趣并和注意力。你可以自己设计活动安排，然后联系学校和老师，安排学生来参观。专题讨论会的设置可以充分发挥你的想象力，和藏品一样丰富多彩，不过你可能会让孩子们绘制某个展览中的服装，让她们试穿紧身胸衣，或者装饰纸帽子。

很多博物馆依赖自由职业者来帮助举办一些活动，因此，除了与博物馆签订工作协议外，做志愿者也是一个选项。

入职渠道

这是竞争激烈的领域，在获得带薪职位之前你通常都需要从事无薪酬志愿者工作。虽然教师资格证并非必要的先决条件，但如今几乎成了普遍的要求，如果没有教师资格证，可能很难获得面试机会。在相关学科如时尚或者时尚历史方面的学位非常重要。博物馆教育方面自由职业工作的圈子比较小，常常依赖于你所结识的人脉关系，因此建立人脉关系十分重要。

需学习的内容

· 时尚
· 历史
· 艺术史
· 博物馆学

链接

史密森学会：为策展人提供各种链接，包括创建博物馆到求职和教育机会。http://museumstudies.si.edu/index.html

美国博物馆协会：关注博物馆工作，出版《博物馆杂志》并举办年会。www.aam-us.org

博物馆专业人士：提供在线论坛、书籍、简历目录和文章。www.museumprofessionals.org

评分等级

平均薪资： ●●●（2.5）

入职难度： ●●●

如何脱颖而出

获得大量与孩子们一起工作的经验。如果有必要，从事志愿者工作来获取相关经验。深深热爱目标对象并尊重他们的历史。

最大优势

· 极大的自主性；

· 孩子们的反应积极，让人难以置信，因此看到自己的工作能产生如此大的影响力时会有极大的满足感。

最大劣势

· 因为你拥有极大的自主性，很容易会承担过多工作，然后就会发现很难掌控一些事情或者回到家里也无法停止工作。

所需技巧

· 对博物馆藏品的热爱；

· 与孩子一起工作的兴趣；

· 良好的交流技巧；

· 组织技巧；

· 自励的能力；

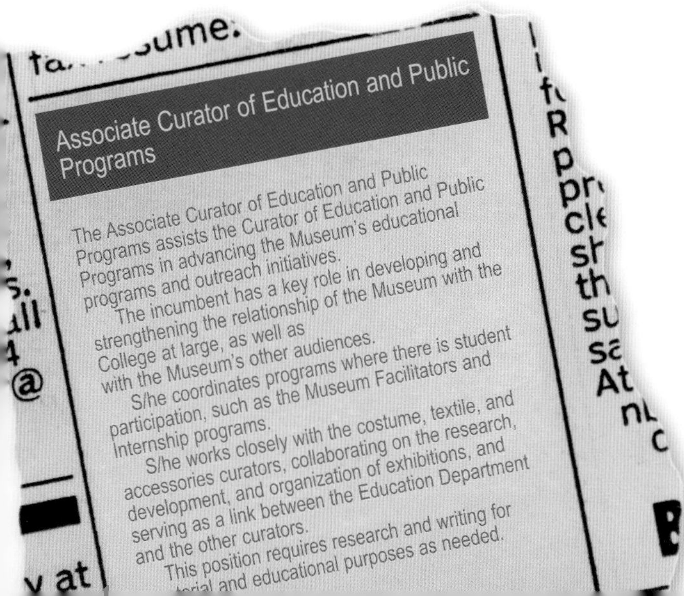

Associate Curator of Education and Public Programs

The Associate Curator of Education and Public Programs assists the Curator of Education and Public Programs in advancing the Museum's educational programs and outreach initiatives.

The incumbent has a key role in developing and strengthening the relationship of the Museum with the College at large, as well as with the Museum's other audiences.

S/he coordinates programs where there is student participation, such as the Museum Facilitators and Internship programs.

S/he works closely with the costume, textile, and accessories curators, collaborating on the research, development, and organization of exhibitions, and serving as a link between the Education Department and the other curators.

This position requires research and writing for ...terial and educational purposes as needed.

一日工作：博物馆教育专员

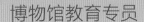

黛博拉管理一所艺术和设计大学的博物馆教学项目。她既参与校内博物馆的学术活动，也参与区域内学校的活动。她的一日工作内容如下：

上午8:30——与学校员工的电话会议

他们讨论早期美国博物馆的展览，策划有关殖民地时期艺术作品和美国早期文学之间的联系的展览，这些是他们课程学习内容，并安排五年级学生参观博物馆的日期。

上午9:00——服装历史课

黛博拉作为助教辅助教授上大学本科课程，为当日20世纪40年代的晚装课堂安排英国设计师查尔斯·詹姆斯的礼服展示。展示的时候，她戴着棉手套，让学生研究其内部结构。

上午11:00——与博物馆管理者会面，审查学校延展性课程的规划与安排

黛博拉提出一些活动的想法，这些活动旨在为学生提供机会，让他们基于从即将展出的博物馆展品中所受的启发创造艺术作品。

中午12:00——与戏服和纺织品策展人共进午餐

他们一起庆祝从巴黎购置的18世纪的礼服。同时，六年级的学生将利用20世纪20年代的服装展来学习《了不起的盖茨比》，黛博拉需要协调这一活动安排。

下午1:00——学习观察活动

黛博拉带领一群三年级的学生，向他们讲授如何观察形状、色彩、肌理和材料。

下午3:00——为幼儿安排的参观活动

针对学龄前儿童和他们的父母开展一场互动参观活动，安排故事朗读时间和讲座活动。

下午5:00——数据库培训

黛博拉引导大学本科学生利用新数据库访问博物馆藏品。一位学生要求访问19世纪的紧身胸衣。黛博拉演示如何在电脑上的古装藏品中寻找紧身胸衣。策展人会从气候控制的仓库中抽调几件紧身胸衣来演示该过程。

档案保管员是业内较新但正在不断发展的职业，为设计师或者零售商效力，收集系列产品并将其登记编目，利用这些档案辅助组织未来的工作。

档案保管员

大多数档案保管员的工作都有两大主要部分的工作职责。首先是支持设计师并为其提供灵感。例如，设计师也许要看看20世纪20年代的系列服装来制作古典风格的服装系列。其次是支持公司的营销和公关工作。可能会要求档案保管员核实营销故事或者跟记者谈话、参加纪录片的制作或者对某部电影的戏服提供参考建议。

对设计师和零售商历史传统的认识是现代时装设计的方法。尽管有些藏品会拥有20世纪中期甚至是早期的服装或者其他物件，大多数服装藏品刚刚起步，在最近十年的时间里才开始采用系统全面的方法保存服装系列。

取决于机构的类型以及历史藏品对其的重要性，服装藏品各不相同，但大多数都包括服装系列及一些其他物品，可能会包括照片、草图、杂志文章、面料样品册和宣传册。有些档案以博物馆的形式进行展示并向公众开放。

入职渠道

相关背景非常有用，但可能包括甚广，如与时尚、美术和档案管理相关的系列学位课程。工作机会少而分散，入职渠道通常为无报酬实习经验。

案例分析

格里塔是英国知名奢侈品企业雅格狮丹（Aquascutum）的档案保管员。

格里塔的职业生涯之初为史学工作者，从事18世纪的历史研究。博士毕业后，她的首份工作是为私人客户将一个照片系列数字化存档。随后，她为舞台和戏服设计师朋友工作，在这份工作中她学到了服装史和服装设计。大约10年前，她申请了雅格狮丹的档案保管员职位。这个职位的真正独特之处在于它被视为一个商业角色。她参与新系列产品设计以及公司的商业发展方向的讨论。这在一定程度上是由于公司的历史传统是其品牌的关键特色，同时也是格里塔独特的技巧和热情才成就了她在公司的重要地位。

最大优势

· 自主性；

· 从混乱中创造秩序；

· 能够清楚地找出参观者想要寻找的藏品。

最大劣势

· 作为辅助性职能的工作人员，必须努力工作才能获得自认为所需的认可和资源。

所需技巧

· 创造性；

· 组织、登记编目的能力，有能力从藏品中取出所需物件。

需学习的内容

· 时尚

· 历史

· 艺术史

链接

古装学院：位于大都会艺术博物馆。www.metmuseum.org/works_of_art/the_costume_institute

美国戏服协会：服装研究和保护。www.costumesocietyamerica.com

历史学家组织机构：关注美国历史。www.oah.org

评分等级

平均薪资： ●●○

入职难度： ●●●

如何脱颖而出

要非常有条理，你需要有快速记忆和提取信息的能力。

技术员的职责为管理工作室或者课堂。技术员通常在大学工作，常常与特定课程相关，例如鞋类技术员或者印花技术员。

技术员

工作室或者课堂的管理涉及设备看管。技术员要确保设备的正常运行，设备出故障的时候安排修理工作，管理学校以及确保健康和安全的检查和条例遵守到位。技术员通常负责针对学生的设备使用的实践教学工作，以及诸如印染和样板制作之类的工艺技巧。

技术员拥有独立的资金预算，负责订购新设备并管理学生项目所需的所有耗材。

入职渠道

大多数技术员拥有时装或者一些相关学科的本科学位，也拥有在此行业的一定工作经验。这是整个行业中为数不多的领域之一，在此领域不需要无报酬的实习经验，但通常与新员工订立短期工作合同作为试用期。通常在大学的网站上登载该职位的招聘广告。

最大优势

· 与学生一起工作：见证他们的学习过程并成为他们早期职业发展中的重要部分

· 相对而言，收入不错，压力较小，工作时间合理，职业稳定—这在业内非常少见。

最大劣势

· 在健康和安全事务上花费大量时间，虽然你能认识到这个工作的重要性，但这并非职位中最刺激的部分；

· 技术员有时候会感觉有点受到轻视，因为他们所从事的工作虽然是需要技能的非常重要的教学职位，但是常常并不享受与大学教师同等的地位或者薪酬。

所需技巧

· 具备很强的领导能力，在用昂贵材料和危险设备进行工作时能让学生具有组织性并遵守规定。必须具备业内的熟练技能和丰富经验。与形形色色的人打交道的能力非常重要，因为需要跟同事、管理者、检验员、供应商和学生们打交道。

技术员在指导学生的实践技巧

需学习的内容

· 时装设计

· 纺织品

· 表面设计

· 鞋靴

· 配饰

链接

高等教育纪事报：提供大学员工和行政管理人员的相关新闻、信息和职位清单。http://chronicle.com

全美教育协会：提供关于教育问题和政策的综合信息。http://neatoday.org

关于时装业的信息和新闻：www.weconnect-fashion.com

评分等级

平均薪资： ● ● ●

入职难度： ● ● ●

如何脱颖而出

精通自己的业务：成为设备和技术方面的专家。

除了本书探讨的大量职位工作，尚须进行数量繁多的其他"后台"工作才能让行业顺利发展。

第九章

后台工作

并非所有的时装公司都包含以下所列举的工作职位，很多业内企业规模过小，在职员工无法拥有这些全面的专家技术。但在规模较大的大型零售公司中可能会拥有庞大的团队来负责完成各个职能工作。

本书仅极简单地对这些职责进行介绍，因为在别处会有详尽的记录，而且在很大程度上，每日从事的实际工作也并未受到特定时尚背景那么大的影响。话虽这么说，如果你热爱时尚及在时尚界工作的人士，那么你就会制作自己感兴趣的产品，与鼓舞自己的同事共事，这对所有个人职业生涯来说是一个出色的开端。如果到目前为止，本书中所列举的职位还无法引起你的兴趣，那么就值得在更加广泛的范围内进行一番思考。

人事(HR)

人事部门负责员工的录用和解聘、纪律程序和新员工就职的相关工作。人事部门设有培训团队来确保公司拥有相应的综合技能。人事专员可以来自任何背景，不过与商务相关领域的背景通常更受青睐。人事部门的专业团体拥有很受关注的研究生文凭课程，但这是非常具有实践性的与工作相关的资格，所以通常需要在此领域工作一定时间后才能攻读该课程。

财务

资金是所有机构的关键所在，时装业当然也不例外！所有企业，不论其规模大小，都拥有某种财务职员来确保规章条例得以遵守，金钱开支被列入预算，整个体系尽可能高效运行。在财务部门有一系列的职位可供选择，包括初级职位和会计职业。

法律

大型企业会聘用自己的法律团队来处理版权、合约和其他问题。成为羽翼丰满的律师而不是懦弱胆小的律师需要学位和法律研究生资格，然后还需要接受两年的训练。在法务部还有一些资历要求较浅的职位如辅助律师业务的工作和法务秘书。

计算机工作

不论是品牌设计师、零售商还是供应商，如今没有网址和计算机系统时装业内的所有企业就无法长久维持，因此时尚机构总是需要聘用拥有包括网页开发经验之类等最新计算机技能的员工。可以参与系统维护方面的工作，在邮箱或者网站出问题的时候提供帮助，或者参与研究方面的工作，开发新软件让员工或者客户的工作过程更加合理化。不论从事何种方式的工作都需要相关资质证书。

行政

各行各业的高级经理人都极为依赖自己的行政助理。行政助理常常被认为是掌握实权的幕后力量，的确具有极大的影响力，而且出色的行政助理特别受欢迎。审慎的判断力、出色的人际交往能力和组织能力常视为所需关键品质，尽管依据所服务对象的不同，行政助理的职责内容大不相同。典型的职责包括安排会议和撰写会议纪要、管理日程、安排旅行事宜，处理重大事务以及帮助上级完成各种必要的工作。

办公室主任

从纸夹到仓库，必须有人负责采购企业运行所需的物品。取决于所购内容以及为谁采购，这个工作需要一定的技术知识，但是行业内此领域的很多职位对毕业生所学的学科并无特殊要求。这一项工作职责的重点在于资金管理和协商谈判。办公室主管的目标是花尽量少的资金购买数量更多、质量更佳的物品，所以成功的关键在于善于讨价还价。

设备

这涉及确保机构工作场所高效运行的所有工作，可能包括建筑维护（更换灯泡、修理门把手等）、清洁、安保、安排和监督建造工作、解决电气和管道问题并确保所有的灯光和暖气设备正常运行。

物流和分销

将服装从甲地运到乙地一直都是时装业工作不可缺少的一部分。不过如今这个职位的工作比以往更重要、更复杂，因为原材料、生产商和零售商店常常分散在不同的国家。以快于竞争对手的速度将新款服装运到店中的商业优势具有重大意义。有多种不同的职业道路，包括规划和策略、管理和工程。

招聘

行业内的招聘工作是大事，因为零售业属于典型劳动密集型行业，员工流动率非常高。作为招聘人可以公司内部的全职员工，负责企业的员工招聘，也可以为职业中介工作，其职责是将寻找工作的求职者和招募员工的公司进行匹配。不论如何，招聘人都必须了解特定职责所需的技能并学习方法，去发现求职申请者所具有的技能，不过在职业中介里，招聘人还要向雇主出售中介的服务。

活动和展览管理

这包括时装秀和时尚拍摄活动以及其他各种活动，如时装周的工作需要协调来确保一切按计划顺利进行，正确的人在正确的时间内得到媒体宣传关注，所有人都了解工作进展状况。行业展览是另一个物流商的挑战：人们得出售摊位、预定场地、组织媒体宣传工作，与参展商共事并管理好访客。

入职渠道

因为职位不同，入职渠道各不相同。但总体而言，这些职位的竞争性比业内大多数职位都小。一些职位需要特别的资格证书，而对其他职位而言，个性和技能结合更为重要。在大多数领域，职业选择开始于截然不同的资格水平。举例来说，基本的高中毕业证书可以从事财务管理工作或者从事会计工作，而后者有学位要求，大学毕业后还需要长时间的培训。

最大优势

· 不需要任何特别相关背景即可为时装业工作。如果你已经在别的领域建立了自己的事业，但热切希望参与时装业的工作，这是非常不错的选择。对那些热爱时尚但没有合适的技能组合，来从事更为直接的创意工作的人来说，这个路径是出色的折中方案；

· 有时候，这些工作的工资收入大大高于与服装设计和生产直接相关的职位。

最大劣势

· 如果你很有创造力，对服装充满激情，发现自己与服装如此接近但是又与设计和生产方面的工作如此遥远，你会觉得非常令人沮丧。

所需技巧

· 商业敏锐性；

· 各种人际交往技巧（通常为团队合作能力和与客户开发友好关系的能力）；

· 对时尚本身和时尚行业的兴趣和了解非常有用。

资源

此部分提供继续深入学习和研究的相关网站、机构和想法，助你在选定的职业道路上更进一步。

更多资源

时装设计

www.newyorkfashionweek.com
www.stylecareers.com
www.weconnectfashion.corn
www.modeaparis.com
www.cfda.com
http://nycfashioninfo.com
www.newdesigners.com

配饰设计

www.accessoriesmagazine.com
www.accessoryweb.com
www.fjata.org
www.jewelrytradeshows.com
www.ffany.org
www.nsra.org

纺织品设计

www.aatcc.org
www.conservation-us.org
www.textileconservationwork-shop.org
www.printsourcenewyork.com
www.surfacedesign.org

生产

www.apparelandfootwear.org
www.textileworld.com
www.paccprofessionals.org
www.dharmatrading.com
www.prochemicalanddye.com
www.textiledyer.com

戏服

www.costumedesignersguild.com
www.costumesocietyamerica.com

零售

www.nrf.com
www.rila.org
www.retail-merchandiser.com
www.stores.org
www.narbuyers.com
www.fashionwindows.com/

视觉陈列

http://vmsd.com

交流

www.aejmc.com
www.marketingpower.com
www.prsa.org
www.ppmag.com
www.imaginginfo.com
http://models.com
www.beautyschoolsdirectory.com
www.modelscouts.com
www.stylistsasc.com

教育

www.aiga.org
www.alleducationschools.com
www.museumprofessionals.org
www.aam-us.org
www.metmuseum.org/works_of_art/ the_costume_institute
www.costumesocietyamerica.com

求职方向

《女性时装日报》（*Womens Wear Daily*）

这是行业标准杂志，几乎是对业内任意工作感兴趣的人士必读之物。阅读该杂志来了解行业动态以及工作机会。

www.wwd.com

公司网站：

实习机会常常仅在公司网站上进行公布，因此务必关注自己感兴趣的公司网站。

职业中介：

有很多专注时装业的职业中介，例如www.fashionpersonnel.co.uk和www.fashionunited.co.uk，都提供此行业领域的大量职位。

http://dailyfashionjobs.com
http://freefashioninternships.com
www.allretailjobs.com
www.stylecareers.com
www.creativejobscentral.com
http://backstagejobs.com
www.marketingjobs.com
www.makeupartistjobs.com

可以在各级学院和综合性大学学习大量不同课程。美国有很多专业时尚课程，还包括那些能为你在时装业的职业生涯做完美准备的更为通用的摄影、新闻和商务课程。除了诸如服装设计或者服装技术等较为传统的学习课程以外，还可以学习时尚营销、时尚新闻和时尚摄影之类的课程。

以下为一些其他相关课程，有些你甚至可能闻所未闻。

- 服装工程学
- 轮廓时尚
- 时尚设计管理学
- 时尚设计推销
- 时尚成像术
- 时尚成像制作
- 时尚传媒
- 时尚营销管理学
- 时尚产品开发
- 时尚推广
- 时尚风格学
- 国际时尚营销

学习场所

学习课程遍布美国全国乃至全世界。以下为美国境内一些提供与时尚直接相关课程的主要大学：

- Academy of Art University
- Auburn University
- Buffalo State
- Cal Poly Pomona
- California College of the Arts
- Clemson University
- Colorado State University
- Cornell University
- Cranbrook Academy of Art
- Drexel University
- Fashion Institute of Design and Merchandising
- Fashion Institute of Technology
- Gemological Institute of America
- Kent State University
- New York University, Steinhardt
- Oklahoma State University
- Otis College
- Parsons, The New School for Design
- Philadelphia University
- Rhode Island School of Design
- San Diego State University
- San Francisco State University
- Savannah College of Art and Design
- School of the Art Institute of Chicago
- SUNY Fashion Institute of Technology
- Texas State University
- The Pratt Institute
- University of Arizona
- University of California
- University of North Carolina
- University of Texas
- University of Wisconsin
- Washington State University

不要认为这个名单已是详尽无遗！去自己当地的大学查看一番也非常值得，也许你可以就在自家附近学习时尚。此外，因为所提供的课程更具有通用性，以上尚未提及的机构也有一些出色的教学项目。在有些领域（如摄影或者营销），你可以完成更为常规的学位课程学习，然后再专攻时尚方面的学习。

致谢

时尚业活力四射、创意无限、魅力十足，但在其中觅得一席之地堪称一桩难事。如果你对时尚业充满激情并打算踏上时尚职业生涯，那么，这本注重实践的指导书将帮助你了解时尚业的不同职业道路，将行业术语向你娓娓道来并让你在激烈的竞争中崭露头角、脱颖而出。

· 了解时尚业的方方面面，知晓如何选择适合自己的职业道路，并向那些从事实际工作的人了解不同职位工作的真实情况。

· 对准备进入时尚界人士的建议是从教育选择开始，接着获取工作经验、准备简历、定制作品集、策略性地接受工作面试并建立人脉关系。

· 不论你心仪何种时尚职业，本书将帮助你明白时尚业的复杂性并予你以极为重要的竞争优势。

· 时尚人士属于视觉型的人，本书图文并茂，完美体现了行业的精彩和热情。这是一本不可多得的参考书，它将成为你职业选择的指南。